珠宝设计表现技法
与美学研究

庞丹丹　郑利珊　姜琴　著

吉林文史出版社

图书在版编目（CIP）数据

珠宝设计表现技法与美学研究 / 庞丹丹，郑利珊，姜琴著． -- 长春：吉林文史出版社，2024．7． -- ISBN 978-7-5752-0409-5

Ⅰ．TS934.3

中国国家版本馆 CIP 数据核字第 202454ZD68 号

珠宝设计表现技法与美学研究

ZHUBAO SHEJI BIAOXIAN JIFA YU MEIXUE YANJIU

著　　者：庞丹丹　郑利珊　姜　琴

责任编辑：程　明

出版发行：吉林文史出版社

电　　话：0431-81629359

地　　址：长春市福祉大路 5788 号

邮　　编：130117

网　　址：www.jlws.com.cn

印　　刷：河北万卷印刷有限公司

开　　本：710mm×1000mm　1/16

印　　张：16.5

字　　数：252 千字

版　　次：2024 年 7 月第 1 版

印　　次：2025 年 1 月第 1 次印刷

书　　号：ISBN 978-7-5752-0409-5

定　　价：98.00 元

前　言

　　首饰，作为人类文明的一个重要组成部分，承载着文化和艺术的价值，是展示个性和品位的方式。自古以来，不同的时期、地域和民族根据各自的审美和需求，创造了形式多样的首饰作品，它们不仅仅是装饰品，还是历史的见证者，通过首饰作品可以窥见一个时代的风貌和社会的变迁。首饰的材料选择和设计风格，反映了人类科技和艺术在不同的时期的发展。古代的首饰多以金属、宝石等贵重材料为主，体现了当时的工艺水平，也映射了社会的等级和财富分布。而今，随着科技的进步和文化艺术的发展，首饰的材质和设计更加多元和创新，不再局限于传统材料，而是更多地融入了现代人的审美和生活方式。在当今多元化的社会中，首饰已不再仅仅是身份和财富的象征，而是成为个性和艺术表达的媒介。人们通过不同风格和设计的首饰来展现自己的个性和品位，表达自己对美的追求和理解。无论是精致典雅的传统首饰，还是大胆前卫的现代设计，首饰都能够增添佩戴者的个人魅力，成为其独特气质的一部分。

　　首饰史学家在对"珠宝首饰"的定义上，传统观点认为，珠宝首饰应是使用高品质金属、宝石或其他珍贵材料精心制作而成的，且其主要目的在于个人装饰。此定义将首饰的概念限定在一种高端、精致的范畴内，使得廉价或日常装饰品往往不被包含在内。然而，随着时代的发展和文化的变迁，此定义正逐渐被更加宽泛的理解所取代。如今，首饰材料不再仅仅局限于贵重的金属和宝石，而是包含了各种材料和风格。它们可以是精致高雅的，也可以是简单大方的，甚至是前卫独特的，体现了社会对美的多元化追求，也映射了人们生活方式和审美观念的转变。在新的理解下，首饰成为一种更加个性化和多样化的艺术表达形式。它不再只是身份和地位的象征，还成为个人风格和品位的展现。从街头的手工饰品到高端的设计师作品，首饰在不同的文化和社会背景中展现出不同的魅力和意义。观念的转变让首饰的世界更加丰富多彩，也使得更多人能够通过首饰来表达自己的个性和审美。

从人文学的视角出发，珠宝首饰的意义远超其表面的审美价值。它们不仅以其色彩、形态、肌理和材质带给人们视觉上的美感，更重要的是，珠宝首饰承载着深厚的社会情感和文化意识。每一件珠宝首饰所蕴含的独特的文化背景、理念、象征和历史故事等，是满足人类深层精神需求的重要方面，珠宝首饰成为连接个人与文化的桥梁。通过它们，人们可以欣赏到手工艺的美，并且能感受到与之相连的历史、传统和故事。深层的文化和精神联系，使珠宝首饰成为人类情感和文化传承的重要媒介。珠宝首饰设计是一种充满动机和目的的创造性行为，它融合了理性思考与感性体验，通过科学技术的知识和手段，将设计师的理念和情感转化为具体的形态。此过程不仅依赖于技术的精湛和材料的选择，更体现了设计师在造型感觉、判断力等方面的基本素质和对美的深刻理解。在设计过程中，珠宝首饰的形态、色彩、肌理和材质等外在因素被赋予了特定的姿态和意义，使其以崭新的面貌出现在社会生活中。

珠宝首饰的美，是材质、工艺和艺术三者和谐结合的产物，不仅仅源于首饰的物质本身，更在于精湛的制作工艺和深邃的艺术内涵。任何一方面的不足，都可能导致整体艺术效果的失衡，降低珠宝首饰的审美价值。理解并掌握珠宝首饰的制作工艺是设计的基础，如果对工艺程序和技术要求一无所知，那么所谓的设计便无法落地，仅停留在理论层面，无法真正实现。另外，如果作品设计缺乏文化内涵和艺术灵魂，即使拥有高超的金工技术，所创造的作品也可能失去其艺术魅力和深刻美感，沦为平庸之作。

本书基于笔者长期的经验基础以及实际研究基础之上撰写而成，具有一定的实用性，以期能够为相关人士提供实质性帮助。本书由郑州信息科技职业学院的庞丹丹、郑利珊、姜琴共同完成，其中庞丹丹撰写了前言、第一章、第二章、第七章，约10.1万字；郑利珊撰写了第三章、第五章、

第六章，约 10.1 万字；姜琴撰写了第四章、第八章、第九章，约 5 万字。由于笔者精力有限，在撰写本书的过程中难免存在不足之处，敬请广大读者批评指正！

庞丹丹

2024 年 1 月

目　录

第一章　珠宝概论

第一节　宝玉石概述

一、珠宝的概述

珠宝，通常被理解为珍珠和宝石，但在更广泛的行业定义中，它也包括了玉石等其他贵重物质。因此，在珠宝界，人们常将其称为珠宝玉石或宝玉石。珠宝市场或行业对珠宝的理解存在三种不同的观点。第一种理解认为珠宝是天然产出的、具有美观、耐久和稀有特性，且有工艺价值，可以加工成精美饰品的天然物质，主要关注天然宝玉石。第二种理解认为珠宝包括了天然的宝玉石以及合成和人造的宝玉石。在该定义下，珠宝是指所有具有美观、耐久及稀有特性、有工艺价值，可以加工成装饰品的任何物质。此种理解扩大了珠宝的范围，使之不只限于天然材料。第三种理解则是将珠宝定义为由宝玉石与贵金属加工而成的装饰物，特别之处在于，它包括了宝玉石本身，以及用宝玉石和贵金属制作的各种饰品。三种理解各有其合理性，适用于不同的场合和层次。从珠宝鉴赏的角度来看，较为合理的做法是采用第二种理解，同时考虑第三种理解。这意味着，珠宝包括天然和人造的宝玉石，还包括用宝石以及相关贵金属制作而成的各种首饰，承认了传统珠宝的价值，也认可了现代工艺和技术在珠宝制作中的作用，如合成宝石和精细的金属加工技术。珠宝行业的多元化理解，充分反映了人类对美的不断探索和追求，也显示了珠宝艺术和工艺的发展。随着科技的进步和市场的变化，珠宝的定义和范畴不断扩展，从传统的天然宝石，发展到包括人造宝石和各种创新材料。

二、宝玉石的概念

宝玉石通常指珠宝，但在宝石学中，它具有广义和狭义两种解释，不完全等同于珠宝。

（一）广义概念

在广义的概念中，宝玉石泛指具有瑰丽色彩、晶莹剔透质感、坚硬耐久特性、稀少价值，并能被琢磨或雕刻成首饰和工艺品的矿物或岩石。该定义不局限于传统的宝玉石和玉石的区分，而是包含了更广泛的范围，涵盖了各种天然产生的宝玉石，如红宝玉石、钻石等，同时也包括了人工合成的宝玉石以及某些有机材料，如珍珠和翡翠。广义的宝玉石定义在西方较为常见，它强调了宝玉石的美学价值和物理特性，而不过分侧重于宝玉石的种类和来源。此定义使得宝玉石的概念更为包容，不局限于传统意义上的稀有矿石，也承认了多样化的美学和工艺价值。

（二）狭义概念

在狭义的概念中，对宝玉石的定义更为精确，它区分了宝玉石和玉石两个类别。宝玉石特指色彩瑰丽、晶莹剔透、坚硬耐久、稀少的单矿物晶体，能被琢磨或雕刻成珠宝首饰，包括天然和人工合成的种类，如钻石、蓝宝玉石等。而玉石则指的是色彩瑰丽、坚硬耐久、稀少的矿物集合体或岩石，同样可以被琢磨或雕刻成首饰和工艺品，包括天然和人工合成的品种，如翡翠、软玉等。狭义的定义在东方文化中更为常见，它不仅强调了宝玉石的美学和物理特性，还明确区分了宝玉石和玉石两种不同的类型，体现了东方文化中对宝玉石和玉石的深刻理解和独特审美观。

三、宝玉石必备的条件

无论是广义的宝石，还是狭义的宝石与玉石，都应具备以下条件。

（一）美丽

美丽是宝玉石的核心要素，它决定了一块宝玉石的价值和吸引力。一块宝玉石要被视为高质量的，必须具备艳丽、纯正的颜色，匀净透明的质地，无瑕疵且光泽夺目，还可能展现出如猫眼效应、星光效应、变色效应等特殊的光学现象，诸多特性使得宝玉石更加珍贵。以钻石为例，无色且透明无瑕的钻石因其极高的美学价值被誉为"宝玉石之王"。而不透明的黑色钻石，虽然同属钻石，但其用途通常局限于工业领域，而非珠宝首饰。这展示了美丽在宝玉石价值评估中的重要性。美丽不仅仅是宝玉石外观的描述，更是对其品质和珍稀程度的一种评价。宝玉石的美丽是对其自然特性的赞美，也是人类工艺技术的体现。精心的琢磨和加工能够更好地展现宝玉石的美丽特性，使其成为珍贵的艺术品和装饰品。

（二）稀罕

在宝玉石界，物以稀为贵的原则体现得尤为显著：越是稀有的宝玉石，其价值和名贵程度通常越高，主要来自宝玉石的天然稀有，并包括了特定历史时期或地理位置的独特性。紫晶的历史就是一个典型例子。在几个世纪前，欧洲首次发现的紫晶，虽然个头不大，但因其色彩艳丽且新颖，很快赢得了人们的喜爱，并因其稀少而被视为珍贵之物。然而，当南美洲发现了优质且大型的紫晶矿之后，紫晶的稀罕性大大降低，其市场价格随之急剧下跌，不再被视为极其珍贵的宝玉石。

（三）耐久

除了其显著的色彩艳丽外，宝玉石还必须具备长久保持其美丽外观的特征。高质量的宝玉石应当具有极高的坚硬度和耐磨性，以及优秀的化学稳定性，确保了宝玉石能够经受时间的考验，长久地保持其瑰丽的外观和光泽，从而成为人们珍爱的宝贵物品。耐久性体现了宝玉石的实用价值，也是其珍贵性的一个重要标志。

四、宝玉石的分类

（一）正宝石与半宝石

在欧美早期的宝玉石分类中，"正宝石"和"半宝石"的概念曾被用来区分宝石的质量。此种分类方法以摩氏硬度为标准，将硬度大于 8 的宝玉石归为"正宝石"，硬度小于 8 的则被称为"半宝石"。然而，此种分类方法并不完全准确，因为宝玉石的价值并非主要由硬度决定。例如，欧泊（Opal）的硬度仅为 6，但其市场价格常常高于硬度达到 8 的托帕石（Topaz）。这一事实表明，宝玉石的价值受多种因素影响，如稀有度、美丽、耐久性以及文化和历史价值等。因此，过去基于硬度的"正宝石"和"半宝石"之分已不再适用，现代对宝玉石的分类和评价采用了更为全面和细致的标准。

（二）珍贵宝石与普通宝石

在宝石学中，珍贵宝石和普通宝石的区分基于宝石的自然产出、稀少性以及物理和美学特性。珍贵宝石被视为自然界中稀有的单晶体宝石中的瑰宝，此类宝石以其卓越的色彩、透明度和质地在众多宝石中独占鳌头。代表性的珍贵宝石包括钻石、红宝石、蓝色蓝宝石、祖母绿、金绿猫眼石和变石等，因其稀少性和出众的物理特性，如坚硬度和精美的外观，通常被视为非常名贵的。相比之下，普通宝石虽然也是自然界中不太常见的单晶体宝石，但在稀有度、坚硬度、美观度和价值上都远不及珍贵宝石。市场上较为常见的普通宝石包括锆石、托帕石、尖晶石、石榴石、电气石、橄榄石、水晶、海蓝宝石、非蓝色蓝宝石等，虽然不及珍贵宝石名贵，但依然具有各自的美丽特质和价值。

第二节　宝玉石的物理性质

一、光学性质

（一）光与宝玉石的相互作用与意义

珠宝的光学性质在潜移默化中影响了珠宝鉴赏效果。宝玉石的色彩、光泽，以及独特的光学效应如闪光、火彩等，都是光与宝玉石相互作用的结果。交互作用产生的效应是评估宝玉石价值的关键因素之一。颜色的鲜艳程度、光泽的明亮度和特殊光学效应的显著性，都直接影响着宝玉石的美感和价值。在对宝玉石进行检测时，通常需要在不造成损伤的条件下进行，主要依据就是宝玉石的光学性质，如折射率和双折射率。光学特性不仅有助于判断宝玉石的真伪，还能评估其质量和等级。例如，通过测量折射率可以辨别宝玉石的种类，而双折射率的测量则有助于鉴定宝玉石的内部结构。为了最大限度地展现宝玉石的美丽，加工工艺师必须深入理解宝玉石的光学特性。如此一来，使得工艺师能够通过精确的切割和琢磨，最大化宝玉石的光彩和火彩效果。正确的切割角度和形状不仅能增强宝玉石的光泽和色彩，还能突出其独特的光学效应。（图 1-1）

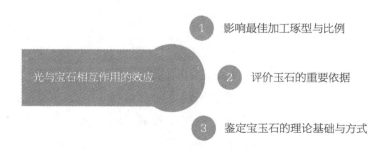

1　影响最佳加工琢型与比例

光与宝石相互作用的效应

2　评价玉石的重要依据

3　鉴定宝玉石的理论基础与方式

图 1-1　光与宝石相互作用的效应

（二）光的本质分析

光作为一种电磁波，具有波动性和粒动性的双重特性。作为电磁波，光的振动方向垂直于其传播方向，表现为横波的性质。光波的两个基本属性——波长和波幅分别代表了不同的物理意义，波长是光波的一个重要特征，它决定了光波的能量大小。不同波长的光表现为不同的色彩，如红光波长较长，而蓝光波长较短。波幅则表示电磁波的强度，与光的亮度有直接关系。波幅越大，光波的强度就越高，亮度也就越强。

（三）宝玉石对于光的影响方式

1.自然光与偏振光

自然光和偏振光在光学领域中占据着重要地位，尤其在宝玉石鉴定中扮演着关键角色。自然光，如太阳光和电灯光，是普通光源发出的光。其典型特征在于：它的光振动发生在垂直于传播方向的任何方向上，且振幅是相同的。意味着自然光是无特定方向的振动，因此被称为非偏振光。当自然光经过某些物质，特别是各向异性的宝石时，经过反射、折射、双折射或选择性吸收等过程，它可以转变为只在一个固定平面内且仅在垂直于传播方向的一个方向上振动的光波，特定方向的光波被称为偏振光。偏振光的产生原理在许多领域有着广泛的应用，尤其在宝玉石的鉴定中具有特别的意义。偏振光原理设计的偏光仪是宝玉石鉴定中最常用的仪器之一，此仪器利用偏振光的特性，可以帮助鉴定人员分析宝石的结构、判断其真伪以及评估其质量。

2.反射与反射效应

光的反射在宝玉石学中具有极其重要的地位，它是理解和评估宝玉石价值的关键。反射是指当光线落到宝玉石表面时，部分光被宝石表面反弹回来的现象。此过程遵循反射定律，即入射角等于反射角，且入射光、反射光和法线都在同一平面内。宝玉石表面的反射效应产生的多种独特的光学效果，对于鉴定宝石的价值和特性至关重要。典型的光学效应有：

（1）光泽。宝玉石的光泽是其美丽的标志，能够增强宝石的视觉吸引力，并反映出宝玉石的物理特性和加工质量。光泽是宝玉石表面的光辉，在很大程度上取决于宝玉石的折射率。折射率越高，光泽通常越强。例如，钻石因其高折射率（2.417）而显现出独特的金刚光泽，是钻石的特点之一。除了折射率，光泽的强度也与宝玉石的抛光程度密切相关。良好的抛光可以显著提升宝玉石的光泽，使其更加明亮和吸引人。因此，高质量的宝玉石加工过程中，优良的抛光技术是不可或缺的。宝玉石的光泽类型多种多样，每种类型都能在一定程度上反映宝玉石的性质和价值。常见的光泽类型包括：金刚光泽，此光泽类型最为显著，通常出现在金刚石上，因其高折射率而产生；亚金刚光泽，出现在折射率略低于金刚石的宝玉石上，如锆石，显示出强烈但略逊于金刚石的光泽；玻璃光泽，中等折射率的宝玉石如祖母绿表现出的光泽，透明且光亮；树脂光泽，在质地较软且折射率较低的宝玉石上出现，如琥珀，给人一种温润的感觉；丝绢光泽，常见于某些纤维状矿物，如石膏，其光泽柔和且具有特定的纹理感；金属光泽，某些金属单质和矿物如金、赤铁矿等展现的强烈光泽，通常非常亮且富有金属质感。

（2）光彩。光彩是宝玉石中一种独特且迷人的反射效应，由宝玉石内部的包裹体或结构特征所反射的光产生，在宝玉石鉴赏中极为重要，为宝玉石增添了独特的美丽和魅力，宝玉石中常见的典型光彩效应包括猫眼效应、星光效应和月光效应。猫眼效应是指某些特殊切磨方式的宝玉石表面出现的一条明显的光带，看起来像猫的眼睛。要形成猫眼效应，需满足三个条件：①宝玉石内部含有大量呈定向排列的包裹体；②宝玉石的底面需平行于包裹体排列的平面；③宝玉石需切磨成弧面型，其长轴方向垂直于包裹体延伸方向。星光效应则是在某些弧面型切磨的宝玉石中可见的星状闪光效应，通常为四射、六射或偶尔十二射。产生星光效应的条件包括：①宝玉石内含有至少两个方向定向排列的丰富包裹体；②切磨的底面需平行于包裹体排列方向组成的平面；③宝玉石需切磨成弧面型。月光效应则是由于光线在月光石特殊的正长石与钠长石互层结构中反射并发生干涉而产生的光学效应，给人以柔和、梦幻般的美感，类似月光在水面的反射。

（3）晕彩。晕彩是指光线从薄膜或贵蛋白石特有结构中反射时，因干涉或衍射作用产生的颜色或一系列颜色的变化，此种效应为宝石增添了独特的视觉魅力。

（4）亮度。亮度是指光线进入切磨好的宝玉石后，从顶部小面反射出来，形成的明亮程度。宝玉石的亮度受到两方面因素的影响：一方面是宝玉石的透明度，透明度越高，亮度通常越明显；另一方面则取决于宝玉石的切割比例。正确的切割比例能有效增强宝石的亮度，使其更加璀璨夺目。

3.光的折射与双折射

折射是指当光穿过两个不同光密度的介质时（除垂直入射外），其传播方向发生变化的现象。折射现象遵循折射定律，即对于给定的两种介质和特定波长的光，入射角的正弦与折射角的正弦之比为一常数，这个常数即为折射率。当光从光密介质进入光疏介质时，如果入射角增大到一定程度，即达到临界角，折射光将沿分界面传播，折射角达到90°。而超过临界角的入射光将发生全内反射，留在光密介质中。双折射是指某些宝玉石具有的内部原子结构，使入射光分解成在两个垂直平面上振动的两束独立光线的现象，会导致光线在宝石内部沿两个不同的路径传播，形成两个不同的折射率，即最大折射率和最小折射率，它们之间的差值被称为双折射率。折射仪是宝玉石鉴定中极为重要的常规仪器，能够测定宝玉石的折射率和双折射率，帮助区分不同种类的宝玉石。例如，红色尖晶石的折射率为1.718，无双折射，而红宝石的折射率为1.762～1.770，双折射率为0.008，此种差异使得这两种宝石能够被清晰地区分开来。

4.宝玉石的颜色

宝玉石的颜色并非其固有的特征，而是由光与人眼相互作用在大脑中产生的一种感觉。颜色的形成依赖于三个基本条件：白光源、能够改变这种光的物质（如宝玉石），以及能够接收并解释残留光的人眼和大脑。缺少任何一环，颜色就无法形成。当白光照射到宝玉石上时，宝玉石的物质结构会吸收某些波长的光，反射或透射其余的光。人眼接收到这些被反射或透射的光，并由大脑解释为特定的颜色。因此，宝玉石的颜色不仅是其外在美的体现，也是物理和生理作用相结合的产物。

宝玉石的颜色多样且独特，是宝玉石鉴定和评价的重要依据和标志，主要源于宝玉石中含有的各种致色元素，如钛（Ti）、钒（V）、铬（Cr）、锰（Mn）、铁（Fe）、钴（Co）、镍（Ni）、铜（Cu）等，或是由于其特殊的结构。当白光照射到宝玉石上时，由于宝玉石对某些波长的光进行选择性吸收，未被吸收的残余光混合或互补，从而产生了丰富的颜色。各种颜色的形成过程体现了宝玉石的化学组成和结构特性，使每一块宝玉石都有其独特的色彩。正是丰富多彩的颜色，赋予了宝玉石无穷的魅力，并成为鉴赏和评价宝玉石时的关键因素。

5. 宝石矿物的条痕

宝石矿物的条痕是指宝石矿物粉末的颜色，通常是指宝石在白色瓷板上划擦时留下的痕迹。条痕的颜色反映了宝石矿物粉末本身的颜色，而非宝石的外观颜色。条痕测试是宝石学中的一种基本方法，但除了对某些特定宝石如赤铁矿原石（条痕色为红色）具有重要的鉴定意义外，对于大多数其他宝玉石而言，条痕色的鉴定意义并不显著。

6. 宝玉石的透明度

宝玉石的透明度是指其透过可见光的能力，对于宝玉石的评价至关重要。透明度的高低主要取决于宝石矿物对光的吸收强度，以及其成分和内部结构。宝玉石的透明度可以从完全透明到完全不透明不等，不同透明度的宝玉石在视觉效果和价值上有显著差异。一般而言，透明度越高的宝玉石，其视觉效果越吸引人，价值也相对更高。

7. 宝玉石矿物的发光性

宝玉石矿物的发光性，特别是荧光和磷光现象，在宝玉石鉴赏和评价中扮演着重要角色，发光性指宝玉石矿物在受到外部高能辐射线（如紫外线）影响时发射可见光的现象。其中，荧光是宝石在受到高能辐射线照射时发出可见光的现象，而磷光则指辐射源关闭后宝石仍能继续发光的余光现象。荧光现象在某些宝玉石中非常常见，它能使宝石的颜色看起来更深、更鲜艳。例如，红宝石在受到较强紫外线照射的低纬度地区（如泰国）或高原地区（如云南）会显得更加红润。然而，当宝石被带到高纬度或低海拔地区时，由于紫外线强度的减弱，它们的颜色会变得较浅，颜色级别有所降低。磷光现象在宝玉石中较为罕见，因此具有磷光的宝石通常被视为非常珍贵，有时甚至被认为是无价之宝。稀有现象使得这些宝石的价值大幅提升，成为珠宝收藏家和鉴赏家的热门目标。

宝玉石的发光现象因其组成和内部结构的不同而存在显著差异，使得发光性成为鉴定和评价宝玉石的重要特征之一。基于发光原理设计的荧光仪和滤色镜等检测仪器，在宝玉石鉴定和价值评估过程中发挥着关键作用。有关仪器能够检测宝玉石在特定光照条件下的发光反应，从而帮助鉴定专家准确判断宝玉石的类型、品质和真伪。例如，通过荧光仪可以观察宝玉石是否展现荧光或磷光，以及发光的强度和颜色，进而获得宝玉石特性的重要信息。因此，对宝玉石的发光性进行详细的观察和分析，对于宝玉石的科学鉴定和价值评估是至关重要的。

二、力学性质

宝玉石的力学性质指的是宝玉石在外力的作用之下所表现出的物理性质，其中包括了密度、硬度、解理、裂开与断口。

（一）密度的内涵

密度是宝玉石鉴定中的一个重要物理参数，指的是单位体积宝玉石的质量，通常以克每立方厘米（g/cm³）为单位。由于不同宝玉石的密度值各有不同，且很少重复，密度成为区分各种宝玉石品种的关键指标之一。鉴于直接测定密度的过程复杂，宝玉石的相对密度（比重）常被用作密度的近似值，因为两者之间的换算系数非常小，仅为 0.0001。相对密度（比重）的测定和计算相对简单，其无单位的计算公式为：相对密度（比重）＝空气中的重量 /（空气中的重量 － 4℃水中的重量）。此种方法不仅简化了密度的测定过程，也为宝玉石鉴定提供了一种有效且准确的途径。通过测定宝玉石的相对密度，可以快速而准确地区分和鉴别不同种类的宝玉石，从而在鉴定过程中对宝玉石的类型和特性做出正确的判断。

（二）硬度和韧度的内涵

硬度和韧度是宝玉石物理特性中两个非常重要的指标。硬度衡量的是宝玉石抵抗磨蚀的能力，在宝玉石学中，通常使用摩氏硬度作为相对硬度的标准测量方法。摩氏硬度按照不同矿物抵抗被其他物质划伤的能力排列，硬度范围从1（最软）到10（最硬）。韧度则是指宝玉石抵抗撕拉破坏的能力，韧度与宝石的结构紧密相关，但并不与硬度成正比。例如，尽管钻石的硬度最高，但其韧度并不如硬度仅为6.5的软玉，说明硬度和韧度是评价宝石质量的两个独立而重要的指标。在宝玉石中，韧度的高低与它们的结构强度和内部裂纹的多少有关。宝玉石硬度和韧度的意义主要在于：

1. 加工

宝玉石的加工是一个精细且复杂的过程，特别是在切磨方面。由于硬度大的材料才能切磨硬度小的材料，金刚石因其具有最高硬度而成为切磨其他宝玉石的首选材料。金刚石不仅用于切磨其他宝石，还用于加工自身。金刚石的切割和磨光过程得益于其差异硬度的特性，即金刚石垂直于八面体方向的硬度大于其他方向的硬度。在金刚石的加工过程中，使用的金刚石粉末具有随机的方向性，粉末中可能包含大量硬度较高方向的尖锐粒子，能够有效地切割和磨光硬度相对较低的金刚石表面。因此，即便是金刚石这种硬度极高的材料，也可以通过利用其自身的差异硬度特性进行有效的切割和抛光。金刚石的加工技术既展示了对材料特性的深刻理解，还体现了宝玉石加工领域的精湛技术。通过精确的切割和抛光，金刚石等宝玉石能够展现其最佳的美丽和光泽，从而大大提升其美学价值和市场吸引力。

2. 评价

硬度和韧度是宝玉石评价中的核心，它们是决定宝玉石耐久性的关键因素。通常情况下，硬度和韧度越高的宝玉石，其价值也相应更高。这是因为高硬度意味着宝石能更好地抵抗划痕和磨损，而高韧度则表示宝石更能抵抗撞击和断裂。因此，硬度和韧度两个特性共同影响着宝玉石的实用性、美观性以及长期的保值能力，是评估宝玉石价值的重要标准。

3. 鉴定

在宝玉石鉴定过程中，硬度是一个关键的鉴定指标。为此，人们设计了硬度笔，这是一种用于测量宝玉石硬度的工具，能够为鉴定工作提供重要依据。尽管硬度鉴定法通常用于原石，很少应用于已加工成品，但宝玉石间由于硬度的不同，在加工后其表面特征、棱角等方面会存在显著差异。通过仔细观察这些与硬度和韧度相关的特征，可以为宝玉石的鉴定提供重要的信息。例如，更硬的宝玉石通常有更锐利的棱角和更光滑的表面，而较软的宝玉石可能更容易出现磨损和划痕。因此，即便在成品宝玉石中，通过对一系列特征的观察也能有效辅助鉴定工作。

（三）解理、裂开与断口

1.解理

解理是宝玉石及其他矿物晶体的一种重要物理特性，指宝玉石或晶体在外力作用下沿某些固定方向裂开，并留下不同程度光滑平面的性质，光滑的面被称为解理面。解理对于宝玉石的加工和鉴定具有重要意义，因为它影响着宝石的加工方式、耐用性以及最终的外观。根据解理的难易程度、解理片的厚薄、解理面的大小及其光滑程度，宝石的解理通常分为五个级别：极完全解理，此级别的解理非常容易分裂成薄片，解理面平整且光滑，典型的例子包括云母和石墨；完全解理，在此级别中，宝石在受到锤击后容易沿解理面裂开，解理面相对平整且光滑，如方解石和金刚石等；中等解理，此类宝石在受到锤击时不易裂开，但在破裂面上会出现小面积的阶梯状解理面，且解理面是断续的，如辉石和角闪石等；不完全解理，解理面在此类宝石中偶尔出现，大多数断面上很难找到解理面，例如磷灰石；极不完全解理，在该级别中，宝石在普通情况下锤击后不出现解理，只有在特殊情况下才会展现解理面，如石英。

2.裂开

裂开是宝玉石或在受到外力作用时，沿着双晶结合面或包裹体分布面等特定方向裂开成光滑平面的性质，此现象通常由聚片双晶或定向包裹体等内部结构的存在引起。裂开产生的光滑平面反映了晶体内部的结构特点，是宝玉石和其他矿物晶体物理特性的一个重要方面。

3.断口

断口是宝玉石在外力作用下产生的一种无特定方向的破裂现象，尤其出现在那些不具有完全解理性质的宝石，包括无解理的晶体、非晶质宝玉石，以及矿物集合体中。断口的形状和类型通常与宝玉石的物质组成方式密切相关，因此，不同类型的宝玉石往往展现出不同的断口特征。常见的断口类型包括：贝壳状断口的断裂面呈椭圆形的光滑曲面，常呈现同心圆纹理，形似贝壳，典型的例子有石英和玻璃；锯齿状断口表面呈光滑的锯齿状，常见于延展性很强的矿物，如自然铜；参差状断口的断面参差不齐，粗糙不平，是大多数宝玉石常见的断口类型，如东陵石等；纤维状和多片状断口呈纤维状或错综细片状，典型的例子包括软玉、翡翠和蛇纹石等。

在鉴赏宝玉石过程中，解理、裂开和断口的特性具有重要意义，既关系到宝玉石的真伪鉴定，也影响其价值评估、加工设计和日常佩戴的注意事项。在真假鉴定方面，宝玉石原料的解理、裂开和断口性质是关键的判断依据。例如，钻石的完全八面体解理在原石表面呈现出独特的三角座等标志性特征。如果一颗八面体形状的原石表面没有这些特征，则应该对其真实性产生怀疑。同样，翡翠的特殊解理产生的珠光闪光（翠性）一直是鉴定翡翠真伪的重要理论依据。在宝玉石的价值评估中，解理和裂理的存在可能会降低宝石的价值。红宝石就是一个典型的例子，常言道"十红九裂"，许多红宝石因为存在裂理而失去了其作为珍贵宝石的价值。在加工宝玉石时，解理、裂开和断口是必须考虑的重要因素。由于解理面不能抛光，设计宝石刻面时，任何一个小面都不能与解理面平行，否则加工可能失败，从而造成重大的经济损失。在佩戴珠宝时，也需要考虑宝石的解理性质。具有完全解理的宝石容易在碰击下受损，因此在佩戴时需要特别小心，以防止意外损坏。

（四）其他重要的物理性质

1.导热性

导热性是宝石对热量传导能力的度量，能对宝石进行鉴定。钻石是所有天然宝石中导热率最高的，这一特性使得基于导热原理设计的热导仪成为鉴定钻石的一种便捷工具。相比之下，许多仿制品如玻璃或塑料的导热率较低。因此，在宝玉石的鉴赏和鉴定过程中，通过观察宝石对热量的传导速率，可以辅助判断宝石的真伪。简单的测试方法，如用手触摸或舌头舔舐，都可以感受到宝石的导热性，从而帮助鉴别真假。

2. 导电性、压电性、介电性以及热电性

导电性指宝石矿物对电流的传导能力，在宝石鉴定中，导电性可以作为区分某些宝石种类的依据。例如，天然蓝色钻石具有半导体的特性，而经过辐射处理的蓝色钻石则不导电。利用这一特性，可以区分天然和处理过的蓝色钻石。压电性是指某些矿物晶体在受到机械作用的压力或张力下，由于变形效应而呈现的电荷性质，在压缩时会产生正电荷，在拉伸时则产生负电荷，在机械压力和拉力作用下产生的交变电场现象被称为"压电效应"，压电性在某些高科技领域和工业应用中具有重要价值。介电性涉及宝石矿物在电场中被极化的性质。热电性则是指宝石矿物在外部温度变化时，在晶体的特定方向上产生荷电的性质。介电性和热电性在宝石工艺材料领域中具有重大意义，使许多宝玉石在电子工业和其他技术领域有着广泛的应用前景。

3. 放射性与磁学性质

放射性是指含有放射性元素的宝玉石矿物自原子核内放出粒子或射线的现象，同时伴随着能量的释放。大多数自然界中的宝石产生的辐射水平远低于日常环境水平，例如锆石（主要是低型），因含有铀、钍而具有一定的放射性。然而，通过辐射处理的宝石需要特别注意，因为此种处理方式产生的颜色会随时间衰退，从而影响其价值。对于具有放射性的宝玉石，无论在鉴赏还是佩戴时，都应格外小心，以避免放射性对人体造成伤害。值得注意的是，某些放射性宝石可能需要特殊的存储和处理方法，以确保安全使用。在鉴定和处理含有放射性元素的宝玉石时，了解其放射性水平和处理历史尤为重要，因为有关因素直接关系到宝石的安全性和价值。因此，专业的宝石鉴定师在评估这类宝石时，会采用专门的工具和技术，以确保准确和安全的鉴定结果。

宝石矿物的磁性主要来源于其成分中含有的铁、钴、镍、钛和钒等元素，这一特性影响了宝石的鉴赏和鉴定。例如，在珍珠（尤其是有核养珠）的鉴定中，磁性常常是判断其真假的关键因素之一。同样，合成钻石由于可能含有金属片而表现出磁性，使得磁性成为鉴定合成钻石的一个重要线索。了解和应用宝石的磁学性质可以帮助鉴定者更准确地区分天然宝石、培养珍珠和合成宝石，使用磁铁或其他专业设备来检测宝石的磁性，是一种简单有效的鉴定方法。磁性的存在有助于鉴定宝石的真伪，还能提供关于宝石成分和可能的处理方式的信息。

第三节　贵金属的性质及特点

一、贵金属的化学稳定性分析

（一）贵金属的耐腐蚀性

贵金属银（Ag）的耐腐蚀性是其显著的化学特性之一，在干燥的大气环境中，银不易被氧化，且能抵抗大气腐蚀。银具有较强的抗腐蚀能力，能够耐受弱酸、氨溶液、碱溶液、熔融的氢氧化钠、过氧化钠、碳酸钠，以及多数有机酸和有机化合物。此外，银还能抵抗在食品制作过程中常见的物质的腐蚀。然而，银也有其脆弱之处。它容易溶解于硝酸和热浓硫酸，且能被包括浓盐酸在内的强氢卤酸腐蚀。银对氰化物溶液、硫和硫化物、汞及其化合物也较为敏感，尽管在贵金属中，银的耐腐蚀性相对较弱，但其抗腐蚀性仍远高于许多贱金属。

金（Au）在自然环境和一般腐蚀介质中表现出极高的化学稳定性，这是其作为珍贵金属的重要特性之一，金在低温或高温下均不会与氧、氢、氮、硫及硫化物发生直接反应。在常温条件下，金对大多数酸类，包括硫酸、硝酸、盐酸、磷酸、过硫酸、氢氟酸、氢溴酸和氢碘酸等都具有高度抵抗力，高抗酸腐蚀性甚至在中、高温度下也依然存在。除此之外，金也不易受到碱性溶液、熔融碱、熔融硫酸盐和熔融碳酸盐的腐蚀。在室温下，干燥的卤素对金的腐蚀作用微乎其微，而大多数有机酸和有机化合物对金也不会造成腐蚀。因此，在室温和中温条件下，金能够保持其天然的颜色和光泽，不易受到环境因素的影响。然而，金也有其脆弱之处。它容易被王水、氯化钾溶液、熔融的过氧化钠、潮湿的卤素及其水溶液或酒精溶液腐蚀。

致密铂族金属，包括铂（Pt）等，展现出极高的耐腐蚀性，它们在各种酸、碱、盐和其他腐蚀性介质中均表现出高度的化学稳定性。铂的耐腐蚀性与金相当，具备优异的抗酸和抗碱腐蚀能力，但铂可被王水腐蚀，并且在湿卤素环境中会缓慢发生腐蚀。除此之外，铂还具有非常强的耐生化腐蚀性。

贵金属的化学反应性和耐腐蚀程度受多种因素影响，包括与试剂的种类和浓度的关系，以及贵金属的存在形态、表面状态以及外界条件，如温度、压力和气氛等因素。在不同的物理和化学环境下，贵金属的反应性和耐腐蚀性表现出显著差异。特别地，海绵态和粉体态的贵金属相比于其致密态，其耐腐蚀性会明显降低。金属内部存在的缺陷和杂质，以及金属本身的物理与化学不均匀性，也是影响其耐腐蚀性的重要因素，内部特性可能导致金属更容易受到腐蚀的侵害。表面膜的特征对于贵金属的耐腐蚀性同样至关重要，表面致密、无孔、连续且黏附良好的膜能有效保护金属不受腐蚀，而多孔、离散且不黏附的膜则可能降低金属的耐腐蚀性。

（二）贵金属合金的耐腐蚀性

贵金属合金的耐腐蚀性受多种因素影响，包括合金元素的性质、显微结构特征、合金相的组成以及晶体尺寸的大小和均匀性等。通常，如果合金化元素本身具有较高的耐腐蚀性，它们可能会提高整个合金的耐腐蚀性能。相反，耐腐蚀性较差的组分在合金中可能更容易受到腐蚀。在合金的结构方面，单相固溶体合金通常比多相合金更耐腐蚀，主要是因为多相合金中不同相之间的电极电位差异可能形成微电池，从而加速腐蚀过程。同样地，合金中形成的有序相也可能降低其整体的耐蚀性，因为它们可能改变合金内部的电化学平衡。晶界也是影响合金耐蚀性的重要因素，因为它们可能成为腐蚀的潜在起点。晶粒的尺寸大小同样重要，因为更大的晶粒通常意味着较少的晶界，可能降低腐蚀风险。金属内部应力，无论是由于热处理、机械加工还是其他原因引起的，都可能导致应力腐蚀。

（三）贵金属的表面晦暗

1.Ag 的表面晦暗

银（Ag）的表面晦暗是其在化学环境中的一种常见现象，尤其长期在大气暴露下尤为明显。在常温常压下的干燥大气中，银不会被氧化或形成氧化物膜，类似于金（Au）和铂（Pt）的表现。但在特定条件下，银表面会形成晦暗膜，主要由于大气中硫化物的存在，如 H_2S 和 SO_2 等。尤其是粉体银，在氧气中加热会生成不稳定的 Ag_2O 薄膜，而在含有 HCl 的潮湿空气中则可能形成 AgCl 膜。晦暗膜的形成主要是硫化银（Ag_2S）的结果，此种变色过程在银和含硫较高的食品或物品接触时尤为迅速。晦暗膜随着时间的推移会逐渐加厚，从而改变银的颜色和外观。硫化膜的形成不仅影响银的外观，还会显著增加电阻率，特别是当银用于电接触材料时。为了减少晦暗现象，研究人员尝试通过合金化改善银的耐腐蚀性和抗晦暗特性，添加如金、钯和铂等贵金属元素可以在一定程度上抑制银的硫化晦暗倾向。然而，添加铜（Cu）等常用的贱金属元素通常会增加银的硫化和晦暗倾向。铟（In）加入银合金能够形成一层透明的 In_2O_3 膜，这层膜可以保护银合金不再继续氧化或硫化，保持其光亮和高电导率。除铟外，还有其他氧化物如 SiO_2、TiO_2、Al_2O_3 及其非化学计量化合物能够为银合金提供保护，尽管它们对合金的光亮性可能有一定影响。

2.Au 的表面晦暗

金（Au）作为一种贵金属，具有高度的抗腐蚀和抗晦暗能力，此特性在制造首饰品、装饰品、牙科制品及电接触触点的金合金中尤为重要。金合金通常含有不同量的银（Ag）、铜（Cu）、镍（Ni）、锌（Zn）等元素，其含量直接影响合金的抗晦暗能力。一般而言，高开金含量的合金具有更高的抗晦暗能力。例如，能够经受硝酸斑点腐蚀测试的合金表明其抗晦暗性能较强，而 14K 以下的低开金合金则表现出较弱的抗晦暗能力。硫、H_2S 和其他硫化物是造成金合金晦暗的主要因素，金合金在含硫化合物的介质中的腐蚀程度随着合金中 Ag、Cu 和 Ni 含量的增加而加剧，尤其是 Au-Cu 合金。在氧气中，纯金稳定不氧化，即使在高温大气中加热也保持稳定。

然而，含有 Cu 和其他贱金属组元的金合金可能因为贱金属组元的优先氧化而导致合金晦暗。多元和多相金合金的抗晦暗性更为复杂，受合金组元、相和相界面的影响。铂族金属组元可以改善多元金合金的抗晦暗性，而 Ni 组元也对抗室内气氛的晦暗有较好的效果。退火态和无应力相组织也有助于改善合金的抗晦暗性，一项在人工汗液和硝酸中的腐蚀试验表明，经过特定温度时效处理的 10K 合金显示了极高的抗晦暗能力。

3. 铂族金属的表面晦暗

铂族金属，包括铂（Pt）、钯（Pd）、铑（Rh）、铱（Ir）、锇（Os）和钌（Ru），在室温干燥大气环境中表现出高度的稳定性和抗晦暗能力。铂族金属对氧的亲和力较小，因此在大气或氧气中加热时，它们的表面不易形成晦暗膜。例如，铂在 150℃ 以上开始氧化，但在 $400 \sim 500℃$ 时表面才形成一层近似透明的 PtO_2 氧化薄膜。钯在 260℃ 开始氧化，形成晦暗的 PdO 膜，而铑在 580℃ 以上温度下形成非挥发性的氧化物 Rh_2O_3 和 RhO_2。铱和钌在较高温度下也会形成氧化物膜，而锇在室温就开始缓慢氧化。在室温下，铂族金属不与硫和干燥的卤素发生反应，但它们可以吸附有机气体，特别是铂和钯。有机物质在铂族金属表面的催化作用下发生化学反应，形成一层暗褐色的粉状有机聚合物，此现象被称为"褐粉效应"。铂和钯的污染程度最为严重，为了避免或减轻铂族金属表面形成有机聚合物，应减少环境中有机物污染源，向铂、钯及其合金中添加其他元素，如银、铜、锡、锑、锌、镍、金等，以增强其抗有机物污染能力。例如，金在抑制有机物聚合方面效果显著。在使用环境中添加抑制剂，如四乙基铅、碘或含碘的有机化合物，可以有效地防止或减轻铂或钯合金表面有机聚合物的形成。

二、贵金属的电化学性质分析

金属的相对耐腐蚀性是由金属本身的电位大小和其表面是否形成保护膜两个因素共同决定的，在电化学过程中，这些因素在金属与水和空气接触时尤为显著。贵金属，如金（Au）、铂（Pt）、钯（Pd）和银（Ag），具有较高的标准电极电位，远高于如铜（Cu）、铁（Fe）、钴（Co）、镍（Ni）、钛（Ti）、铝（Al）、锡（Sn）、锌（Zn）等贱金属。例如，金的标准电极电位为1.68V，银为0.8V，而铜为0.522V，铁为-0.41V。这意味着，当贵金属与普通金属形成电池偶时，在没有其他化学因素干扰的情况下，贵金属通常作为阴极而不受腐蚀。因为贵金属表面通常不形成保护性膜，因此它们的优良抗腐蚀性主要由高电极电位特性决定。然而，当贵金属表面形成氧化物或硫化物等化合物时，其电极电位会比金属的标准电位低，从而降低其稳定性。例如，当银表面形成硫化物膜时，其化学稳定性下降。银不易形成完全连续和致密无针孔的涂层，意味着用普通方法制备的银涂层可能在大气环境或弱腐蚀环境中保持稳定，却可能形成自发电池。在此情况下，银虽然得到保护，但与其接触的贱金属基体可能成为阳极而受到腐蚀。因此，当银作为结构部件与贱金属接触时，需要特别注意，以避免贱金属受到强烈腐蚀。

三、贵金属的生化特征分析

（一）致密合金在生理环境中的毒性及腐蚀性

在生理环境中，致密合金的毒性与耐腐蚀性是评估其适用性的重要指标，尤其是在医疗和珠宝行业中。致密的贵金属及其合金通常无毒，适合安全佩戴和应用。除了含有较高镍（Ni）含量的合金外，长期接触或佩戴贵金属合金不会引起中毒或皮肤过敏。尽管Ni可导致皮肤过敏，但通常仅限于含Ni量高（超过6%）的合金制品。在生物体内使用的金属材料需要具备高抗腐蚀性、无毒性，并对生物组织无刺激，且具有良好的生物相容性。金属元素的细胞毒性各异，例如，第I族的Be、Mg、Ca、Sr、Ba、Zn、Cd、Hg表现出强烈的细胞毒性，而第I、IV族元素如Al、Ga、In、Si、Sn、Ti、Zr等通常无细胞毒性。在IV、V、VI族中，原子质量小的元素如Cu、As、Sb、V、Fe、Co、Ni等表现出细胞毒性，而质量较大的元素如Au、Pt、Pd、Ta等则不显示细胞毒性，特别是金（Au）和铂族金属与人体组织具有最佳的生物相容性。金属在生物体内的腐蚀可分为置换式和氧化式，易于离子化的金属在生物体内容易产生氢置换式腐蚀。第II族金属易于离子化，并与体液中的蛋白质形成配合物，可能造成细胞坏死或变性。而第 III、IV、VI 族金属因易形成致密的表面氧化膜而被钝化，显示出较低的离子化倾向，在生物体内相对稳定，无组织刺激性。而贵金属的腐蚀属于氧化式，它们在多种腐蚀介质中都表现出高耐腐蚀性。

（二）贵金属具有不可食用性

古代炼金术士和民间传说中，常有关于金具有神奇功效的描述，如认为服食金能够"炼人身体"，使人"不老不死"。在现代社会，尽管仍有餐厅推出含有可食用金箔的奢华美食，如纽约一家餐厅推出的含 23K 金箔的"黄金富贵圣代"，特别加工的金箔虽然薄如蝉翼、分子结构容易分离吸收，但实际上对人体并无营养价值。虽然致密贵金属如金、铂、铱本身无毒性，但它们属于高密度物质。服食大量金块、金屑或金箔并不可能吸取营养，反而可能对消化系统造成伤害，如出血或穿孔，甚至危及生命。金虽然珍贵，但并非安全的食用物质。近代研究表明，金箔中毒可能会对皮肤、黏膜、消化系统、造血系统和神经系统造成损伤。在发生过量中毒的情况下，需要采取紧急救治措施，如肌肉注射二硫基丙醇、静脉注射 10% 葡萄糖酸钙、青霉胺等，并在必要时配合抗生素治疗。民间流行的"金箔宴"和将金箔、金屑用于食品和药物，都应谨慎对待，避免潜在的健康风险。

四、贵金属的变形与加工硬化特性分析

（一）塑性变形与机制

金属的塑性变形主要通过滑移和孪生两种机制发生，这些变形过程受到金属的成分、微观结构、外加应力、环境温度以及变形速率等因素的影响。一般来说，滑移是金属塑性变形的主要方式，它通常发生在原子间最密排的晶面和晶向上。

（二）贵金属在加工过程中的硬化

在机加工过程中，贵金属如金（Au）、银（Ag）、铂（Pt）和钯（Pd）表现出独特的硬化特性。尽管贵金属在压力加工过程中展现出较低的加工

硬化率，但在拉拔和机加工过程中却呈现高的加工硬化率。特别是在使用模具（如钢模、碳化钨模或钻石模）拉拔制备贵金属棒或丝时，模具的磨损尤为明显。在传统碳化钨或高速钢刀具机加工金和铂制品时，刀具容易磨损，不仅会损坏金属制品的表面，而且与机加工过程中的热效应、金属的物理化学性质和机加工参数密切相关。例如，在加工退火态铂棒时，表面硬度会从初始的 HV 45 迅速增加至 HV 180，而在被切削层下的变形区，硬度也会显著升高。硬化现象是由于在机加工过程中，贵金属切屑在刀具压力作用下经历黏附、滑动、切变、断裂等一系列严重的变形过程。铂屑最初可能会黏附在刀具表面，随后被产生的屑片（粒）切割，可能导致刀具上的颗粒被带走，从而产生黏着性磨损，同时也损害铂制品的表面。这表明在机加工贵金属时，应变程度和加工硬化率都相当高。因此，针对贵金属在拉拔和机加工过程中的高加工硬化率，正确选择模具、刀具和润滑剂变得尤为重要。由此可见，使用钻石模具和刀具可以有效减少磨损，提高贵金属成品的质量。

五、贵金属装饰材料的基本特性分析

（一）贵金属饰品材料的基本性质

贵金属作为珠宝饰品的主要材料，具备一系列独特的基本性质，使它们在饰品和装饰艺术品制造中占有不可替代的地位。贵金属如银（Ag）、金（Au）、铂（Pt）、钯（Pd）等对可见光具有高反射率，赋予它们明亮、美丽、稳定和协调的颜色，此种光学特性是珠宝首饰吸引人的重要因素之一。这些金属及其涂层材料具有高耐腐蚀性和化学稳定性，以及良好的抗晦暗性，没有放射性，并对人体组织具有良好的生物相容性，无毒无副作用和刺激性，使得贵金属在长期佩戴中安全且维护方便。退火态的贵金属纯金属虽然具有相对低的硬度和强度，但通过塑性加工或合金化可以获得足够高的硬度和强度，使饰品和器具经久耐用，适合镶嵌宝石和其他装饰材料。贵金属具有优良的工艺性能，包括铸造、形变加工、机加工和焊接等，能够制造出各种形态的珠宝首饰和装饰艺术品。同时，铑（Rh）、铱（Ir）和钌（Ru）等金属以其高硬度和较低延性特征，通常作为合金元素加入，提高合金的硬度、强度和化学稳定性。采用电沉积或其他沉积技术可以提高贵金属表面的硬度和耐磨性，同时增强对可见光的反射率，节约贵重金属资源。贵金属的高化学稳定性、良好的生物相容性及其微量离子的杀菌能力，使其在医用装饰材料和生活器具中也有广泛应用。尽管贵金属资源稀缺且价格昂贵，但它们的天然美学属性、高化学稳定性和生物相容性，以及保值增值的特性，使得贵金属成为饰品和装饰材料的首选。

（二）贵金属珠宝饰品的特殊性

贵金属珠宝饰品不仅是装饰艺术品，还是具有深厚文化价值和艺术商业价值的特殊产品。贵金属珠宝饰品通常由贵金属作为主体或载体，搭配宝石或其他美学价值材料精心制作而成（图1-2），用于增添个人魅力以及美化生活和社会环境。贵金属珠宝饰品通过其独特的色彩、光泽和质感，提供了和谐而美观的视觉体验。每件珠宝饰品都融入了独特的设计理念和精美的艺术形象，体现了精湛的艺术创造力和文化内涵。贵金属珠宝饰品的制作过程融入了精细的技术加工和精确的装配，保证了其精美和耐久性。由于其稀缺性和艺术价值，贵金属珠宝饰品不仅是美丽的装饰品，也是具有保值和增值潜力的投资品，有着恒久的保存收藏价值和高的保值增值投资预期。因此，在制作贵金属珠宝首饰和装饰艺术品时，要选用合适的贵金属材料，并搭配匹配的珠宝和其他美学材料。通过创新的设计理念和精心的加工与装配，制作出既优雅又多样化的精美饰品，使其成为文化和艺术的象征。

图 1-2 贵金属珠宝饰品

第四节　珠宝的属性及其价值

一、珠宝的基础属性

（一）珠宝的客观物质存在性

珠宝作为自然界形成或人工合成的物质，具有客观的物质存在性。它们由一个或多个化学元素构成，以特定的结构方式形成单晶体或集合体。例如，钻石是主要由碳元素以共价键的方式结合而成的单晶体物质，而翡翠则主要是由钠、铝、硅、氧等元素组成的硅酸盐矿物集合体。无论是单晶体还是集合体，宝玉石都拥有一系列相对固定的物理性质，如硬度、颜色、密度、折射率、双折射率和色散等，是宝玉石区别于其他物质的重要标准，也是评估其价值的关键因素。高档宝玉石通常具有独特而优越的物理特性。例如，颜色鲜艳、硬度高、韧性好、色散强、折光率高以及耐酸碱腐蚀的宝玉石，通常价值更高。这是宝玉石客观性的具体体现，也是它们作为珍贵饰品和投资品被人们追捧的原因。

（二）珠宝主客观的可鉴赏性

珠宝的鉴赏性是一种融合了主观感受和客观特性的独特属性。客观上，珠宝之所以具有可鉴赏性，主要归功于它们的天然特性，如硬度、光泽、颜色等。宝玉石因其硬度大、光泽强和颜色美丽，在精心加工后更是光芒四射、美不胜收，或呈现出柔和的色彩与润泽的质感，使得它们在全球范围内都被视为美丽的象征。珠宝的客观特性能够带给人们愉悦感受和美的享受，此种可鉴赏性是客观存在的。然而，珠宝的鉴赏性同样受到主观因素的影响，不同的文化、文明背景赋予了珠宝不同的意义和价值。不同的时代、地域和民族对珠宝的偏好和价值判断各不相同，而差异反映了珠宝的主观可鉴赏性。例如，日本人对金黄色珍珠的偏爱体现了它们将黄珍珠视为富贵的象征，而在中国文化中，黄色珍珠则可能被认为是失去生命力的标志。西方人可能更倾向于欣赏闪闪发光、色彩艳丽的宝石，而东方人则可能更偏爱色彩柔和的玉石。在中东和中国西藏地区，人们则可能对绿松石和青金石等象征神秘的石材情有独钟。

（三）独特的稀有性

在自然界的宝藏中，矿物的多样性令人叹为观止，超过 3000 种矿物构成了这个世界的奇妙基底。然而，当人们将视线转向珠宝的世界，会发现能够被选为珠宝材料的矿物种类急剧减少，仅有大约 150 种。而在这 150 种中，真正能被誉为珍贵珠宝的，数量更是减少至仅 10 余种。这些珠宝之所以珍贵，除了它们独特的美丽之外，还因为它们的稀有性和产地的限制。以翠为例，目前世界上仅有缅甸一处产地能开采出达到宝玉石级别的翠，极端的地理和地质限制，使得每一块翠都显得弥足珍贵。又如钻石，尽管它是世界上比较珍贵的宝石之一，但其实际的开采过程也是惊人的困难。即便是最富饶的钻石矿床，也需要开采高达 250 吨的含金刚石的金伯利岩，才能提取出 1 克拉的钻石原料。更令人惊叹的是，在这些原料中，只有约 20% 达到宝石级别。其稀有性不仅仅体现在数量上的稀少，更是一种地理、地质上的独特限制，也是珠宝被人类重视和珍爱的原因。每一颗钻石、每一块翠，都是地球亿万年自然演化的瑰宝，承载着地球的历史和神秘，吸引着人们去探索、珍惜和欣赏。天然宝玉石的形成历程，是地球漫长历史的缩影。璀璨的珠宝大多源自不可再生的资源，其形成过程通常需要数百万、数千万乃至数十亿年。钻石的诞生，便是一个典型的例证。它们在地球深处，约 30 亿至 10 亿年前形成，并通过大约 1 亿年前的火山活动被带到地表。在人类的时间尺度内，这样的宝石是无法再生的，由此展现了它们的珍稀性。物以稀为贵，这一经济学的基本法则在宝玉石市场上得到了充分体现。正是因为它们的稀有性和不可再生性，宝玉石的价值得以凸显。珍贵宝玉石的价格不仅仅是对它们物理特性的认可，更是对它们背后漫长、神秘的形成过程的尊重和敬畏。每一颗钻石、每一块宝石，都是地球长时间自然演化的结果，背后蕴含着无法复制的自然奇迹和价值。因此，珍贵宝玉石的高价不仅代表了它们在市场上的经济价值，更是一种文化和历史的象征。人们对它们的追求和欣赏，除了是对美丽的追求，也是对地球深厚历史的敬仰和对大自然不可思议创造力的赞叹。

二、珠宝的基本价值

（一）珠宝的储备资产价值

珠宝自古以来就不仅仅是一种美丽的装饰物，更是被视为重要的储备资产。尽管在历史上，珠宝并未像黄金那样普遍作为官方储备资产，但它们在不同文化和时代中扮演着显著的财富和权力象征角色。从世界各国历代王公贵族和统治阶级对珠宝的收藏热情来看，珠宝一直是一部分人重要的储备资产。一个家族或个人拥有的贵重珠宝数量和珍贵程度，常常被视为财富多寡的重要标志。在中国古代，珠宝常成为家族财产传承的核心部分。历史上，珠宝在战国时期甚至被用作货币，成为一种通用的交换工具。特别地，犹太人历史上由于无固定家园和战乱频发的背景，也习惯将珠宝作为储备资产。在变幻莫测的历史环境中，珠宝成为他们最方便、最安全的储备财产手段之一。珠宝作为储备资产的价值，主要与其稀缺性、小体积和便于携带等特点有关。然而，由于全球范围内缺乏统一的质量评判标准，再加上其产量极不稳定，珠宝作为储备资产的功能存在一定的限制。诸多因素使得珠宝虽然是财富的象征，但在实际使用中，其作为储备资产的效用不如黄金等更为统一和稳定的资产。

（二）珠宝的投资价值

珠宝的投资价值体现在两个方面。一方面，购买珠宝的人通过佩戴珠宝获得的不仅仅是外在的装饰美感，还包括内心的成就感和美的享受，从而实现心理层面的满足。珠宝作为一种艺术品，其美学价值能够带给人们深刻的精神愉悦和个人形象的提升。另一方面，珠宝尤其是天然珠宝，由于其不可再生的特性，一直被视为财富的象征。珠宝作为"浓缩的财富"，随着时间的流逝，其资产价值往往逐年升值，升值幅度通常超过通货膨胀率或银行存款的利息率，为投资者带来潜在的经济收益。因此，珠宝投资满足了人们对美的追求，还能作为一种保值增值的投资渠道。

（三）珠宝的信用价值

珠宝作为财富、身份和权力的象征，拥有显著的信用价值。在许多社会和文化中，佩戴珍贵珠宝的人通常被视为拥有显赫的社会地位和财富。即使在没有现金的情况下，珠宝本身就能作为支付的媒介，体现出其持有者的经济实力。珠宝的信用价值体现在其作为物质财富的直接展现，更在于它能在必要时刻充当资金的暂时替代品。在某些情况下，珠宝可以用作抵押或担保，实现资金的临时调剂或转让。因此，珠宝不仅仅是一种装饰品或收藏品，它还具备着实际的经济和信用价值。

（四）珠宝的美学与装饰价值

珠宝的美学及装饰价值是其核心属性之一，它们不仅仅是物理特征的展示，更是文化和艺术的综合体现。珠宝的色泽美、质地美和工艺美共同构成了其美学鉴赏价值，同时也增强了其作为装饰品的价值。美学和装饰价值的融合，是珠宝价值中最为人所理解和欣赏的一部分。从历史上看，珠宝的美学价值可追溯至石器时代。在中国，新石器时代的各个文化遗址中出土的大量玉器，如红山文化出土的玉龙、玉螭、玉鸟、玉兽等，都体现了早期人类对美学的追求和高超的工艺技术，通常采用圆雕、浮雕、透雕、钻孔、线刻等加工技法，展示了质朴豪放的风格和对动物形象的艺术概括，体现了对称感和准确性的追求，将玉石的自然美与艺术美有机地结合在一起，达到了一种高度的美学效果。国外也有类似的情况，例如，古埃及时期的皇后木乃伊手臂上的绿松石手镯，既充分展示了古埃及人的美学追求，也反映了当时的先进工艺技术。有关历史文物为人们提供了关于古代人类对美的理解和追求的珍贵见证。

（五）珠宝的医用价值

珠宝在医学领域的应用历史悠久，其医用价值在不同文化和历史时期中有着丰富的记录。古埃及人相信青金石能治疗忧郁病，古希腊人和古罗马人则将其作为补药和泻药，还有将其视为催生石。我国古代对宝玉石的医用价值也有深刻的认识，《山海经》中记载了矿物原料及其功效，孙思邈用琥珀治疗重症的故事更是家喻户晓。中医书中对琥珀的药用价值有详细描述，认为琥珀具有安神、化瘀等功效。红宝石和蓝宝石同样具有悠久的医用历史，在克什米尔，13世纪的医学文献中提到红宝石能治疗胆汁过多和肠胃胀气，而蓝宝石据称能治疗眼病，甚至有避免疾病和恶魔伤害的传说。珍珠作为一种传统的药材，在中国历代医书中有广泛记载。李时珍在《本草纲目》中提到珍珠具有安神、明目、清热解毒等功效。

（六）珠宝的物用价值

珠宝的物用价值是其历史上的一个重要方面，特别是在石器时代，珠宝更多地扮演着实用工具的角色。例如，早期的玉斧、玉刀、玉剑、玉矛等，都是将珠宝材料应用于日常生活和生产活动的典型例子。由珠宝制成的工具展现了当时的技艺水平，反映了珠宝在古代社会中的实用价值。随着历史的发展，珠宝的物用价值逐渐扩展到更多领域。例如，玉制的日用品如玉角杯、玉奁（古代的化妆盒）、玉灯、玉碗、玉碟、玉瓶、玉砚（用于磨墨的工具）、玉笔、玉印盒、玉笔筒、玉酒具等，都是珠宝物用价值的体现。由珠宝制作的器物不仅具有实用性，同时也体现了当时工艺的精湛和审美的追求。

（七）珠宝的研究价值

珠宝的研究价值是多方面的，涵盖了地质学、历史学、社会学和艺术学等多个领域。从地质学的角度来看，珠宝的形成过程与地球的地质活动紧密相关。宝玉石的形成条件、过程以及其所在的地质构造，可以为科学家们提供有关地球历史和地质变迁的宝贵信息。例如，通过对宝玉石的分析，科学家们能够了解其形成的物理和化学条件，对于探索新的宝玉石资源、人工合成宝玉石、优化矿物和宝石处理技术等方面具有重要的理论意义。珠宝中的某些成分，如琥珀中包含的昆虫化石，能够帮助科学家研究地球上的古生物和古环境。通过化石记录，科学家可以追溯数百万年甚至数千万年前生物的进化历程，了解地球古代生态系统的特征。从人类社会和文化的角度来看，珠宝作为历史文物，承载着丰富的文化和历史信息。珠宝的款式、制作工艺和使用背景反映了不同历史时期的社会状况、文化特征和审美趋势。例如,不同朝代的珠宝风格反映了当时的生产技术水平、艺术风格和社会风俗,为我们提供了洞察历史文化演变的独特视角。因此,珠宝不仅仅是美丽的装饰品,它们也是研究自然历史、人类社会和文化演进的重要资料。

第五节　中外珠宝首饰的发展

一、我国珠宝首饰概述

(一) 我国的珠宝首饰种类及演变

1. 发饰

发饰在中国古代是十分重要的装饰品,其样式和使用材料多种多样,从简单的木制、骨制品到贵重的金银玉石制品,不一而足。随着历史的发展,发饰的样式和材料见证了中国工艺的进步和社会的变迁。从新石器时代的简单骨簪到商周时代的精美玉簪,发饰的发展映射了社会结构和审美观的演变。商代的发饰已经开始展现出工艺上的精细和设计上的多样性,该时期的发饰常见雕刻装饰,显示了当时工艺师对美的追求和技艺的精进。进入秦汉时代,随着社会的稳定和经济的发展,发饰材料更加多样化,玉石、金银成为主要材料。这一时期,发饰不仅用于装饰,更成为展示个人身份和地位的重要标志。例如,不同级别的社会成员佩戴不同材质的发饰,如天子和贵族使用玉制和金制发饰,显示了他们超凡的社会地位。唐代是中国历史上开放和繁荣的时期,也是发饰发展的黄金时代。由于唐代女性的发型多变且复杂,发饰的种类和样式也达到了前所未有的丰富和精致。明清时期,尽管社会结构发生了很多变化,珠宝首饰工艺却达到了顶峰。这一时期的发饰工艺包括镶嵌、花丝、錾刻等,技术非常成熟,且发饰的设计更加注重细节和象征意义。清代的发饰,尤其是带有吉祥寓意的簪钗,广受欢迎。虽然传统的复杂发饰在现代社会中的使用已经大大减少,但珠宝首饰仍然在现代时尚中占有一席之地。今天的设计师在创作现代珠宝首饰时，常常汲取古代发饰的灵感，融合现代审美和工艺，创造出既符合现代风格又不失文化底蕴的作品。

中国的珠宝首饰设计师借鉴历史元素，不仅仅是为了复古的美学效果，也是为了将传统文化的深层价值传递给现代社会。此设计理念不仅体现在发饰的形式复原上，更体现在对材料的选择和工艺的应用上进行的突破和创新。在中国传统文化中，珠宝首饰尤其是发饰，不只是用于装饰，更承载着丰富的象征意义。例如，古代的发簪常常与用户的道德品质、社会地位和个人信仰相关联。珠宝首饰的这一层符号意义，在现代设计中仍被赋予新的内涵。设计师通过现代的视角解读传统符号，使之与当代消费者的价值观和审美需求相匹配。

2. 耳饰

早在商周时期，就已经有了穿耳的习俗，这一习惯在随后的朝代中不断演变。秦汉时期，穿耳与否成为区分社会阶层的一种方式，贵族女性通常不穿耳，而普通女性则需要穿耳以示区别。直到唐代，这一风俗被废止。宋代之后，穿耳戴坠的风俗再次盛行，成为妇女美丽的一种表达。在材质和工艺上，中国古代耳饰展现出较高的工艺水平和丰富的材料使用。商周时期的耳环主要是青铜制作，偶尔也出现金质耳环，其特点是一端尖锥形便于穿耳，另一端则呈喇叭口状，此种设计不仅方便使用，也体现了当时金属加工技术的精湛。到了宋代，随着社会的开放和文化的繁荣，耳饰的样式和材质变得更加多样化。不仅金银常被用来制作耳饰，玉石等珍贵材料的镶嵌也开始流行，该时期的耳饰工艺精美，样式多变。明代的耳饰工艺达到了新的高度，累丝镶嵌技术尤为出名。葫芦形耳环成为这一时期的流行款式，其复杂的造型和精细的工艺展现了明代珠宝首饰工艺的较高水平。清代的耳饰种类更为丰富，样式从简单的银环到复杂的镶嵌、錾刻耳环，技艺上包括镂空、模压、焊接等多种方法。

3. 颈饰

从原始时代的兽牙和石珠到王朝时期的贵重材料如玉和金银，颈饰的演变体现了人类审美、技术和社会结构的变迁。在原始社会，颈饰的使用具有明显的实用和象征双重功能。男性常佩戴兽牙、兽角等战利品，显示其力量与英勇；女性则倾向于使用蚌壳、硬果和彩色石块等自然素材，不仅美化了外观，也可能象征着她们的社会角色和收集技能。早期的颈饰通过简单的穿绳方式串联，成为人类最早的珠宝首饰形式之一。

战国到汉代，中国颈饰的材料和造型开始多样化。珠宝首饰不仅是身份的象征，更是美学表达的重要媒介。商周时期，颈饰主要以石珠、石管等为主。到了秦汉时期，随着社会和工艺的发展，更多贵重材料如玉、金银被用于制作颈饰。这些材料的使用充分彰显了佩戴者的财富和地位，也反映了当时工艺技术的进步。到了清代，颈饰的设计和制作更加复杂和精致。特别是朝珠，作为清代官员朝服的重要装饰，每串由108颗贵重材料制成的珠子组成，它不仅是权力的象征，也是颇具审美价值的珠宝首饰。

4.腕饰与臂饰

古代的腕饰和臂饰，特别是臂环，通常由金银条锤打并盘绕成螺旋形状，便于佩戴者调整松紧。这些珠宝首饰的造型多样，从简单的三圈到复杂的十几圈，展示了古代工匠在金属加工上的高超技能。除了传统的扁平和弧形金银条，更考究的设计包括在金银条上镶嵌宝石，或刻画精美花纹，称为"花钏"，而未经装饰的简称为"素钏"。手镯作为一种古老的首饰形式，在新石器时代就已经出现。早期的手镯材料包括动物的骨头、牙齿、石头和陶器，形状多样，从简单的圆管状到复杂的拼合式设计。随着时间的推移，手镯的制作材料和技术经历了显著的发展。商周至战国时期，玉石和铜材开始被广泛使用，标志着手镯材质的质的飞跃。西汉时期，受到西域文化的影响，臂环的佩戴变得流行。此种风俗的传入大大丰富了珠宝首饰的类型，也带来了新的装饰风格和文化元素。唐宋时期，手镯的材料和工艺达到了新的高度，金银手镯和镶宝石手镯成为流行趋势，工艺上也出现了多样化的设计，如绞丝型、辫子型和竹子型等。明清时期是中国珠宝首饰发展的黄金时期，尤其是手镯，其款式和制作工艺十分精细，金银镶嵌宝石的手镯尤为流行。该时期的手镯不仅是装饰品，更成为显示个人财富和地位的重要标志。民国时期，这一传统得到了继承和发扬，珠宝首饰在款式造型和工艺制作上都有了显著的发展，反映出社会文化和审美趣味的变迁。

5.手饰

戒指作为珠宝首饰的一种，拥有悠久且丰富的历史，从古代文化遗址中出土的戒指可见一斑。这些早期的戒指不仅具有实用的装饰功能，更承载着特定的文化和社会意义。在大汶口至龙山文化时期，人们已经开始使用骨质材料制作戒指，并在其中嵌入绿松石等宝石以增加观赏性。而在甘肃的齐家文化中，铜戒指的发现则标志着金属加工技术在珠宝制作中的应用。秦汉时期，戒指在民间流行。此时，戒指开始广泛用于日常装饰，其形式和材料也更加多样化。这一时期，戒指不仅是装饰品，还可能象征着身份或履行某种社会或个人的承诺，故有"约指"的别称。扳指的起源和演变也是中国古代珠宝首饰史的一部分，最初作为射箭时使用的工具，扳指由象牙制成，用以保护射手的大拇指。随着时间的推移，扳指的材质也逐渐演变为玉石，从实用工具转变为一种身份和审美的象征，最终成为一种精美的装饰品。

（二）我国珠宝首饰制作的传统工艺

1.累丝或花丝工艺

累丝或花丝工艺是中国珠宝首饰设计中的一种精湛技术，以细腻华丽的工艺和高贵典雅的效果而闻名。此种技术涉及将金银等贵金属拉成较细的丝线，再通过精密的拼焊工艺，制成各种复杂的图案，常常结合宝石以增添首饰的豪华感。累丝技术源远流长，其历史可追溯至唐宋时期，当时已被广泛应用于妇女的发饰之中，显示出其在古代社会中的受欢迎程度。到了元代，累丝工艺更是达到了鼎盛，形成了专业的花丝工匠群体。这些工匠不仅服务于宫廷，也为民间贵族制作精美的珠宝首饰。累丝工艺的独特之处在于其复杂的制作过程和精细的美学表现。工匠首先将金银拉制成细如发丝的金线，然后将这些金线按照预先设计的图案布置和焊接，形成精致的图样。此技艺不仅需要较高的精确度和足够多的耐心，更需要深厚的艺术修养和丰富的创造力。由于其华丽与精致，累丝珠宝首饰往往被视为宫廷首饰，象征着权力和财富。在现代，这种传统工艺虽然依然保持其高贵的地位，但设计师已开始探索如何将其与现代元素相结合，创造出既符合传统美学又迎合现代审美需求的珠宝作品。

花丝工艺，这一古老而精湛的珠宝制作技术，在中国的金银首饰制作中占有不可或缺的地位，以精细美观和复杂工艺著称，深受珍藏者和珠宝爱好者的喜爱。通过金银丝的巧妙运用，制作出的各种装饰性较强的珠宝首饰，每一件成品都是艺术与工艺的完美结合。花丝工艺的制作流程丰富多样，涉及多种复杂的手工技艺，如掐丝技术、填丝技术、攒焊技术、堆垒技术、织编技术。掐丝技术是花丝工艺中的基础技法，需要工匠将金银丝精心掐制成各种细致的图案，如梅花、牡丹、龙凤等传统图样。这些图样通常寓意吉祥，反映了中国传统文化的深层价值。填丝技术是在已掐好的金银丝基础上，由工匠用扁平的金银丝填充设计轮廓，如填拱丝或填花瓣。这一技术可以使首饰图案显得更为丰满，层次更加分明。攒焊技术是将各种独立制成的纹样通过精密的焊接工艺结合在一起，从而形成完整的首饰。这要求工匠有较高的精确度和技术熟练度，是评判工匠技艺高低的重要标准。堆垒技术是用堆炭灰的方法将码丝在炭灰形上绕匀，垒出各种形状，并用小筛将药粉筛匀、焊好的过程，这一步骤对工艺的精细度和首饰的最终效果至关重要。织编技术是将金银细丝编织成复杂的边缘纹样或底纹，然后在其上粘贴各种经过精心制作的花形纹样。这一技术展现了工匠的高超技艺，赋予了首饰无与伦比的美感和独特性。现代的珠宝设计师在继承传统花丝技术的基础上，不断探索和创新，使这一技艺更加符合现代审美和实用需求。通过与现代设计理念的结合，花丝工艺的首饰不仅限于传统形式，更加入了现代元素，如抽象图案和现代美学理念，使之既保留了传统工艺的精粹，又展现了现代时尚的风格。

花丝工艺是一种精细且复杂的珠宝制作技术，特别受到全球珠宝设计师和制作师的尊重与欣赏。花丝工艺要求较高的技能和精准的手工操作，每一个细节都需工匠的精心打磨。在制作过程中，颇具挑战性的环节是焊接工序。工匠需要将细如发丝的金银丝进行焊接，连接成网状结构。这要求工匠有非常高的技术精确度和足够多的耐心。一旦操作不慎，可能会导致整件作品受损，所有前期的努力将化为乌有。掐丝技术涉及将金银丝手工掐造成各种精细的图案，如传统的花卉、龙凤等纹样，每一个图案都需要工匠熟练的手工艺术处理，以确保每件珠宝首饰的独特性和美观性。花丝工艺的珠宝首饰因细致轻巧且变化多端的特性，在国际上享有盛名，大大影响了欧亚各国的首饰设计和制作风格。花丝工艺技术不仅是中国传统工艺的代表，也是全球珠宝工艺中一颗璀璨的明珠，展示了手工艺术的无限可能和独特美感。

2.金银错工艺

金银错技术，作为中国古代金属细工装饰技艺的典型代表，展现了春秋时期工匠对精细金属工艺的深厚掌握。金银错技艺涉及将金银或其他金属丝、片嵌入金属器物表面，构建复杂的纹饰或文字，并通过精细的磨光过程，展现出独特的艺术效果。虽然自东汉以后，金银错技艺逐渐衰落，但其在历史上的辉煌仍对后世的珠宝首饰设计有着不小的影响。金银错工艺包括四个主要步骤：第一步是制作母范预刻凹槽，为之后的嵌入工作预留空间。这一步骤确保金银材料可以精确地嵌入设计的位置。第二步是錾槽工艺，这需要在金属器物铸成后，对凹槽进行精细加工。工匠会在器物表面根据预先绘制的纹样錾刻出浅槽，此过程在古代称为刻镂或镂金。第三步是镶嵌过程，即将金银的丝和片嵌入精细的槽中。第四步是磨错，即通过使用磨石对镶嵌完毕的铜器表面进行打磨，确保金银部分与铜器表面平滑无缝地结合起来，以达到既美观又耐用的效果。

3.点蓝工艺

点蓝工艺，亦称为烧蓝，是一种古老的珐琅工艺，起源于元末明初，到了清代景泰年间达到鼎盛时期，由此产生的作品通常被称为景泰蓝。点蓝工艺特别以其独特的蓝色釉艳丽夺目，成为中国传统珐琅工艺的代表。点蓝工艺的核心在于其精细的制作过程。首先，将硅、铅丹和硼砂这些原料精细磨碎，制成粉末状的彩料，此步骤要求较高的准确性以确保颜色的纯正和稳定。接着，这些彩料会被仔细填充在金、银或铜制的饰物基座上，形成设计好的图案或纹理。填料后，饰品需置于特定温度的炉中进行烘烧。彩料在高温作用下熔化并与金属器胎结合，形成坚硬而光亮的珐琅层。点蓝工艺中的珐琅釉在视觉上呈现出深邃的蓝色，与金、银的基座相辉映，展现出一种既古典又奢华的美感。这一工艺不仅需要制作者有细致的手工艺技巧，还需要制作者有高超的美学理解能力，以确保最终作品的审美效果和艺术价值。在珐琅类别中，点蓝工艺有掐丝珐琅、錾胎珐琅和画珐琅等不同的技艺表现形式，每种都有其独特的制作方法和视觉效果。掐丝珐琅通过精细的金属线条围边定型，錾胎珐琅则侧重于通过雕刻形成凹槽填色，而画珐琅技艺则类似于绘画，直接在金属表面作画。

4. 点翠工艺

点翠工艺，作为中国传统的金银首饰制作艺术，以精细华丽的工艺和艳丽的色彩效果著称。点翠工艺展现了首饰的装饰美，还反映了中国古代首饰工艺的高超技巧和审美追求。在清代乾隆时期，点翠工艺达到了艺术的顶峰，成为皇室及贵族间流行的珍贵装饰。制作点翠首饰的过程既烦琐又需要非常高的精准度，工匠会用金或银片制作出精致的底托，底托通常呈花形或其他自然形态，为后续的羽毛镶嵌提供支撑。随后，在金属底托的边缘焊接细小的金丝槽，用于固定羽毛。每一片羽毛都需要精心选择和剪裁，以确保整体图案的和谐与美观。在底托中间部分，工匠会涂上一层适量的胶水，然后将选定的翠鸟羽毛精巧地粘贴上去。翠鸟的羽毛以翠蓝色和雪青色较为珍贵，其鲜明的色彩和自然的光泽给首饰带来了无与伦比的生动感和视觉冲击力。此外，这些精美的羽毛图案上常常还会镶嵌珍珠、翡翠等珠宝，使首饰更典雅，更有贵重感。佩戴点翠首饰，会产生富丽堂皇的装饰效果，不仅能够彰显出穿戴者的尊贵身份，还能展示出中国传统工艺的独特美学。此种首饰的制作不仅仅是一个技术活，更是一个艺术创作过程，涉及对色彩、形态和材料的深刻理解与创新应用。

5. 錾金工艺

錾刻工艺，一种在金银等贵金属上展开的精细雕刻技术。錾刻工艺通过细致的手工雕刻，赋予珠宝首饰复杂的纹理和独特的艺术美感，大大提升了首饰的观赏价值和艺术价值。在錾刻工艺中，工艺师首先将金银材料锤打成形，打出基本的形状。这一步骤需要较高的精确度和较强的力度控制，以确保金属片的均匀与完整。锤打完成后，工艺师会使用细小的锉刀和其他雕刻工具进行更精细的錾花工作，包括平刻、阳刻、镂空等，其各有特点。平刻技法在金属表面雕刻出平滑而细腻的图案；阳刻则是使图案凸显于背景之上，增强视觉的立体感；而镂空工艺则通过移除部分材料，创造出透空的美感。

（三）我国珠宝首饰的发展历程

1.原始社会时期

首饰在中国的历史源远流长，可追溯至新石器时代。早期首饰的出现，标志着中国传统文化的萌芽和发展。北京周口店山顶洞人使用的项链，是我国目前发现的最早的首饰，其反映了当时人们的生活方式和价值观，通常由猎物骨骼或采集物制成，体现了人与自然的紧密联系。红山文化和良渚文化时期首饰的发现，进一步揭示了中华文明在首饰设计上的独特性。这些文化遗址中的首饰展现了精细的工艺和独到的审美观，如动物造型和几何图形的设计，大量使用了饕餮纹、云纹、泉纹和波带纹等复杂纹饰，均成为华夏民族长久以来的审美偏好。新石器时代的首饰不仅仅是装饰物，还承载着丰富的文化内涵和社会功能。首饰的设计往往与图腾崇拜和礼仪活动紧密相关，通过不同材质（如竹木、骨质、石料和玉石）和不同造型的首饰来表达社会身份的高低和精神信仰的差异，一直延续到汉代，后来才逐渐由金银首饰取代。

2.夏、商、周时期

夏、商、周时期的首饰制作，在材质和造型上都有显著的发展。在这一时期，首饰的材料选择虽然相对简单，但玉石和竹木的广泛应用体现了对自然材料的偏好和独特的审美追求。尤其在玉石首饰的制作上，工艺技术和造型设计都逐渐趋向成熟。这些玉石首饰在造型上精美，其风格和纹饰对后来的青铜器艺术产生了深远的影响。玉石的精细雕刻和光滑抛光，使得这些首饰成为贵族装扮中不可或缺的元素，显示了其社会地位和精神信仰。商代是中国首饰发展史上的另一个重要里程碑，特别是黄金首饰的出现。虽然锻造工艺尚未发展起来，但成套的黄金铸造首饰的出现，标志着金属工艺在商代的初步探索。这些黄金首饰代表了权力和富有，反映了当时社会的工艺水平和审美趋向。玉石首饰的持续流行和文化影响，为中国首饰的发展奠定了坚实的基础，并形成了独特的玉文化。

3.春秋战国时期

春秋战国时期的首饰工艺与材料的选择体现了这一时代的复杂性和多元化，首饰主要以玉石为主，同时金属工艺的迅速发展大大丰富了首饰的种类，增强了首饰的装饰效果。锻造、铸造以及镂刻技术的高超水平，使金银首饰的制作技艺达到了新的高度，金银错细艺术尤其受到推崇，成为该时期金属工艺的标志。此外，琉璃的出现为首饰制作增添了新的材料选项，为首饰设计带来了更多的色彩和光泽方面的选择。

4.秦汉时期

秦汉时期，随着国家的统一和经济的繁荣，首饰工艺及材料经历了显著的发展。这一时期，金银等贵金属开始被大量运用于首饰制作中，标志着首饰工艺的一个重要转变，即从主要使用天然材料如玉石转向更广泛地采用金属材料，反映了资源的更广泛利用，体现了工艺技术的进步和社会财富的增加。此外，东汉刘熙编纂的《释名》中的释首饰章节，标志着首饰学问和文化研究的开始。本书的编写丰富了首饰的文化内涵，也为后世首饰研究提供了宝贵的文献资源。

5.魏晋南北朝时期

魏晋南北朝时期，随着北方游牧民族入主中原并建立政权，首饰文化经历了一次显著的变革。该时期标志着金银首饰成为主流，而且形成了新的首饰形制和分类，这些基本的类型和造型特征一直保持至清代。在魏晋南北朝时期，中原地区的首饰文化与少数民族的首饰文化发生了深入的交流和融合。这种文化的交融在我国首饰史上是一次前所未有的转折点，为首饰的设计和制作带来了新的风格和技术。首饰的造型风格在这一时期大多保持着北方游牧民族的特点，展现了一种粗犷与奔放的美学特色。首饰的形制发生了显著的变化，尤其是在头饰的设计上。随着高大发型的流行，早期的头饰逐步演化出新的簪和钗。这些新型首饰适应了时代的审美需求，反映了社会地位和个人品位。例如，游牧民族的发钗和冠饰演化成了步摇簪钗，这种首饰随着头部的动作轻轻摇晃，展现出别致的风采。在材料的选择上，魏晋南北朝时期的首饰由以往的玉石、石材主导，转变为以金银为主。这一改变提高了首饰的贵重性，也使得工艺技术得到了进一步的发展。金属锻造技术、金珠粒工艺及镶嵌绿松石工艺等都逐渐成为首饰制作的主要技术，为唐代金镶玉首饰工艺的发展奠定了坚实的基础。在造型题材方面，魏晋南北朝时期的首饰主要呈现现实主义风格。

6.隋唐时期

隋唐时期，首饰设计及制作达到了一个新的艺术高度，特别是头饰的发展非常显著。在这一时期，头饰变得更加精美，尤其是在天宝年间，随着"花钗礼衣"制度的出现，首饰不仅是装饰品，更是社会身份和礼仪的象征。材料方面，金银成为制作首饰的主要材料，这不仅因其贵重性，还因为这些材料易于加工和塑形。金银的广泛使用使得首饰呈现出璀璨夺目的效果，显著提升了首饰的艺术价值。工艺上，錾花和镂空技术在隋唐时期得到了广泛应用。相关技术的使用增加了首饰的装饰效果，体现了工匠的高超技艺。特别是金镶玉工艺，以独特的美感和精湛的技术，成为这一时期金属工艺的代表。在造型题材上，隋唐首饰明显吸收了西域文化的特征，使得首饰设计更加多元化，体现了隋唐时期开放和包容的文化特征。

7.宋元时期

宋元时期的首饰工艺在历史上占有重要地位，特别是锤鲽法的应用，显著提升了首饰制作的效率和精细度。此工艺使用了类似于现代模具的方法，首先在模具中进行首饰的大轮廓压制锻造，然后再进行细致的上胶处理，从而批量生产出十分精美的首饰。这种技术的广泛应用，使得锤鲽法成为宋代首饰的标志性工艺。在首饰的种类和形制上，宋元时期呈现出丰富多样的特点。特别是钗类首饰，仅钗就拥有几十个不同的品种，展示了这一时期首饰造型设计的多样性和丰富性。这些首饰不仅在形态上多样，而且在细节处理上极尽精致，充分体现了工匠的精湛技艺和高超造诣。在材料选择上，金银依然是主要的首饰材料，由于其易于加工和具有高贵的光泽，成为高端首饰的首选材质。同时，首饰的造型题材受到了宋代绘画和织绣纹饰的强烈影响，风格趋向秀丽典雅。首饰设计主要围绕花卉、瓜果、鸟虫、龙凤以及仙佛人物等题材，这些题材的广泛应用丰富了首饰的文化内涵，也使得首饰本身成为一种独特的艺术表达形式。

8.明代时期

明代时期的首饰工艺和材料选择受到了海外贸易和社会经济变革的显著影响。海外贸易的不断发展，不仅使得明朝国库充盈，经济发达，而且带来了大量珍贵的制作首饰的宝石。这些宝石的引入，使得明代首饰呈现出与前代完全不同的风貌，首次使宝石成为首饰的主要材料。从明代中叶开始，中国经济出现了空前的商品化趋势。新兴的市民阶层追求奢华的生活享受和当下的惬意满足，此种消费观念随着商品经济的发展而迅速蔓延，大大推动了首饰设计和制作的革新。彩色宝石因具有绚烂的色彩和不菲的价值，成为这一时期消费风尚的首选。首饰的设计和制作开始围绕宝石进行，突出其色彩和光泽，反映了社会上层的富裕和对美的追求。在工艺上，明代首饰采用了花丝镶嵌宝石工艺和爪镶工艺。精湛的工艺使宝石更加固定，也确保了宝石的展示效果，提升了首饰的美观度和细致度，使首饰更具观赏价值和艺术性。至于造型题材，明代首饰主要继承了宋元时期的世俗化风格，以龙凤、花鸟、昆虫、宗教等为主要题材。

9.清代时期

清代首饰在风格和形式上基本延续了明代的传统，但由于闭关锁国政策的影响，宝石资源逐渐变得稀缺。为了应对材料短缺，清代的首饰工艺师创新性地采用了点翠和点蓝技术来替代宝石。点翠是利用精细的翠鸟羽毛进行装饰，而点蓝则是使用蓝色的珐琅来增加首饰的色彩和质感。这些技术的应用有效解决了材料的局限性，还为清代首饰增添了独特的美感和文化特色。尽管材料和装饰手法有所创新，但清代首饰的整体设计仍然保持了明代的基本样式，展示了一种文化的传承。

10.现当代

现当代珠宝设计越来越倾向于在保持中国传统美学的基础上，注入新的创意和元素。在材质的选择上，珠宝首饰的设计更注重材料的原生态和自然美，如玉石的温润与珊瑚的绚烂多彩，均为珠宝首饰受欢迎的原因。形式上，对称的设计语言不仅是中华文化的一大特征，也是平衡与和谐美的体现。此外，这种对称性在视觉上带来的平衡感，使得珠宝首饰更加吸引人们的眼球，增强了其装饰效果。

中国的珠宝首饰工艺，作为人类历史的一部分，展示了从古至今在技艺和美学上的卓越成就。历代工匠均在不同时期为宫廷和民间创造了无数精美绝伦的珠宝首饰。从远古时期的玉石雕刻到后来的青铜铸造，再到王朝时期的景泰蓝与花丝工艺，每一项技术的发展都反映了中国古代工艺美术的精湛与创新。玉器不仅是身份的象征，也是审美情趣的体现。青铜器的铸造则显示了古人在金属加工方面的高超技能。而景泰蓝的发展，更是将铜质器物装饰艺术推向了一个新的高度。珠宝首饰作为一种艺术形式，它的生命力在于能够不断地适应和反映时代的变化。现代珠宝设计师在继承传统工艺的基础上，不断探索和创新，将现代美学融入传统设计中，从而创作出既有古典韵味又符合现代审美的珠宝首饰。例如，将传统花丝工艺与现代的几何设计结合，或者在景泰蓝中加入现代图案和色彩，使得古老的艺术形式焕发新生。展望未来，珠宝首饰作为展示文化深度和艺术价值的载体，其发展潜力巨大。随着全球化的深入，中国的珠宝首饰不仅能吸引国内消费者，也越来越受到国际市场的青睐。设计师和工艺师通过跨文化的交流与合作，可以将中国传统珠宝首饰推向世界，让更多的人了解并欣赏这一悠久而精美的艺术形式。

　　中国珠宝首饰行业正在迎来一股创新的浪潮，随着国内顶尖学府，如上海大学美术学院、中央美术学院、中国美术学院、清华大学美术学院和南京艺术学院等纷纷设立珠宝首饰专业，珠宝设计教育得到了显著的推动和发展。这一新兴领域的扩展吸引了众多富有创造力的人，他们正在用现代视角重新定义传统珠宝首饰的概念。这些学院培养了具有专业技能的珠宝设计师，还激发了其对艺术首饰创作的热情，推动了珠宝首饰设计的多样化。商业珠宝首饰市场的蓬勃发展和艺术首饰的创新设计相辅相成，共同推动了中国珠宝首饰行业的国际化步伐。随着越来越多的设计新星的涌现，中国珠宝首饰业逐步满足了国内市场的需求，也越发受到国际市场的关注，展示了无限的创新能力和发展潜力。

二、西方珠宝首饰的发展

（一）苏美尔珠宝首饰

苏美尔文明对金属的加工技术有着非凡的掌握，苏美尔工匠能将黄金敲打成非常薄的金箔，创作出细致入微的工艺品。使用金箔制作的树叶和花瓣，仿佛流苏一般悬挂，展示出其精湛的工艺。在苏美尔文明中，首饰不仅是装饰品，更是一种表达社会地位和宗教信仰的方式。苏美尔首饰的设计颇具特色，通常会采用天青石、光玉髓和玻璃等材料，将这些珠子串联起来，形成色彩斑斓的装饰品。公元前 2600 年的 Shubad 皇后的头饰便是这一时期工艺的杰出代表。这顶头饰由黄金、天青石和光玉髓精制而成，其设计华丽且具有高度的艺术价值。除了头饰，与之相配的还有金耳环和项链，同样采用了黄金与宝石的搭配，显示出苏美尔人对美的追求和审美观念的成熟。在许多苏美尔贵族和王室的陵墓中，常见到大量的陪葬品。这些陪葬品中的首饰不仅展示了苏美尔人的工艺水平，也反映了他们对于死后世界的看法和期待。通过对苏美尔首饰的研究，人们能够理解他们的技术水平，还可以洞察古代人如何通过物质文化来表达自己的宗教信仰和世界观。苏美尔首饰的研究，为人们提供了一个了解古代人类社会结构和文化价值的窗口。每一件精工制作的首饰都承载着历史的重量，讲述着跨越千年的故事。

（二）古埃及珠宝首饰

古埃及的首饰展示了埃及人在艺术与象征表达方面的精湛技巧，以各种复杂的图案和纹样呈现，每种设计都反映了他们对自然界现象的观察和理解。例如，太阳纹样通常象征着生命力和能量。此种图案在首饰上的运用可能旨在表达对自然界生生不息的赞美。太阳作为自然界中最强大的光源，对于依赖农业的古埃及社会具有重要意义，其象征意义在首饰设计中的体现可能与希望和繁荣相关联。鹰作为天空的霸主，其形象常被用来象征力量。在首饰中，鹰的形象可能用来表达对自然界掌控力和威严的尊重。

同时，鹰也是一种在埃及广泛分布的动物，其在首饰中的频繁出现，显示了埃及人对周围自然界的观察和欣赏。蛇的形象通常与再生和治愈联系在一起。蛇形的首饰可能象征着医学和健康，反映了古埃及人对医学知识的尊重和探索。蛇的形态和行为，在古埃及首饰中的应用，可能是对自然界中生物适应性和生存策略的一种赞赏。圣甲虫在古埃及首饰中的地位特别突出，圣甲虫的生物学特性，如力量强大，能推动几倍于自身重量的物体，为古埃及人所赞叹。因此，圣甲虫的图案可能象征力量和耐力。此外，圣甲虫的生命周期和行为展现了对自然界循环与更新的理解。这些首饰的设计不仅仅是视觉上的装饰，也是古埃及社会对自然界深刻理解的体现。每一件精心制作的首饰都是对自然现象的一种尊重和诠释，反映了古埃及人如何将自然界的元素融入日常生活，以此来表达对自然的敬畏和赞美，使人们可以窥见古埃及人的世界观。

古埃及的首饰工艺，特别是在彩色宝石、彩色玻璃、彩釉陶片和镶嵌技术的运用上，展示了他们在手工艺术历史上的卓越成就。彩色的元素和精湛的镶嵌工艺，既美化了日常生活，也推动了工艺技术的发展，使古埃及在全球手工艺史上占据了重要地位。在首饰制作方面，古埃及人的成就之一是色彩的组合和运用。他们精心选择各种彩色材料，通过巧妙的组合，创造出丰富多彩的视觉效果。他们对色彩的敏感和创造力，使得每件首饰都呈现出超强的视觉冲击力和独特的艺术价值。古埃及工匠掌握了苏美尔人发明的金属制造技术，并将其发展到了一个新的高度。他们不只是简单地模仿，而是在此基础上创新，使得金属工艺更加精细和复杂。例如，他们的镶嵌技术非常先进，能够将小块彩色宝石、玻璃或陶片精确地镶嵌在精致的金属框架中，此技术至今仍被广泛应用在珠宝首饰设计中。由于本土缺乏彩色宝石资源，古埃及的工匠积极发挥创造力，以寻找宝石的替代品。他们在透明的水晶背后黏上彩色胶泥，成功仿制出光玉髓等宝石的效果。此方法有效解决了材料的局限性，还展示了他们在材料上的创新能力。此外，古埃及人制作的玻璃材料色泽鲜明、质地均匀，能够达到以假乱真的效果，这在当时是一种技术上的革命。一系列创新充分体现了古埃及工匠的精湛技术，反映了他们对美的追求并将其与实用主义精神相结合。通过使用人造材料，古埃及的工匠满足了市场上对彩色宝石的需求，并推动了珠宝首饰工艺的整体发展。

在公元前 1600 年左右，古埃及的首饰工艺达到了辉煌的巅峰。这一时期，古埃及人的首饰设计不仅是美学的展示，更是技术的创新和社会地位的象征。特别是在戒指的发展上，人们可以看到一系列创新的演变。圆柱形印记在古埃及贵族中非常流行，这种印记通常被用作签名或象征权力的工具。这些圆柱形印记不仅是实用的标志工具，也是身份的象征，常常被佩戴在颈部或腕部。随着时间的推移，大约在公元前 6 世纪，底部平坦的图章形印记逐渐取代了圆柱形印记。此种变化反映了审美和功能的双重需求的演进，同时标志着其首饰工艺中的一次重要转变。圆柱形印记的流行促进了戒指的发展。最初，人们将刻有印记的宝石镶嵌在戒指上，使这些印章戒指具有实际的使用功能，也逐渐成为装饰品。其中一种创新的设计是在宝石的一面刻上圣甲虫的形象，使得戒指具有了双重的象征意义。圣甲虫在其文化中象征着重生和保护，这样的设计使戒指不仅仅是身份的象征，也寄托了对佩戴者的祝福和保护。

王国中期，这种文化象征走向了新的高度。最初，人们用一根细线将圣甲虫绑在手指上，这种简单但意义深远的设计很快发展成为一种流行趋势。随着时间的推移，原本的细线被更显贵重的黄金粗线取代，增加了戒指的美观度和耐用性，也提升了其身份象征的重要性。用黄金制成的图章戒指，标志着其首饰工艺在设计和材料使用上的一个重要发展阶段。到了新王国时期，首饰工艺的精湛技术达到了新的高峰。这一时期，铸造技术的进步使得工匠能够生产出实心的图章戒指，其设计精美，而且结构更为坚固，能够更好地承受日常佩戴的磨损。实心图章戒指的出现，不仅是技术进步的体现，也反映了对美与实用并重的不断追求。

（三）古希腊珠宝首饰

金属工艺在古希腊艺术中占据了重要地位，该领域的发展明显受到了古埃及文明的影响。古希腊的金属工艺师借鉴了古埃及的技术和风格，但随着时间的推移，他们逐渐发展出了自己独特的艺术表现形式，这些作品通常具有强烈的装饰性和识别性。在早期古希腊金属工艺中，设计简洁而有力，常用的装饰元素包括圆形和三角形等几何图案，体现了古希腊对于几何美学的偏好，也反映了他们对于形式和结构的深刻理解。随着技术的进步，古希腊工匠开始探索更复杂的装饰技巧，如金丝工艺。金丝工艺是古希腊首饰制作中的一大特色。工匠擅长使用薄金丝创造螺旋形和波浪形的纹样。这些纹样既细腻又复杂，展现出高超的技术水平，增加了首饰的视觉美感，提高了其艺术价值，使得每件作品都充满了动感和生命力。另一个重要的装饰技术是珐琅着色。古希腊工匠借鉴了其他文化的技术，将珐琅用于珠宝首饰的制作，尤其喜爱使用绿色和蓝色。这些颜色不仅美观，还能增加珠宝首饰的神秘感和吸引力。绿宝石、珍珠和玛瑙等宝石的使用，进一步丰富了古希腊珠宝首饰的色彩和纹理，使其成为高雅和精致的象征。

（四）古罗马时期珠宝首饰

在古罗马时期，珠宝首饰在社会文化和日常生活中占据了显著的地位。最初，古罗马的珠宝首饰在造型和制作上深受古希腊文化的影响，但随着时间的推移，古罗马珠宝首饰的设计倾向于简洁和实用，反映出古罗马人对于功能和形式的独到理解。常见的设计有圆盘状和球形状，简单的几何形状不仅易于制作，还与古罗马建筑的宏伟壮观形成了视觉上的呼应，此种设计的普遍性揭示了古罗马人在艺术和建筑中追求统一和谐的审美观。在耳环设计上，古罗马的珠宝首饰同样显示出从简约到精致的过渡。流行的珠宝款式包括半圆形盘状耳环，其通常使用未经修饰的纯黄金制成，展现了一种朴素而高贵的美感。与此形成对比的是吊灯状耳环，其设计中包含了一块大宝石镶嵌在黄金中，下方还悬挂三块小宝石，形成了富有层次感的装饰效果，体现了古罗马工艺在精细制作方面的精进。在古罗马社会中，戒指不仅是装饰品，更是社会身份和个人信仰的重要标志。这一时期，戒指开始被用作订婚和结婚的象征，这一传统影响深远，延续至今。此外，镶嵌硬币的戒指在帝国时代尤为流行，其作为财富的展示，也可能具有某种护身符的功能，或是作为身份的象征。这些珠宝首饰的风格和功能揭示了古罗马文化中对美学、实用性和象征意义的深刻理解，每件精心制作的珠宝首饰都承载着超越其物质价值的深层文化意义，反映了古罗马人在艺术创造与日常生活实践中的平衡。

（五）拜占庭时期珠宝首饰

拜占庭时期的珠宝首饰设计彰显了该时期基督教艺术的典型特征。这一时期，珠宝首饰不仅是日常装饰的物品，更是宗教信仰和艺术审美的重要体现。在拜占庭珠宝首饰中，十字架和基督圣像的图案十分常见。这些珠宝首饰的设计通常十分华丽，充满了象征意义，深受教会和信徒的欢迎。此外，拜占庭珠宝首饰的造型和装饰技巧也显示出较高的工艺水平。垂饰尤其受到青睐，常见的形状包括圆形和六边形。垂饰通常采用雕透工艺，制成复杂的几何图形，展示出拜占庭工匠的非凡技艺，增强了珠宝首饰的视觉效果，更增加了其艺术价值。拜占庭珠宝首饰的另一特点是广泛使用圆形浮雕式设计，主要通过浮雕技术增强珠宝首饰的立体感和精细度。

在拜占庭时期，珠宝首饰的制作沿袭并精炼了古罗马和古希腊的传统，达到了艺术与技术的新高度。拜占庭珠宝首饰工匠在设计和制作技术上展现了非凡的创新和精湛的技艺，特别是在耳环、手镯和戒指的制作上。耳环设计中，拜占庭工匠采用了古罗马的两种基本形状：船形和悬垂形。这些悬垂形耳环回响了古希腊鼎盛时期的精致设计，尽管在古罗马时期这种设计被简化，但拜占庭工匠重新将其制作成更加精美的形式。他们使用复杂的透雕工艺和珐琅彩饰技术，将船形耳环装饰成艺术品级别的珠宝首饰。珐琅的使用为耳环增添了丰富的色彩和细节，且体现了拜占庭珠宝工艺的精细和复杂。手镯通常设计为简单的金箍形式，但通过运用珐琅彩饰技术，这些金箍手镯变得色彩斑斓，表面装饰精美。透雕技术的应用使得手镯不仅仅是一件珠宝首饰，更是一件可以展示拜占庭工艺高度的艺术品。透雕工艺使得金属呈现出精细的图案和设计，而珐琅则为这些图案增添了生动的色彩。戒指的设计在拜占庭时期也有所创新，虽然样式上与古罗马相似，但拜占庭工匠将镶嵌的硬币替换为拜占庭硬币，赋予戒指更深的地域和文化标识，其仍然承载着订婚的象征意义，也展现了拜占庭珠宝首饰在细节和材料选择上的独到见解。拜占庭时代的珠宝首饰制作材料主要包括黄金、宝石、次宝石和玻璃，与古罗马时期的材料选择基本一致。然而，拜占庭工匠在这些传统材料上使用了更复杂的工艺，如金丝细工和珐琅彩饰，使得每件珠宝首饰都独具匠心，充满了文化气息和艺术价值。

（六）文艺复兴时期珠宝首饰

文艺复兴时期的珠宝首饰设计较之前有了显著的变化。在中世纪，艺术和设计大多围绕宗教题材展开，人们的生活以神为中心。然而，在文艺复兴时期，随着人文主义和启蒙运动的兴起，人类自身及其在自然和社会中的角色成为艺术创作的新焦点。这一变化在珠宝首饰的设计上表现得尤为明显。文艺复兴的珠宝首饰不仅在工艺上达到了高度的精细，而且在设计上展现了对人文关怀的强调。艺术家开始在珠宝首饰上刻画人物塑像，这些设计往往受到了同一时期绘画和雕塑作品的影响。例如，珠宝首饰上出现了油画中的圣乔治（Saint George）和天龙马等题材的项坠。此类珠宝首饰不仅是装饰品，更是一种文化和艺术的表达。圣乔治战胜龙的象征意义被巧妙地融入了珠宝设计中，充分反映了当时对英雄主义和人文主义价值的推崇，并且展示了工匠在珠宝制作上的高超技艺。

文艺复兴时期的珠宝首饰反映了一个时代的文化繁荣和艺术创新，其中经典传说和历史及虚构人物的形象成为珠宝设计的重要主题。该时期的珠宝首饰并非单纯的装饰品，而是承载文化和艺术价值的传递者。在 16 世纪的意大利，珠宝首饰的制作达到了艺术的高峰，其中为人称道的典范是位于英国国立维多利亚与艾伯特博物馆的 "Canning Jewel"。这件项坠是那个时代工艺美术的杰作，展示了珠宝首饰制作中的精细工艺和复杂设计。该项坠融合了雕刻、宝石镶嵌和珐琅技术，体现了文艺复兴时期对美的追求和对细节的精湛掌握。此外，文艺复兴时期的服装风格与珠宝首饰的设计密切相关。当时流行的女性服装特点是低领露肩，非常适合佩戴项链和项坠，使得项坠在珠宝首饰中占据了特殊的地位。项坠通常以宗教、神话、寓言和动物为主题，其中不乏精美的船形设计，这一设计受到了意大利、英国和西班牙航海技术发展的影响。浮雕技术的广泛应用是文艺复兴珠宝首饰的一大特色，此种技术不仅增强了珠宝首饰的视觉冲击力，也使得每件作品都能够生动地讲述一个故事。在浮雕珠宝首饰上，人们可以看到精细刻画的人物形象和场景，这些设计既是艺术家对传统主题的重新诠释，也是对新兴人文主义理念的表达。高超的宝石镶嵌工艺和珐琅技术在文艺复兴时期的珠宝首饰制作中得到了全面展示。珠宝工匠利用这些技术，将各种宝石精准地镶嵌在精致的金属框架中，同时运用珐琅为珠宝首饰增添丰富的色彩和细节，使每件作品都独具匠心。

（七）17世纪珠宝首饰

17世纪，珠宝首饰设计经历了一系列显著的变化，反映了时尚和社会态度的转变，还显示了技术和材料的创新。该时期的珠宝首饰设计主要以花卉图案为基调，与同时期的服装风格紧密相关。随着服装从伊丽莎白女王时代的僵硬的亚麻轮状皱领向柔软的蕾丝衣领的转变，以及从厚重的天鹅绒向更轻薄材料的过渡，珠宝首饰的形态和风格也发生了相应的变化。项链和项坠成为17世纪最受欢迎的珠宝首饰形式之一，轻盈的蝴蝶结设计在当时尤为流行，反映了当时对优雅和轻盈美学的追求，且象征着社会上层的精致生活方式。此种设计通常以金银为主要材料，配以珍珠和宝石，增添了首饰的精致感和装饰性。

然而，17世纪的欧洲也是一个充满战争和瘟疫的动荡时期，社会大环境影响了珠宝首饰的设计主题。哀悼首饰因此成为这一时期的一个重要类别，其以黑色为主色调，常见设计包括使用黑色煤玉和其他材料如珐琅、黑玻璃，甚至是死者的头发制作而成，此类首饰的流行反映了人们对于逝去亲人的哀思及纪念的需求。特别是在英国，哀悼首饰成为一种文化象征。在材料选择上，煤玉具有柔软的质地，非常适合雕刻，且经抛光处理后，能展现出深邃的黑色光泽，因此成为哀悼首饰中比较受欢迎的材料。煤玉的此种用途不仅是因为其颜色和质地的适宜性，更因为它在文化上承载了哀悼和纪念的深刻意义。

在17世纪的前半个世纪，欧洲的社会经历了持续的战争和政治动荡，对珠宝首饰的制作和发展产生了深远的影响。在这一时期，由于经济困境，即使是皇室和贵族也难以大量定制珠宝首饰，导致制作的珠宝数量相对有限。然而，即便在不利的情况下，珠宝制作技术仍然取得了显著的进步，尤其是在宝石琢磨技术上。17世纪珠宝制作的一大创新是宝石玫瑰形琢磨法的引入，此琢磨技术使宝石的切割更为精细，能更好地展示宝石内部的色彩和光芒，大大提升了红宝石、蓝宝石和绿宝石的美感和价值。这一切割技术的改进，让这些宝石从原本的平淡无奇状态，跃升为令人瞩目的贵重宝石。钻石，尤其是，通过玫瑰形琢磨法的应用，从一个单纯用来衬托珐琅彩釉的辅助宝石，变成了镶嵌艺术中的主角，其价值和地位得到了大大提升。此外，镶嵌技术也经历了重要的变革，特别是爪形底座的普遍应用。此设计不仅美观，还减轻了珠宝首饰的整体重量，使得首饰更加轻便和舒适，适合长时间佩戴。爪形底座使宝石凸显于底部结构之上，允许更多的光线进入宝石，从而增强了宝石的光泽和视觉冲击力，此种设计的广泛采用标志着珠宝首饰向更精致、更现代的方向发展。

（八）18—19世纪珠宝首饰

17世纪末的珠宝首饰设计领域目睹了一项重要的技术革新，即多角形琢磨法的引入，它替代了之前仅有16个刻面的玫瑰形琢磨法。这种新的琢磨技术能够在钻石上创造出高达56个刻面，大大增强了钻石对光的反射和折射能力，使钻石的光芒更加璀璨夺目。由于这种高效的光学特性，钻石在18世纪上半叶的珠宝首饰中几乎独占鳌头，其他宝石的使用相对减少。该时期的珠宝首饰设计强调轻巧和精致，镶嵌底座的材料使用被减至最低限度。此外，采用底部透空的镶嵌技术，不仅进一步减轻了珠宝首饰的重量，也使得光线能更自由地通过宝石，增强其光效和视觉冲击力。这种设计的普及，使得珠宝首饰不仅在视觉上更加引人注目，而且在佩戴上也更加舒适。对于小颗粒宝石的运用，盘镶技术在此时期非常受欢迎，它能够有效地展示宝石的美丽而不过分突出金属底座。到了18世纪中期，珠宝首饰的设计逐渐趋向于更加细腻和装饰性，其中1770年流行的巨大鞋带扣就是一个例证。这种鞋带扣通常镶嵌次宝石，并采用精细的透雕工艺，不仅实用而且颇具装饰效果。然而，随着18世纪末期的风格转变，这种扣形装饰品最终退出了珠宝首饰的舞台。

从17世纪中期开始，人造宝石的制造标志着珠宝首饰行业进入一个重大的革新阶段，大大改变了宝石的生产方式和使用方式，也对整个珠宝首饰的美学价值和经济价值产生了深远的影响。到了18世纪，人造宝石的制造和交易已经形成了一个合法的市场，人造宝石成为珠宝艺术中的新材料，逐渐获得人们的广泛接受。随着人造宝石的普及，冶金术也随之发展，特别是在1800—1820年，一种新的合金材料——由17%锌和83%铜合成的金属铜问世。这种新合金被证明是黄金的有效替代品，很快就被贵族社会所接受。这种材料的发明在较大程度上降低了珠宝首饰的生产成本，也使得珠宝首饰的设计和制作更加多样化，为更广泛的社会阶层提供了拥有精美珠宝的可能。18世纪末，随着工业革命的爆发，珠宝首饰的制造业经历了从传统手工艺到现代艺术设计的重要过渡。工业机器的引入不仅改变了生产方式，也深刻影响了社会关系、文化、思维方式和价值取向。这一时期，珠宝首饰的生产从依赖个体工匠的手工艺，转向了部分机械化和批量生产，使得珠宝首饰更加普及，不再是仅有皇室和贵族能够享受的奢侈品。随着经济的发展和财富的快速积累，社会的上层阶级和日益壮大的中产阶级开始有了购买珠宝首饰的经济能力。珠宝首饰的佩戴不再是皇室和贵族的专利，而是成为展示个人身份、品位和财富的一种方式。

19世纪前期的珠宝首饰设计深受当时的美术流派影响，展现出多种风格的融合与创新。这一时期的首饰不仅在形式上呈现出丰富多变的样式，还在材料和制作技术上达到了新的艺术高度。例如，洛可可风格的珠宝首饰以烦琐华丽和色彩鲜明著称，此风格的首饰通常采用不对称的设计，广泛使用彩色宝石和珐琅彩釉，强调视觉冲击和装饰效果。这些珠宝首饰通过精细的工艺和丰富的色彩搭配，尽显其富贵华丽和艺术价值，成为那一时代上层社会的首选装饰。同时，新古典主义款式的珠宝首饰则回归古典美学，其借鉴古希腊和古罗马的造型元素，展现了一种更为简洁和谐的美感。这些珠宝首饰通常以精细的线条和平衡的设计受到推崇，反映了对古典文化的尊崇和复兴。

在19世纪下半叶，英国的"手工艺运动"应运而生，标志着对工业革命带来的负面影响的一种文化和艺术反思。这场运动的核心在于倡导手工制作的价值，强调工艺美术的个性化和精细，对珠宝首饰设计产生了深远的影响。在珠宝首饰设计中，"手工艺运动"强调使用传统技术和自然主题，反对过度机械化和标准化。珠宝首饰不再仅仅是装饰物，而是成为展现精湛工艺和表达艺术的媒介。这一时期的珠宝首饰常见的特点包括复杂的手工雕刻、对自然元素如花卉和动物的高度还原，以及对宝石本身美感的强调。设计师倾向于选择有特色的宝石，如不规则形状的珍珠和彩色宝石，因为这些宝石的自然形态被认为更能体现自然之美。

在"手工艺运动"的影响下，"新艺术运动"逐渐兴起。"新艺术运动"

强调艺术与工艺的结合，强调设计与功能的和谐。在珠宝首饰领域，虽然工业化的影响相对较晚到来，但"手工艺运动"的影响却是深远和持久的。珠宝首饰一直是一个高度依赖手工艺的行业，即便在现代，精湛的手工技艺仍然是珠宝首饰制作不可或缺的一部分。在珠宝设计中，"手工艺运动"的思想鼓励了设计师回归手工艺的根本，强调每件作品的独特性和手工制作的不可替代性。此种理念在"新艺术运动"中得到了进一步的发扬，珠宝首饰的设计开始摒弃机械生产的千篇一律，转而采用更具个性化和艺术性的设计。

　　"新艺术运动"始于 19 世纪末，是一场全面影响欧洲及美国的艺术与设计革命。该运动旨在反抗工业革命期间普遍的机械化生产，提倡回归手工艺的独特性和艺术性，尤其在珠宝首饰设计领域表现出独特风格和创新精神。"新艺术运动"的珠宝设计打破了传统的设计范式，强调线条的流畅性和形式的自然性。设计师从大自然中汲取灵感，常用设计元素包括藤蔓、花卉、昆虫如蜻蜓和甲虫，以及女性形象和各类神话人物。这些元素不是纯粹的装饰，而是以一种有机的方式融入珠宝设计，展示出自然界的和谐与美。其中，勒内·拉利克（René Lalique）是"新艺术运动"中颇具影响力的珠宝设计师之一。他的作品广泛使用了不同于传统珠宝首饰的材料，如玻璃、牛角、象牙，并且强调色彩和纹理的自然表达。勒内·拉利克的设计风格独特，大胆运用象牙和玻璃等材料创造出具有透明感和层次感的作品，这些设计往往还包含精细的珐琅彩绘，增添了首饰的艺术魅力。这一时期的珠宝首饰通常不以贵重宝石为中心，钻石等传统珍贵材料更多是作为点缀使用。这是一种从传统珠宝设计对贵金属和昂贵宝石的依赖中解放出来，转而重视设计和工艺的创新。例如，勒内·拉利克的蜻蜓胸饰，以翅膀上透明质感的处理和珠宝上细致的人体雕刻显示了其对自然美的追求和工艺的精湛。然而，"新艺术运动"的珠宝首饰虽然美丽，由于其高度依赖手工制作，造价往往较高，使得这些首饰成为少数人的专属，与运动初衷相悖。设计师希望通过其作品让更多人享受到美的体验，实际上却因为成本问题而难以实现。

（九）现当代珠宝首饰

在现代艺术运动影响下，珠宝首饰的设计不再局限于传统的形式和材料。艺术家的创作理念深入珠宝首饰设计，使得珠宝首饰成为一种艺术表达的媒介。超现实主义的元素，如达利（Dali）设计的变形钟表胸针，以不合逻辑的形态挑战传统审美，为珠宝首饰带来前所未有的艺术深度和视觉冲击力。现代珠宝首饰设计师开始探索各种非传统材料，如工业金属、合成树脂甚至是回收材料，从而降低了成本，增加了设计的可能性。同时，技术的革新如激光切割和 3D 打印技术的应用，使得设计师能够实现更加复杂和精细的设计，这在传统工艺中是难以做到的。

在美国，珠宝首饰艺术由于自由的创作环境得以迅速发展，并成为教育体系的一部分。众多教育机构开设的珠宝设计课程不仅教授技术，更强调珠宝首饰作为艺术表达的重要性，培养了一代又一代的珠宝艺术家。他们在国际舞台上展示其创新的作品，推动了珠宝首饰艺术的全球化交流。现代珠宝首饰不再仅仅是装饰的功能，还成为展示个人身份、社会地位和表达个性的重要工具。特别是在现代社会，人们越来越重视珠宝首饰在个人风格中的作用，设计师也更加注重珠宝首饰与佩戴者个性的匹配。珠宝首饰市场的成熟，使得珠宝首饰艺术家有更多机会展示他们的作品。他们通过艺术展览和交易会这些平台与公众进行交流。渐渐地，珠宝首饰作为一种艺术品被更广泛地认可和收藏。可以说，珠宝首饰的艺术价值与市场价值的结合，推动了整个行业的创新和持续发展。

第二章　珠宝的美学范畴

第一节　审美意识的起源及美学本质

一、审美意识的起源

（一）审美意识的研究途径

1.考古学

考古学能够揭示人类早期艺术创造的历史。考古发现表明，人类最早的艺术创造可能发生在欧洲和亚洲的冰河期晚期，大约在 3.2 万至 1.2 万年前。此时期的艺术遗迹，如洞穴壁画、雕刻和其他形式的艺术表现，为人们理解人类早期文明和艺术起源提供了珍贵的视角。1879 年在西班牙发现的阿尔塔米拉洞穴壁画是考古史上的一项重大发现，壁画描绘了野牛、野猪、母鹿、马和狼等动物，呈现了丰富的色彩和生动的动态，显示出史前人类高超的艺术技巧和深刻的自然观察力。洞穴壁画是艺术作品，也是对当时环境和社会活动的记录。在法国南部和西班牙北部等地也发现了类似的洞穴壁画，其中的形象以动物为主，也有穿着兽皮、戴着假面的巫师形象，反映了旧石器时代人们的生活和信仰。旧石器时代标志着人类历史的早期阶段，人们主要以采集、打猎和捕鱼为生。在中国，元谋人、蓝田猿人、北京猿人、山顶洞人等古人类化石的发现，为人们了解这一时期的人类生活提供了窥视窗口，早期人类使用的石器大多是就地取材制成的简单工具和生活用具。

考古学发现，旧石器时代晚期，即远古人类开始制作和使用装饰品的时期，是人类审美活动和审美意识的早期表现。例如，山顶洞人遗址中发现的石珠和砾石石坠，就是该时期的代表性发现。虽然这些石珠大小一致，但形状不太规则，表明早期人类在制作装饰品时，虽然技术简单，但已经追求一定的美感。砾石石坠呈现黄绿色，椭圆形状，两面扁平，其穿孔技术说明古人类已掌握了基本的加工技能。山西朔城区峙峪村的旧石器时代晚期文化遗址中发现的石器则展现了更高级的制作技巧，使用了石英、石英岩、硅质石灰岩等材料，制作出细小而精致的装饰品，显示了古人类在材料选择和加工技艺上的进步。河南安阳小南海文化遗址中发现的带孔石饰，以及辽宁鞍山海城东南小孤山遗址中发现的透闪石砍斫器，也证明了旧石器时代晚期人类对美的追求。砍斫器的制作充分反映出了实用性，同时也显示了一定的审美选择。

2. 原始部落

在研究人类早期艺术和文化的进化过程中，对现存原始部落的研究提供了一个独特的视角。原始部落在某种程度上保留了人类早期社会的生活方式和文化特征，他们的艺术活动可能与远古时期的原始人有着相似之处。美国民族学家托马斯·亨特·摩尔根在其著作《古代社会》中，提供了对原始社会生活方式和社会结构的深刻洞察。摩尔根的这一著作为理解原始社会提供了宝贵的第一手资料，并对理解人类艺术起源问题做出了重要贡献。德国艺术史家格罗塞的《艺术的起源》和普列汉诺夫的《没有地址的信》，都是通过研究现存原始部落的艺术活动来探究艺术起源的重要著作。强调了艺术在人类早期社会中的角色和意义，以及它是如何反映和塑造了早期社会的文化和生活方式。现存原始部落的生活方式虽然在许多方面与远古原始人类相似，但并非完全一样。由于历史的演变和外部环境的影响，现存部落的文化和艺术可能已经发生了变化。因此，虽然原始部落提供了关于早期人类社会的重要线索，但研究仍然需要结合考古、历史和其他相关领域的研究成果，以获得更全面和准确的理解。

（二）制造工具及艺术起源

众所周知，人类是能够制造工具，并且以工具不断实现自我提升的高级物种，正是创造性的劳动使人能够从动物王国走进自由王国。不仅如此，人类所创造的一切物质工具的本身就是艺术的胚胎，主要表现：

1. 劳动本身就是艺术性的活动

艺术的起源与人类劳动紧密相关，其中劳动活动本身就蕴含着艺术性。例如，舞蹈的起源可以追溯到模仿动物动作的简单行为。神话和传说则是原始人对现实社会实践的幻想式反应，反映了人类与自然的斗争和探索。在中国古代，诸如"盘古开天辟地""女娲炼五色石补天""后羿射日""夸父逐日""大禹治水"等传说故事，都直接体现了人类与大自然间的互动和冲突，故事不仅富有想象力，而且展现了早期人类对自然现象和社会活动的理解与解释。传说和神话是文化传承的重要组成部分，也是人类早期艺术创作的重要源泉。

2. 劳动对艺术形式美的基本原则与表现手段具有决定作用

艺术形式美的基本原则和表现手段，深受劳动活动的影响。在早期人类社会，劳动活动不仅是为了生存，也是审美意识的孕育地。例如，原始人在制作和使用工具的过程中，意识到柄把光滑的工具更好使用，因此开始将工具柄把磨光。出于实用的活动，逐渐被认识为一种视觉上的愉悦体验，从而使"光滑"成为一种重要的形式美原则。同样，"平衡"和"对称"也是在劳动中逐渐形成的美学原则。在使用工具的过程中，人们发现那些符合"平衡"和"对称"原则的工具更加便利，能有效提高劳动效率。随着时间的推移，有关特征不仅被视为工具的实用属性，也逐渐成为被普遍认可的形式美原则。

3. 人类在社会实践中获得对色彩审美性质的认识

人类对色彩的审美感知与情感联系，是从长期的社会实践和自然环境中学习和积累得来的。例如，火的发现和使用让人类感受到红色的独特魅力。红色，作为一种充满活力和热情的颜色，对视觉的刺激强烈，能激发人的情绪，使之变得更加昂扬和激奋。因此，红色逐渐被定义为"热色"，象征着能量、热情和活力。同样地，人们在自然环境中也体验到了不同的颜色对情感的影响。葱郁的绿色山林和清澈的河流常常带来宁静、舒适和放松的感觉。此种感受让人们将绿色以及类似的颜色归类为"冷色"，象征着宁静、平和和舒适。

4.艺术活动的目的是服务于人的劳动

艺术活动在人类历史的早期阶段，主要是为了服务于劳动生活和强化社群的凝聚力。在与自然环境的搏斗中，原始人们发现唱歌可以有效地协调劳动动作，提振士气，增强集体的合作与和谐。唱歌的明快节奏使得劳动动作更加有序统一，并且能够通过激昂的旋律来鼓舞人心，尤其是在与自然力量对抗的艰难时刻。在休息和放松的时刻，轻松舒缓的山歌又能为人们带来愉悦和放松，帮助消除疲劳，恢复体力。

5.原始人的艺术具有交流经验、传授知识、教育后代的作用

原始人的艺术表现形式是文化和情感的表达，并具有实用的教育和交流功能。特别是在原始社会，舞蹈不单是一种艺术表现，更是一种重要的知识传递和技能训练的方式。例如，模仿捕获动物的舞蹈能够再现捕猎的实际场景，使参与者熟悉猎物的外形、特性及其活动习性。此种艺术形式通过视觉和身体动作的模仿，帮助原始人更深入地理解并掌握捕猎技能。在舞蹈的过程中，原始人还能练习如何有效地使用狩猎工具，以及如何灵活运用手脚和腰肢。模仿和练习的过程加深了对狩猎技巧的理解，还有助于提高实际捕猎活动的成功率，减少捕猎过程中的不确定性。

（三）人的发展及艺术起源

从宏观角度来看，人类的创造性活动主要分成了两大部分，即物质创造与自我创造。劳动不能只重视物质工具的创造，从而忽视人自身的创造。物质创造与自我创造都是人类存在与发展的基础与前提，并且是互为条件、相互作用的，没有人自身的创造，则没有物质工具的创造。相反，物质工具的创造进一步推动了人自身的进步与升华。因此，在研究艺术起源的问题时，既需要看到物质创造对艺术的影响及作用，又要看到人自身的创造对艺术的影响与作用。

（四）艺术的发展及审美起源

艺术的起源与审美意识的形成紧密相连，二者共同描绘了人类文化和智力发展的丰富图景。艺术的发展分为三个阶段：工具的制造与使用、工具制作的标准化，以及工具制作的艺术化。相应地，人类意识的发展也经历了从基本意识、自我意识到审美意识的演变。人类意识的形成可以追溯到二三百万年前，当原始人开始为了生存制造简单的工具时，便已具备对自身需求和客观事物特性的基本认识。在旧石器时代中期，二十万年前，人类进入自我意识阶段，表现为工具制作开始呈现定型化和标准化，体现出人类对工具功能的深入理解。自我意识的形成为审美意识的发展提供了直接的基础，工具的定型化和标准化为艺术的萌芽提供了最佳土壤。旧石器时代晚期，人类生产力的提升和精神生活需求的增长促使原始人从巫术情感转向审美情感，巫术活动逐渐演变为艺术活动。新石器时代的到来标志着明确的审美意识的产生，昂昂溪文化的磨制石器和具有装饰性花纹的陶器，仰韶文化时期的人面鱼纹陶盆等，都体现了浓郁的艺术气息，此类文化遗迹是劳动成果，也是审美追求的产物。新石器时代晚期，纯粹的审美物品如玉铲开始出现，不再只是劳动工具，而是权力的象征和审美的对象，这一时期的艺术品已经具有独立的艺术价值。

二、美学的本质特点

（一）模仿说

艺术的起源和本质一直是哲学和美学领域探讨的重大话题。在这个问题上，古希腊人的"模仿"说是最早且颇具影响力的理论之一。此观点认为艺术的本质在于模仿自然，将客观世界视为艺术的模板。在古希腊哲学家中，苏格拉底、柏拉图和亚里士多德对这一观点进行了深入的探讨和发展。苏格拉底认为艺术的模仿不仅局限于外在形象的复制，还包括对人的内在情感的描绘以及与理想化的结合。这一观点突破了之前对美和艺术与自然关系的强调，转而重视美、艺术与社会的联系，标志着美学和艺术思想的重要转变。柏拉图则从他的客观唯心主义世界观出发，对艺术的本质进行了探讨。他认为真实的世界是一种理想化的"理式"世界，而现实世界仅是它的"影子"，艺术作为模仿现实世界的产物，是更加虚幻的"摹本"。尽管如此，柏拉图对美和艺术的深刻哲学思考，为后人对这些问题的探索提供了重要启发。亚里士多德对"艺术模仿自然"的理解则更加深刻和具体，他认为艺术不仅仅是对现实世界外形的模仿，更重要的是对现实世界的普遍性和必然性的揭示，即对事物内在本质和规律的把握。他强调艺术是一种"生产"和"创造"，并将艺术与认识、实践等人类活动相区分。

（二）言志说

"言志"说，作为中国古代美学和艺术理论的重要组成部分，其本质和内涵具有深刻的文化意义。它最早出现在《尚书·尧典》中，反映了中国古代社会对艺术的理解和价值观。不同于古希腊的"模仿"说，中国的"言志"说更多地强调了艺术作为表达人的内心世界和精神境界的媒介。在周代，已有"献诗陈志""赋诗言志"的社会风气，体现了诗、乐、舞等艺术形式在表达人的情感、思想、志向中的重要作用。这一时期，中国的诗、乐、舞综合性艺术达到了繁荣的高峰，通过此类艺术形式，中华民族培养了对艺术的综合审美能力和创造力。"言志"说中的"志"指的是人的志向、情感、思想、愿望等，即人的整个精神世界。艺术作品不仅仅是技巧的展示，更是创作者精神世界的表达。此种表达并非自发的，而是与外部世界的物质、环境、社会关系等因素密切相关，体现了一种唯物主义的美学观。在中国古代，艺术不仅是个人精神世界的表达，也承担着教化、规范人的情感和行为的作用。艺术的社会功能被强调，要求艺术作品在传达美好、高尚的情感和思想的同时，也要符合社会的伦理道德。"言志"说与古希腊的"模仿"说相比较，展示了不同文化背景下人们对艺术本质的不同理解。在"模仿"说中，艺术被看作是对现实世界的再现和模仿；而在"言志"说中，艺术更多地被视为一种精神表达和内心世界的映射。两者都反映了人类审美意识的提高，但各自强调了不同的艺术价值和功能，为人们理解艺术的多样性和复杂性提供了丰富的视角。

（三）形象认识说

自文艺复兴以来的欧洲和魏晋以后的中国，艺术实践和研究都步入了自觉时期，这一时期的最大特点是艺术形态的多样化和审美理论的多样化。在该时期，关于艺术本质的讨论呈现出丰富多彩的景象，其中关于艺术是"形象性"还是"情感性"的辩论尤为突出和持久。在这场辩论中，俄国文艺批评家和美学家别林斯基提出了关于艺术本质的"形象"概念，认为艺术的本质在于将抽象的思想转化为生动、感性、美丽的形象。这意味着艺术作品应该通过具体的形象来表达思想和感情，形象化处理是艺术创作的核心。别林斯基的这一观点突出了艺术对现实内容的再现和形式上的创新，强调艺术在塑造形象时对现实的"清洗"和提纯，创造出具有美感的形象。与别林斯基同时代的另一位美学家车尔尼雪夫斯基，也持有类似的观点，他将艺术的形象特性与艺术再现生活的本质视为同一事物。在他看来，艺术通过形象的方式反映生活，是艺术的本质所在。此看法实际上是对古希腊"模仿"说的一种继承和发展，强调艺术在忠实反映现实的同时，更强调了形象在艺术作品中的重要性。此种关于艺术本质的理解在当时获得了广泛的认同，并对后来的艺术实践和理论产生了深远的影响。

（四）表现情感说

列夫·托尔斯泰的艺术观点，经过深入的思考和广泛的研究，形成了以情感为中心的艺术理论。他认为情感是艺术作品的普遍和本质特征，这一观点强调了艺术作品与观众之间的情感交流和感染力。托尔斯泰的理论强调，艺术的本质在于通过动作、线条、色彩、声音和言辞等表达形式，传达情感和体验。此观点虽然有些绝对化，但它揭示了艺术活动的一个核心要素：情感的传递。无论是抒情性质的作品还是叙事性质的作品，如果缺乏创作者和欣赏者间情感和体验的互动，艺术的交流就无从谈起。托尔斯泰的这一观点在艺术界产生了深远影响，提醒人们在创作和欣赏艺术时，不应仅关注形式和技巧，更应关注情感的传达和体验的分享。艺术作品的情感表达能够触动观众的内心，还能激发人们对生活的思考和感悟，这正是艺术的魅力和价值所在。因此，托尔斯泰关于艺术的情感说，虽然在某些方面可能过于绝对，但在理解艺术的本质、鼓励艺术创作和欣赏时，提供了重要的视角。

（五）艺术形象的审美特质

美并不一定是艺术，而艺术必定要美，即艺术的本质特征。纵观人类创造史与所创造的产品，艺术主要是一种审美形态，主要具有审美性质。任何一种事物的属性都不是纯粹的、单一的，而是多方面的，艺术也有着多种属性。（图2-1）

1　具有一般的意识形态的属性，因此有一定的思想性

2　反映现实生活的一面镜子，具有一般的认识性

3　形象地、典型地反映生活，具有形象性与典型性

4　作者观念影响下的创造物，具有主观性与情感性

5　主要是诉之于人的耳目视听，具有观赏性与愉悦性

6　借助艺术媒介与技巧的应用，具有创造性与工艺性

图2-1　艺术的多种属性

艺术的多种属性如意识形态性、思想性、认识性、形象性、典型性、主观性、情感性、愉悦性、创造性和工艺性，都是其不可或缺的组成部分。然而，这些属性单独存在时，并不能完全构成艺术的本质。它们必须浸润在审美性质中，才能显现出艺术的核心价值。艺术作品的意识形态性，虽然区别于物质产品，但与政治、道德、哲学形态无显著区分。仅当这种意识形态性融合了审美性质时，其特殊性才能彰显。艺术作品的认识性，尽管遵循普遍认识规律，但只有当认识性表现为审美特性时，才能突出艺术的特殊认识方式。形象性和典型性是艺术的基本特征，但它们成为艺术的本质属性的前提是具有审美特质。艺术作品中的情感性不是作者生活中情感的简单转移，而是经过艺术加工和审美规范化处理的情感，审美化的情感是艺术传达深层次情感体验的关键。艺术的愉悦性，不同于一般的生理快感，它是一种精神层面的审美愉悦，能够引发观者深层次的情感共鸣和思想反思。艺术作品中的创造性和工艺性，虽然是人造产品的普遍属性，但只有在融入审美特质后，它们才能提升至艺术的层面。

第二节　珠宝的自然美与形式美

一、珠宝的自然美

（一）珠宝艺术源于为自然

珠宝艺术的起源深植于自然，可追溯到人类早期祖先在石器时代的生活。当时，人们以采集和狩猎为生，将猎物的牙齿作为战利品挂在胸前，把飞禽的羽毛插在头顶，以原始的装饰方式展示了人类对美的追求和表达。使用自然中的元素来装饰自己，标志着珠宝艺术的早期形态。随着时间的推移，人们开始将美丽的石头雕琢成首饰，从而标志着珠宝艺术的诞生和发展。早期的珠宝艺术是装饰和炫耀的象征，也反映了人类对美的自然感知和创造力的早期体现。

赏石文化在原始人类社会中不仅是一种审美活动，而且是宗教文化的起源之一。古代人们将无法实现的梦想和希望寄托于他们认为具有灵性的美石之上，期望石头能够带来好运和保护。美石在人类文化中象征着坚定、顽强、珍贵、美丽和光明等品质，因此常被用来比喻坚定的信念和不屈不挠的精神。例如，诗句"万里投谏书，石交化豺虎"中的"石交"意指牢不可破的友谊。古人也常用"垒石成城，灌水成河"来形容坚固的城池和军事防御。由此可见，美石不仅在物质层面上具有重要价值，也在精神层面上承载着人类对于美好、坚韧和持久的向往。从原始时期的宗教信仰到现代的文化象征，美石的魅力历经千年而不减，其在人类文化和精神生活中的重要地位一直延续至今。

珠宝玉石在众多美石中独树一帜，凭借其稀缺性、美丽和高贵，成为自然界中的珍品。珠宝玉石的独特之处在于大自然对其造就的独一无二性，每一块珠宝玉石都拥有其特有的形态、光泽、纹理和色彩，呈现出无与伦比的美丽和独特性。此种独特性不仅体现在珠宝的外观，更蕴含着深厚的文化和审美价值，使得每一块珠宝都成为举世无双的艺术品。珠宝玉石的魅力首先源于其自然美，自然美的珠宝才能被称为宝石，自然美凝聚了人与自然的深刻联系。珠宝的自然美以其远离人工干预的特征成为超越现实劳动的审美象征，展现了自然界的神奇和奥秘。珠宝的美不局限于其外表，它的内在美同样复杂而深邃，蕴含着自然界的秘密和宇宙的奥妙。在现代高度技术化和人工化的社会中，人们越来越珍视自然美，并逐渐认识到现代文明对自然环境的影响。在此背景下，自然美的价值愈发突出。自然美不仅代表着与人类社会相对立的自然界，也涉及保持天然状态和内在本色的事物。在科技高度发展的当下，"天然"的品质显得尤为珍贵。要真正理解珠宝的自然美，需要深入探究自然美的内涵和基本特性。珠宝玉石的自然美是对大自然的赞美，也是对人类审美观念的深刻反思，它们象征着人类对美的不懈追求和对自然界的敬畏之心。每一块珠宝玉石都是自然界的瑰宝，承载着地球的历史，见证了时间的流转和文化的积淀。

（二）自然美的基本内涵

自然美作为一个美学概念，涉及复杂的理论解释和广泛的实际应用。这一概念的复杂性源自"自然"和"美"两个词汇的多义性和人们对它们的不同理解。要全面理解自然美的含义，首先需要明确"自然"一词的多层含义。自然美通常被理解为自然界事物的美感，包括山川、植被、动物等自然景观及其展现出的原始、未经人为干预的美，来自自然事物的外在形态，还包括它们内在的本质特征，如自然规律和生命力的体现。简言之，自然美是一种综合性的美学体验，它包括了对自然界美的直观感受及对自然事物天性或本质的深层认识。

自然美的概念在中西文化中虽然有共通之处，但也存在着深刻的差异和多样性，差异反映了不同文化对"自然"这一术语的理解和应用方式。一般而言，中西文化中的"自然"概念具有两种共同的基本内涵：外在自然和内在天性。外在自然指的是自然界或非人造的事物，而内在天性则指事物自然而然、自在天成的内在本性。自然美，从广义上看，涵盖了整个物质世界或现实世界的美，而在狭义上则仅指自然界的纯粹、非人工的美，还包括一些经过人类加工改造的自然事物的内在本性或天性。自然美的概念在不同的领域有着不同的应用，如宇宙本体论中的天道自然，社会存在论中的人道自然，以及艺术论中的艺道自然。因此，自然美的内涵也是多重的：其一，它可以指狭义上非人工的自然事物的美，也可以指广义上包括自然事物与社会事物在内的所有现实事物的美。其二，自然美不仅仅是外在的视觉感受，还包含了事物的内在天性之美。其三，从内在天性的角度来看，自然美反映了天地万物的本然状态，人生的自由状态，以及艺术创作中追求的审美理想或最高境界。多层次、多角度的理解表明，自然美不仅是一种审美现象，它还深刻地关联着文化、哲学和生活方式，自然美的多重内涵和复杂性使得它成为值得深入研究和探讨的美学主题。

自然美，作为一个深奥而多维的美学概念，在中西文化中都占有重要的地位。它不仅包括外在自然之美，也涵盖了内在天性之美，两者虽有区别，却紧密相连，共同构成了自然美的丰富内涵。外在自然之美主要关注自然审美活动中的客观和外在因素，它是基于客观的外在自然事物，如山川、花鸟、天空等，自然事物因其独特的形态、色彩、纹理等特征，展现出的美感，来源于自然事物本身的属性和审美者的观照，强调的是自然事物与人类审美感受之间的直接关系。内在天性之美则更偏向于一种基于自然事物的内在本性和人类活动本真状态的自然美，不局限于对自然事物的审美体验，还包括了人类生活中的各种自然而然、天成本真的状态，如人与人之间的自然交往、艺术创作中的自然表达等。此种美在中国古典美学中尤为重视，被视为自然、艺术和人生社会各审美领域的核心范畴。两种自然美概念的联系在于：外在自然之美的基础和根源是自然事物自然而然的本性，而内在天性之美则是这种本性对人的启示和理想典范，有关内核和启示是人们在审美活动中追求和体现的终极目标。自然美的概念不局限于对外在自然事物的审美，还包括了对内在天性之美的深刻体验和理解。

（三）自然美的基本特征

1.天然存在

自然美的本质在于它的天然存在，其独特性与美学价值根植于自然事物本身的属性和特征。这一点在珠宝艺术中表现得尤为明显，珠宝的价值和美感往往直接源于其自然形成的特性。首先要认识到，自然美并不是人类审美意识的简单产物，而是自然事物固有属性的体现。珠宝如红宝石等的美，来源于其天然的透明度、颜色、净度和重量，均是自然赋予的，不是人为可以轻易改变的。每一块珠宝的独特性、纯正的颜色和内在的光泽都是大自然的赠礼，是它们作为自然美最直接的体现。尽管珠宝在加工过程中会经历人为的切割和打磨，但有关过程的目的并非改变珠宝本身的自然特征，而是为了更好地展现和利用这些特征。切工技术必须遵循宝石的天然结构，以保持其自然美的完整性。因此，珠宝的自然美不仅仅体现在其原始状态，还体现在其经过精心加工后能更好地显现自然特质的形式。自然美的另一个关键特征是其不可复制性，每一块珠宝都是独一无二的，正如自然界中不存在两片完全相同的叶子一样，其独特性赋予了珠宝极高的艺术和收藏价值，使其成为人类欣赏和珍视的对象。

2.内容朦胧

自然美的内涵，尤其是天然珠宝的美，既丰富多彩又难以完全言传。珠宝的独特魅力在于它的罕见性，更在于它所呈现的多彩光芒和深层含义。宝石的色彩是感官上的享受，它们还象征着各种情感和意义，让珠宝超越了单纯的物理存在，成为一种情感和文化的载体。例如，红色宝石中的红宝石和石榴石，代表热情和奔放；橙色的琥珀和火欧泊象征兴奋和喜悦；黄色宝石如黄玉和黄水晶则传递阳光和成熟的信息；绿色宝石，如祖母绿和翡翠，代表生命和平和；而蓝色宝石，如蓝宝石，象征高雅和深邃；紫色宝石，尤其是紫水晶，象征高贵和优雅。这些色彩不仅仅是视觉上的美丽展示，它们还承载着人类对自然界的深层次理解和对美好生活的向往。每一种颜色都有其独特的故事和情感背景，使珠宝成为超越其物理属性的艺术品。珠宝的美也在于其形式上的丰富多样性和细腻处理，线条、形状、色彩都是构成珠宝美的重要因素。如同自然界中的蝴蝶以其绚烂的色彩和轻盈的姿态吸引人类的目光，珠宝也以其独特的外表和精细的加工技艺赢得人们的喜爱。相比之下，外观平平的物体往往不会引起同样的审美兴趣。珠宝之美在于其能够唤起人们内心深处的情感共鸣，促使人们对美好事物的无限向往。它们不只是单纯的装饰品，而是自然界和人类情感的完美融合，是人类对美的永恒追求的象征。因此，珠宝艺术不仅仅是关于物质和色彩的艺术，更是一种情感和文化的艺术，它通过独特的方式讲述着人类与自然的故事，映射着人类对美的无尽追求和崇敬。

3. 形态多变

自然美的一大特点是其多变性，在珠宝艺术中表现得尤为显著。珠宝玉石，作为人类对自然界美丽石材的再创造和艺术表现，不仅展现出了自然的美，还融入了人类对美的理解和创造力。此种艺术形态特征明显——它的美丽和价值不仅源于自然，还来自人类的加工和演绎。珠宝的美在于其变化万千的外观和内涵，同一颗宝石，在不同的光线、角度甚至不同的背景下，都会展现出不同的光彩和魅力。例如，一颗钻石在阳光下可能发出耀眼的光彩，而在微弱的灯光下又呈现出柔和而深邃的光泽。此种多变性使得珠宝不仅仅是一件装饰品，更是一种能够随着环境和观察者视角变化而呈现不同美感的艺术品。珠宝玉石的艺术表现力源自其自然属性，但人类的加工技艺又赋予了它们新的生命和意义。结合了自然之美与人的智慧的创造，成就了珠宝独特的审美价值。珠宝是自然美的展现，还代表了人类对自然界的深刻理解和尊重。每一件珠宝作品都是对自然石材的一次新解读，是人类智慧和自然美的完美结合。

4. 身处其中

自然审美的一大特点是其身处其中的经历。审美体验不同于观赏艺术品时的客观旁观，更多的是一种身临其境的深度参与。在自然审美的过程中，人们不仅是外部观察者，更是感受和体验的主体，全方位的参与使得自然审美成为一种独特且深刻的体验。当人们置身于自然之中，每个感官都被自然之美所触动。自然的色彩、形态、声音和气味共同作用于人的感觉，激发出丰富而细腻的情感和感受。例如，在森林中漫步，树叶的沙沙声、鸟儿的鸣叫、清新的空气和光线透过树叶的斑驳，各种感官体验构成了一次完整的自然审美过程。在此过程中，人们不仅观赏自然，更是与自然进行深度的互动和沟通。自然审美的身处其中特性，使得此种审美体验具有深刻的个人性和主观性，不同的人在相同的自然环境中可能会有截然不同的感受和体验。亲身经历和个人情感的融合，使得自然审美具有无法复制的独特性。每一次自然之旅都是一次新的探索，每一次体验都是独一无二的。同时，自然审美的亲身体验还增强了人们与自然的情感连接。通过亲身参与和体验，人们能更深刻地感受到自然之美，理解自然的重要性，从而激发对自然的尊重和保护意识。身处其中的自然审美体验是一种感官享受，更是一种心灵的洗涤和自然情感的培育。

二、珠宝的形式美

（一）珠宝艺术体现于形式美

珠宝艺术的形式美是其吸引人的核心所在。在中国古代，玉器是珠宝艺术的重要组成部分，其用途的多样性和形式的独特性充分展示了珠宝的形式美。玉器的分类和划分不仅反映了其实用价值，还体现了古人对于美的独到理解和追求。中国古代玉器的种类繁多，其用途涵盖了从日常生活用品到礼仪祭祀用具，再到身份象征和艺术饰品等多个领域，在形式上各具特色，无论是雕刻的精细程度，还是造型的多样性，都展示了珠宝艺术在形式美上的独特魅力。

1. 礼用玉器

在中国古代，礼用玉器是玉器艺术的杰出代表，更是体现了中国古代特有的政治与社会秩序。礼用玉器在形制、功能和象征意义上都具有深刻的内涵，反映了中国古代的礼仪文化和等级制度。礼用玉器最显著的特点之一是其与王权的密切联系。此类玉器通常为皇家及贵族所专用，其设计和制作遵循严格的规范，反映出王权的神圣不可侵犯。礼用玉器在政治礼仪活动中的使用，如在朝会、国事活动、宫廷婚礼等场合，不仅展示了统治者的权威和地位，也是对国家政权和社会秩序的肯定与维护。礼用玉器的另一个关键特征是其等级性，在中国古代，玉器是用来标示社会等级和政治地位的重要符号。不同级别的官员使用的玉器在材质、形状和装饰上都有所区别，反映了古代社会严格的等级制度。

2. 佩用玉器

佩用玉器在中国古代社会中不仅是一种装饰品，更是一种重要的文化符号和社会标志。它们承载着丰富的文化意义和深刻的社会象征，是中国古代文化的重要组成部分。佩用玉器的种类繁多，与人体的不同部位相对应，包括发饰、耳饰、项饰、臂饰、腕饰、手饰和腰佩等。佩用玉器不仅美观，更体现了古代人对美的追求和审美观念。佩用玉器在材质选择和色彩搭配上有严格的规定，反映了古代社会的等级制度，还体现了对不同社会地位人群的尊重和区分。例如，不同身份的人佩戴不同材质和颜色的玉器，此种分别在当时是一种重要的社会标志。佩用玉器在中国古代还有着深刻的道德意义，玉器被视为君子道德的象征，与"温润如玉"的君子形象相呼应。佩戴玉器的行为不仅是对自身品德的一种彰显，也是对外界展示自己遵守礼仪、具有高尚品质的方式。佩用玉器在古代也是一种政治和伦理行为，佩戴玉器的形象被视为一种自律和自觉的标志，象征着佩戴者的行为严格遵守社会礼仪。在周朝，佩用玉器甚至被纳入国家典制之中，显示了其在政治和文化上的重要地位。

3. 货用玉器

货用玉器在中国古代社会中是一种文化象征，也是经济交换的重要工具，货用玉器反映了中国古代的货币体系和经济活动的一部分。中国古代的货币系统中，玉贝起到了关键的角色。最初，货贝（以贝壳为主）在夏代出现，并在商代盛行，至周代逐渐衰败。玉贝的使用说明了中国古代人对于玉石价值的认识和尊重，玉石不仅是一种审美对象，更是财富和货币的代表。随着春秋时代金属货币的兴起，货贝的使用逐渐减少。但在商周时期，由于自然货贝数量不足，人们开始使用玉、石、骨、蚌、陶等材料仿制货贝，这便是玉币的起源。玉币的出现，反映了中国古代经济贸易的发展和对货币形式的创新。值得注意的是，玉币虽然作为一种货币在市场上流通，但其他金玉物品在市场上是不被允许流通的，如金玉龟贝、瑞信宝玺、牺牲珍宝、礼神器具等，这均属于朝廷使用的政治用品，是国家的重要典籍，禁止在市场上买卖。

4. 节用玉器

节用玉器在中国古代外交礼仪中占有重要地位，是国与国间交流的重要文化和政治象征。节用玉器是国家间礼仪的一部分，也是政治和文化交流的媒介。在周代，符节的使用种类繁多，反映了各邦国的特色和地域文化。制节的材料包括玉石、角料以及金属等，显示了当时制作技艺的多样性和高水平。每个邦国根据其地理和文化特征制作符节，如山地国家多采用猛兽形象，如虎节；水域国家则多用鱼类或龙形象，如龙节；而人口密集的平原国家则以人形为节。有关形象的选用不仅体现了各国的文化特色，也反映了当时人们对自然环境和社会结构的理解。符节的使用方式多样，包括出入关隘使用的符节、货物通行使用的玺节和道路通行使用的旌节等，既是通行凭证，也象征着权威和身份。然而，值得注意的是，虽然这些符节在外交礼仪中非常重要，但多数并非玉制。

5. 乐用玉器

西周时期，周公制定的礼乐体系不仅是治国理政的基础，也是道德和文化的体现。在这一体系中，乐用玉器成为不可或缺的一部分，展现了中国古代对于和谐、秩序与美的追求。乐用玉器主要在两个方面得到应用：首先，玉石被用来制作乐器，由玉制成的乐器发出的音色被称为"玉声"。玉声的清脆和悦耳，在古代被认为是高雅和神圣的象征，代表着天地间的和谐。其次，乐用玉器还用于歌舞表演中。古代的庙堂歌舞是一种宗教和礼仪活动，舞者们手持由玉制成的兵器，伴随着管乐的节奏翩翩起舞。玉制的兵器，并非用于战斗，而是作为乐用玉器的一部分，增加了歌舞的庄严和神圣感。

（二）形式美的发展历程

1. 从形式到美的形式

在世界上的一切事物中，形式与内容的关系具有深刻的哲学意义。内容是事物的内在要素的总和，包括其内在矛盾的运动、属性、运动过程和发展趋势等，共同构成了事物的本质方面。而形式则是这些内容要素的结构方式和表现形态，是事物的外在表现和外观。内容是决定事物性质的核心，同时也影响着事物的形式。形式，虽然是内容的存在方式，为内容服务，但它也具有一定的独立性，并能对内容产生反作用。换言之，形式虽然依赖于内容，但它也有自己的特性以及规律，形式与内容之间的关系是一种对立统一的关系。

世间万物都具有形式，但并非所有形式都属于美的范畴。美的形式特指那些能够引发人们审美价值感受的特定形式，此种感受通常与感性形式紧密相关。美的形式的确立，是人们在实际生活实践中逐步认识、体验和把握的结果，它反映了人们对目的与规律统一过程方式的自由感受。形式美的独立性，则是人类审美活动与其他活动逐渐分离的结果。人类的生命活动大致可分为两个方面：自身活动和谋生活动。当自身活动和谋生活动自由地开展时，便产生生命的自由感和和谐感。原始人在模仿自身生命活动的形式时，就是为了获得真正活动中的快感。例如，原始岩画、洞穴壁画及古老的珠宝饰品等都是这种模仿活动的产物。在这些活动中，活动的形式与引发的快感紧密相连，成为人的审美对象，此种形式也就成为美的形式。物质生产劳动是人类的特有活动，工具的使用和制作是人类与动物区别的重要标志。工具形式的出现和变化，首先是为了劳动中的便利和实用，但工具在带来成功的同时，也给人带来力量和成功的快乐，即规律与目的的统一感。对工具形式的满意感在重复使用中逐渐加深，最终被认为是美的形式。人类的精神活动，特别是想象力的产生和发展，使人类能够在物质生产活动中的限制中找到突破。原始的巫术、图腾崇拜、禁忌、文身神话传说等，都是想象力的产物，也是超越物质生产限制的实际行动。精神性活动虽然与物质活动紧密相连，却又具有独立的精神活动形式。当人们将物质活动的成功与精神活动相联系时，对此种活动形式产生极大的信任和满足感，此种活动形式便成为美的形式。人体装饰的形成也遵循类似的过程，原始部落中，佩戴以猎物牙齿或骨头等制作的装饰品是展示勇敢、灵巧和技能的方式，同时也是一种自我实现的快乐源泉。当装饰品受到部落成员的尊重时，增强了佩戴者的心理愉快。起初，装饰品以感性的美的形式吸引人，随着时间的推移，它们逐渐成为美的形式，成为人类文化中审美活动的一部分。

2. 从美的形式到形式美

美的形式，包含内形式与外形式，突出的是与内容的紧密联系。换言之，美的形式并非孤立存在，它们起初与内容，诸如愿望的满足、工具的实用性和精神满足等密切相关。然而，随着历史的演进，人们开始将形式感独立出来，并逐渐赋予其超越内容的审美价值，便是形式美的诞生。形式美，相对于美的形式而言，可视为一种相对独立于内容的美的外在表现。形式美是通过对美的形式进一步抽象提炼而得到的，通常情况下，美的形式与内容保持直接联系，但形式美则与内容的联系变得较为松散。新石器时代器物装饰的出现，尤其是工具上的装饰化造型，是形式美的一个典型例证。例如，出土于吴江梅堰的新石器时代石钺，其两侧的直线被改造成上翘的翼状，前刃部的曲线变为对称的抛物线，此种改变虽未影响石钺的实用功能，却增添了审美价值。此种装饰化造型与工具的实用性无关，更多地体现了独立于内容的形式美。在日常生活用品及其他器物上也显现了类似的装饰现象，如甘肃地区的彩陶，陶器上的彩绘虽与其实用功能无直接关联，却满足了人们的审美需求，体现了对形式美的追求。原始人的装饰品最初具有明确的功能性，如吸引异性、象征力量或恫吓敌人等，但随着时间的流逝，装饰品的功能性逐渐退化，其形式美的意义则愈发凸显。装饰品从满足实际功能转变为纯粹的审美追求，成为独立的审美对象。

人类在生产活动中遵循"美的规律"塑造物体，表明美的规律已转化为人的内在标准，不仅应用于生产，也广泛运用于艺术创作等其他领域。

人们以此作为评价和审美的准则，衡量世界上所有具有形式、形象的事物。因此，形式美应运而生。形式美的含义可以从两个方面理解：①形式因素。形式因素是一种感性存在，自然形态的表现，它们能直接影响人的感官，激发不同的心理反应。根据作用于人类不同感觉器官的特点，形式因素可分为多种：视觉上的色彩和形状，听觉上的声音，触觉上的材质，以及味觉和嗅觉上的味道和气味。作为形式美的组成部分，形式因素能引发人们的喜爱和好感。②形式美法则。在长期的审美活动中，人们从形式因素的各种组合中提炼出普遍能引起审美愉悦的形式规律，即形式美法则，包括对称与均衡、比例与尺度、节奏与韵律、多样与统一等。它们不仅体现了审美活动的客观规律性，也是艺术创作和设计中追求和表达美的重要指导原则。

（三）形式美的构成要素

1.颜色要素

色彩，作为一种视觉器官感受到的形式因素，充满了丰富的物理和生理意义。物理学上，它是由不同强度和波长的光组成，而生理学上则是光刺激在大脑视皮质区引发的感觉。牛顿的光谱实验发现了光的组成色彩，标准化了光谱色的概念。色彩不仅由色相构成，还包括明度与纯度两个重要因素。明度描述了色彩的亮暗变化，纯度则反映了色彩的饱和程度。所有颜色均源自红、黄、青三原色的组合，原色混合后产生二次复色，如橙、绿、紫，进而衍生出丰富多样的色彩。色彩对人的心理产生显著影响，而心理影响是色彩审美特征的基础。人们对特定色彩的敏感和偏好是生理上的本能反应，而单纯的色彩也能引发特定情感，从而影响人们的喜好。不同的色彩拥有不同的心理效应，康定斯基对此有深入探讨，如黄色的刺激性、蓝色的宁静感、白色的静谧、黑色的沉寂、红色的温暖与力量等。心理效应并非单纯生理反应，而是基于人们在实践中积累的色彩经验。色彩的象征意义因经济、历史、文化、地域等因素而异，如日本人对红色的联想与中国人不同。色彩的协调和谐对于艺术品的价值至关重要，在绘画、珠宝设计等领域，色彩的运用不仅反映了艺术家的审美观念，也决定了作品的审美效果。色彩与自然物象的密切关联是客观现象，使人们对色彩的感受具有普遍性。艺术家可以通过色彩的运用传递复杂的情感和意象，创造出吸引人的视觉体验。

2. 形状要素

形状作为视觉接收的关键形式因素，通过点、线、面、体的结合构成各种抽象形态，拥有独特的审美特征和心理效应。点作为造型中最基本的元素，虽细小，却在形中扮演着标明位置、增加生动性的角色。点的不同排列产生多种感觉：集中的点带来力感，水平排列的点给人稳定感，垂直排列的点营造下垂感，而斜向排列的点则传递运动感。线是点移动形成的轨迹，其在造型艺术中的作用极为重要。直线、曲线和折线构成了线的主要类型，分别传递出力量、稳定、生气、柔和、运动、转折等不同的心理效应。线的特征不仅引起生理上的反应，还能决定人们的审美偏好。例如，18世纪英国艺术家荷迦兹提出的"蛇形曲线"理论和实验心理学的研究均表明，人们对曲线有天然的喜爱。线的移动不仅构成面，面的移动轨迹又构成体或形，使形具有占据空间的作用。不同线条所构成的形态具有不同的审美风格，引起人们不同的美感反应。例如，曲线构成的圆形给人柔和、完美的感觉，直线构成的方形显得刚劲、理性，而折线构成的三角形根据方向不同，会传递稳定或倾危的感觉。

在自然界中，大多数存在物都具有形状，决定了人们对形状的理解往往与具体事物密切相关。人类对特定形状的偏好和美感认知，深受实践和环境的影响，构成了形状审美特征生成的心理基础。因此，在人类创造物中，对形状的选择通常可以归纳为以下三种类型：①模仿自然形态。人们从自然界无穷的形态中挑选出自己喜爱的生物或无生物造型，可能是对自然界中事物的整体或局部形象的模仿，能够反映出人们对自然美的认知和崇尚。②对自然形态的变形造型。此种方式通过夸张、减弱或抽象自然形态的局部或整体形象来进行造型，所创造的形状处于类似与不同于自然形态之间的灰度区域，既保留了自然形态的影子，又在某种程度上脱离了原有的自然特征。③抽象几何造型。通过点、线、面、体的不同结合创造出的抽象形态，此种造型方式具有极大的创造空间和表现力，它不受具体事物形状的限制，能够更自由地表达设计者的思想和感情。在珠宝设计中，这三种形状选择的审美特征同样得到了体现。

3. 声音要素

声音作为一种由振动产生的物理波，对人类的审美体验具有深刻的影响。它是通过听觉器官接收的形式因素，其审美特性主要源于声音的音色、强度以及其在时间中的延续变化对人的心理效应。音色的不同，由声音的振动频率决定，可产生不同的情感反应。音区越高，音色越明亮、清脆，往往与愉悦、活泼的情绪相关联；而音区较低的声音则通常黯淡、沉稳，容易引发人们的沉思或悲感。中音区的声音则通常被感知为坚实稳重。声音的多样性，在音乐创作与表演中得到充分体现，如钢琴的广阔音区便能够表达丰富的情感和氛围。声音的强度和弱度也能引起不同的感受，强音往往与振奋、有力的情感相联系，而弱音则给人以轻柔、温和的感觉。实验心理学研究表明，声音不仅影响人的情绪，还会影响人的生理状态，如血液循环、脉搏、心跳和呼吸。例如，上升的声音可以激发人们的积极情绪，而下降的声音则容易引发人们的沉重感。此外，声音还具有形象性。这不是由声音的物理属性直接决定，而是人们在长期实践中对声音的感知和理解形成的。例如，音乐家们能够通过不同乐器的声音来表现不同的角色和情境。在《梁祝》中，小提琴和大提琴分别以不同的音乐特质来表现祝英台和梁山伯；《动物狂欢节》中，低音提琴的声音被用来象征"大象"；而在《彼得与狼》中，老态龙钟的老祖父则通过大管的低沉声音来表现。人们对声音的偏好受到实践和环境的影响，也构成了声音审美特征生成的心理基础。

4. 材质要素

材质作为审美体验中的关键要素，通过其独特的表面组织形态特征，如粗糙、细腻、柔软、坚硬、厚实、轻薄、凹凸起伏、纹理和光泽等，对人们产生丰富的生理和心理感受。它分为两大类：天然材质和人工材质，每种材质都具有其独特的特点和审美价值。天然材质的魅力在于其天然的形态和质感，例如，玉石以其细腻润泽的触感和光泽吸引人们，但丝的轻柔飘逸触感令人愉悦，而金银的流光溢彩则显得华丽且引人注目，毛皮的丰厚稠密感则给人以温暖和舒适的体验。天然材质不仅通过触觉，而且通过视觉造成强烈的审美影响。人工材质则展现了人类智慧和技术的成果，工业和手工艺的进步使得人工材质能够以多种方式呈现。例如，不锈钢制品的刚硬、细腻和光滑表面，塑料制品的多样造型和丰富色彩，以及通过电镀和着色技术制成的金光灿灿的手表壳，均是工艺技术的直接体现。钧瓷的变色效果和全毛提花毯的水波纹理，都是工艺技术精湛的结果。材质的纹理和光泽是对视觉的直接刺激，大理石的黑白纹理、水曲柳木板的自然花纹和紫檀木的高贵色泽，都是对视觉的强烈刺激。诸多特征增强了材料的美感，激发了人们对美的追求。材质的主要组织形态则更多地作用于触觉，家织土布的粗糙厚实感、丝绸围巾的柔滑轻柔感、大理石的凉爽润滑触感和毛皮的温暖柔软感，都给人们带来不同的感官体验。触觉体验与视觉感受相结合，深化了人们的美感体验。材质的审美特性不仅来源于其生理作用，还来自与之相关联的心理感受。不同的材质能引起人们不同的情感反应，从而增强了其审美价值。随着科技和工艺水平的发展，新的人工材质不断出现，为人们带来更多的审美享受，丰富了人们的感官世界。

5. 气味

气味和味道作为人类感知世界的重要渠道，它们触发的感觉和情绪反应构成了它们的审美特性。味道主要通过舌头上的味蕾感受到，而不同的文化和地区对味道有着各自的偏好和习惯，从而形成了独特的审美体验。例如，四川人偏爱辣味，广西人喜欢腌酸食品，苏州人偏爱甜味，而宁波人则对苦味有独特的喜好。地区性的味道偏好是审美体验的一部分，体现了人们对食物味道的情感联系和文化认同。气味，主要通过嗅觉感受到，对人的情感和心理状态有着深远的影响。香气通常给人带来愉悦和舒适的感受，而不愉快的气味则可能引起反感。花卉的香气，如兰花、桂花和茉莉花，常常被人们用来装点环境，增添愉悦感。自然香气的引入，可以大大提升一个场所的审美价值。人类对香气的喜好也促进了香水的创造和发展，香水不仅是美容产品，它还像一首音乐或一幅画一样，提供了一种嗅觉上的艺术享受。香水的香气能够激发人们的想象力，引发情感上的共鸣。例如，沙丘(DUNE)香水就能唤起人们对海滩上温暖阳光和清新花草的幻想，此种感受超越了物质层面，触及了情感和精神的深层次。

（四）形式美的基本规律

1.对称与均衡

对称与均衡，在形式美的构成中占有重要地位，它们为人们的视觉世界提供了一种和谐与平衡的感觉。对称作为一种基本的形式构成，通过其平衡性和整齐性，为人们带来安稳与秩序感。在对称中，轴对称和放射对称是两种典型形式。轴对称在生活中随处可见，从建筑物到日用品，如房屋、塔亭、家具、衣服、汽车、飞机等，都普遍采用轴对称的设计，因为它给人以稳定和安心的感觉。而放射对称，则以一个中心点向外扩散，形成均匀分布的结构，如圆形的设计在多种产品和艺术中广泛应用。对称不仅是一种视觉上的平衡，它也是人类对美感的一种本能追求。从原始社会的装饰品到现代的设计，对称一直是一种流行的美学原则。在对称的基础上，人们感受到的不仅仅是视觉上的和谐，还有一种内在的秩序感和美感。与对称相比，均衡则提供了一种更为灵活和动态的美感。均衡虽然保持着一定的平衡，但在形式上更加自由和不对称。它通过不同元素间的相对位置和大小的巧妙安排，达到整体的和谐，给人以稳重中带有活力的感觉。均衡的设计往往更富有表现力和创造性，它打破了严格对称的局限，给设计带来了更多的可能性。在均衡的设计中，虽然两侧不完全对称，但通过巧妙的构图和布局，仍能达到一种视觉上的平衡和美感。

2.调和与对比

调和与对比，作为形式美的重要组成部分，展现了形式因素之间的相互作用与平衡。调和趋于相似性，而对比则强调差异性，两者在视觉艺术中发挥着关键作用。在调和的使用中，色彩的配合尤为关键。同色调的配合，如不同明度的同一色相相搭配，创造出和谐而又富有层次的效果。邻近色的配合，则利用色轮上相近的色彩，产生温和而自然的视觉体验。调和的图形配合，如圆形与椭圆形的结合，不仅提供了视觉上的舒适感，还带来了一种内在的和谐与平衡。对比则通过突出差异，增强视觉冲击力。形体的大小对比、色彩的冷暖对比、明暗对比，都是常见的对比形式。在对比的使用中，色彩的运用尤为重要，如补色对比不仅带来视觉上的鲜明感，同时也创造出一种视觉上的平衡。在运用两种截然不同的颜色对比时，通过恰当的面积比例和色彩强度，实现视觉上的和谐与统一。对比与调和的结合，使得艺术作品既具有视觉冲击力，又不失和谐美感。例如，在绘画作品中，明暗对比既突出了光线与阴影的效果，也为作品带来了深度与立体感。色彩的对比与调和，更是在创造视觉吸引力的同时，给人以视觉上的舒适感和美感。在设计与艺术创作中，调和与对比的运用，是对形式美的深度探索。它们不仅仅是简单的美学工具，更是艺术家与设计师传达情感、表现理念的重要手段。通过对调和与对比的巧妙运用，艺术家能够在作品中创造出独特的氛围与风格，激发观者的情感共鸣。调和与对比的结合，也体现了艺术创作中对平衡与和谐的追求。在两种形式美的法则中，艺术家不断探索不同元素之间的关系，通过对比强化个性，通过调和创造和谐，最终在作品中实现形式与内容的完美结合。

3. 比例与尺度

比例与尺度作为艺术和设计中的基本要素，关系到作品整体与局部的和谐统一体现在形式的匀称与均衡，以及给观者带来的视觉和情感的满足感。从历史的长河中，可以看到比例与尺度的应用始终是艺术创作的核心。从达·芬奇所强调的人体比例，到毕达哥拉斯学派发现的黄金分割律，均表明了人们对于"合适"的比例关系的追求，不仅是为了达到形式上的美感，更是为了达到心理上的满足与舒适。在艺术的不同领域内，比例与尺度的运用都起着决定性的作用。在建筑领域，比例与尺度的运用不仅关系到建筑物的美观，更关系到其功能性和舒适度。在雕塑和绘画中，合适的比例关系可以给作品带来生动性和真实感。在工艺美术和珠宝艺术中，恰当的比例与尺度更是决定作品审美价值的关键。黄金比例的发现和应用，为艺术创作提供了一种几乎完美的比例关系，在视觉上给人以舒适和美感，还在心理上带来满足感。例如，在古希腊神庙的建筑设计中，黄金比例的应用使整个建筑显得和谐而庄重。在文艺复兴时期的绘画中，黄金比例的运用使画面布局更加和谐、平衡。值得注意的是，比例与尺度的运用并非僵化不变，而是需要根据具体的创作内容和目的灵活运用。艺术家和设计师通过对比例与尺度的巧妙处理，能够使作品展现出不同的风格和情感。比例与尺度的处理在艺术创作中起到了桥梁的作用，将艺术家的想法与观众的感受巧妙地连接在一起。

4.多样与统一

多样与统一是艺术创作中的核心原则之一，特别是在珠宝艺术领域，这一原则的运用尤为重要。珠宝艺术，作为将自然美和人工美巧妙结合的艺术形式，体现了多样性与统一性的和谐融合。珠宝设计师在创作过程中，需要考虑到各种不同元素的组合，如宝石的颜色、形状、大小，金属的质地和光泽，以及整体设计的风格和主题，有关元素在珠宝艺术中展现了多样性。每种宝石都有其独特的色彩和纹理，每种金属都有其特有的光泽和质感。设计师通过巧妙地将这些多样的元素结合在一起，创造出独一无二的作品。但在多样性中，统一性同样至关重要。珠宝艺术作品虽然包含众多元素，但有关元素必须协调一致，形成一个整体。例如，设计师可能会选择颜色相近的宝石，或是以相似的切割形式来强调宝石的统一性。金属部分的设计也需要与宝石部分相协调，以确保整件作品的和谐和统一。多样与统一的原则不仅仅体现在珠宝的物理属性上，还体现在其所传达的情感和故事上。每件珠宝都承载着一种情感或故事，情感和故事通过珠宝的设计得以表达。设计师通过对材料和形式的深思熟虑，将故事和情感融入珠宝的每一个细节中，使之成为一个统一的艺术表达。在珠宝艺术中，即使是那些看似与珠宝无关的元素，如"声音""气味"，实际上也与珠宝的整体美感紧密相连。例如，珠宝在佩戴过程中可能会发出细微的声响，声音可以增强珠宝的动态美感。或者，在珠宝的展示中，通过巧妙运用光影和背景音乐，可以增强珠宝的情感表达和视觉冲击力。

（五）形式美的历史变迁

1.形式美的普适性

形式美的普适性贯穿于人类审美活动的核心，它是人们内在审美标准的重要组成部分。审美标准作为一种深植于人类意识中的"尺度"，指导着人们对于美与丑的判断和认识。审美的"尺度"不仅影响着人们对事物美感的感知，也决定着人们在创造和欣赏艺术时的取向。与动物不同，人类具有按照一定的尺度来进行生产和创造的能力。在珠宝设计、建筑设计、绘画创作等领域，人们都在有意或无意中运用这种内在的审美标准。例如，珠宝设计师在创作时会考虑宝石的排列、形状和颜色搭配,以达到某种审美上的和谐与平衡,实际上是他们内在审美尺度的体现。此外,审美标准也是动态发展的。随着社会的进步和文化的变迁,人们的审美标准会发生变化,从而推动艺术形式和表现技巧的发展与创新。

审美标准,作为人类文化和历史的产物,深植于人们的生理和心理结构之中。审美标准不同于具体的物理或社会标准,它无法用物质工具直接衡量或通过文化规定明确界定。它更像是一种理想的模式,存在于个体心灵的深处,是人们在长期的实践活动中,通过无数次对事物的感知、认识和体验,逐渐在大脑和神经系统中形成的一种抽象的、普遍性的形式或模式。内在的审美标准,或称为"内在尺度",是人们进行审美活动时的重要依据,人们根据内在模式对审美对象进行评价和感知。当一个对象与这种内在模式相吻合或接近时,人们会感受到愉悦和满足,从而认为该对象是美的。相反,如果一个对象与这种内在模式相悖,就很难被人们认为是美的。

形式美标准的普适性源自人类长期的实践活动,它建立在对形式感受的持续积累之上。此种标准不直接依赖于内容,而是通过对各种形式的喜爱进行提炼和抽象化,形成了具有泛化性质的社会内容。形式美标准的普遍接受和喜爱,基于人类作为自然生命体的内在结构和活动规律的一致性和共通性。换言之,形式构成的规律,实际上反映了人类生命活动的自然节奏和本质。由于人类的生理和心理构造在本质上具有共同性,因此,人们对于形式的审美标准通常与其生理和心理的审美追求相符。广泛的一致性使得形式美标准在不同文化和社会中得到普遍认可和应用,人类群体都能对其产生共鸣。形式美的普适性不仅是人类审美感知的基础,也是跨文化交流和艺术创作的共同语言,促进了人类对美的深层次理解和欣赏。

2. 形式美的商品化

在当代的商品化社会中,形式美的商品化成为一种显著现象。主要是由于,除了基本的生理需求外,消费者的购买决策在很大程度上受到审美需要的影响。审美需求,作为精神需求的核心部分,直接关联到消费者对商品外观、设计和整体美感的期待和偏好。随着社会的发展,消费者对产品的要求不再仅限于实用功能,更加注重产品的美学价值。这一变化促使生产者和设计师在商品的设计和制造过程中融入形式美的元素，以提升产品的吸引力和市场竞争力。形式美的商品化表现在各种产品上，从家居装饰到日用品，从时尚服饰到科技产品，无一不反映出人们对美的追求。商品化的形式美不仅仅是一种外观上的美化，它还体现了对消费者审美需求的深刻理解和满足。此种趋势反映了现代社会消费文化的一大特点，即在满足基本功能的同时，还要追求审美享受和精神满足。

　　包装和品牌是现代市场中不可或缺的因素，包装不仅仅是一个用来盛装商品的实用工具，它还具有传达商品信息、提升商品价值的作用。这在"买椟还珠"的寓言中得到了淋漓尽致的体现，其中的木盒子因其精美的外观设计而比内含的珍珠更受青睐，充分体现了包装的形式美对于提升产品整体价值的巨大影响力。与此同时，延伸产品的概念也逐渐成为市场竞争中的关键部分。延伸产品，如优质的服务、技术支持、便捷的付款方式，以及各种额外的客户福利，都是为了增强消费者的购买体验。其中，品牌作为延伸产品中的一个关键要素，其重要性日益凸显。品牌不仅是产品的标志，更是质量、信誉和品位的象征。一个强大的品牌，能够在消费者心中建立起一种信任感和认同感，往往会直接影响消费者的购买决策。在商品化的社会中，消费者往往在面对众多相似产品时，倾向于选择他们熟悉和信任的品牌。

　　3. 形式美与时尚

　　时尚是一个充满变化与创新的概念，深深根植于人类对新颖和多样性的渴求之中。它不仅反映了社会生产力和科技水平的发展，而且也体现了人们心理层面的求新倾向和审美观念的演变。从 20 世纪 30—40 年代的流线型设计风潮，到 1969 年人类首次登月之后引发的"宇宙时代"风格，时尚趋势的变化无不是科技发展与人类审美追求相互作用的结果。流线型设计的普及，是对空气动力学原理的应用，使得汽车、家用电器等产品的外观变得更加光滑、动感，此种设计风格迅速成为那个时代的流行趋势。而随着人类对太空的探索，宇宙飞船的造型和科技感成为新的时尚焦点，从汽车设计到日用品，甚至服装风格都受到了影响。更深层次上，时尚的流行与变迁，反映了人类心理层面的基本特征。人们对新奇事物的好奇与追求，是人类文化不断发展进步的动力。正如心理学中的"适应"现象所描述，长时间的重复和习惯会导致审美疲劳，新奇感的丧失，因此时尚的更新换代就显得尤为重要。它不仅是对旧事物的更新，更是对美的持续追求。在现代社会，形式美的商品化和时尚趋势的不断演变紧密相连。企业在设计产品时，不仅要考虑其功能性，更要注重其形式美是否符合当下的审美趋势，消费者的购买选择也越来越多地受到时尚趋势的影响。因此，无论是设计师还是市场营销人员，都需要紧密关注时尚的发展动态，以确保产品设计能够满足消费者不断变化的审美需求和生活方式。

第三节　珠宝的技术美与艺术美

一、珠宝的技术美

（一）珠宝设计及技术美学阐释

技术，作为人类生产劳动的核心手段，不仅是应用客观规律改变和控制人与自然界之间物质交换的工具，也是满足人们物质和文化需求的重要途径。在技术的发展和创新过程中，人类的创造力得以充分展现，形成了一种独特的技术美。技术美，可以视为人类社会创造的最初形式之一的美的表现。它不仅体现在技术产品的功能性和效率上，更体现在这些产品设计和制造过程中的审美追求。技术美的存在，不仅服务于人类的物质生活，也丰富和提升了人们的审美体验。从简单的工具到复杂的机械，从日常的家电到精密的电子设备，技术美无处不在，成为人类生活之中不可或缺的审美元素。

人类的祖先很早就对珠宝玉石产生了浓厚的兴趣，他们对于色泽鲜亮、纹理独特且分量适中的玉石表现出了自然而然的喜爱和珍视。美丽的天然石头被人类钻孔穿绳，成为随身佩戴的饰品。随着时间的推移，人类逐渐学会了识别、利用并珍藏珠宝玉石，开启了最早的珠宝玉器的使用历程。在北京猿人的遗址中，考古学家们发现了旧石器时代的工具，由水晶、蛋白石等玉石材料制成。虽然被习惯性地称作"石器"，但实际上它们是经过人工加工的玉石工具，这一点已被全球公认。这些玉石工具虽然原始简朴，但实际上也是玉器的一种形式。

新石器时代是中国古代玉石制品发展的关键时期。在这一时期，特别是在黄河流域和长江流域，玉石制品的加工技艺已经达到了极高的水平，考古学的发现为人们展示了该时期玉石制品的发展情况。在新石器时代中期的仰韶文化时期，已经出现了专门用于装饰的玉坠。在距今约6000年的山东大汶口文化中，出土了具有独特风格的花形玉串饰、穿孔玉铲等精美器物，展现了当时雕琢技术的高超水平。玉石制品不再是简单的工具，而是具有强烈象征意义和较高文化水准的工艺品，标志着玉石加工技艺的重大进步。进入新石器时代晚期，黄河流域的龙山文化层中出土的玉石饰品和雕刻器更为精致。特别是在山东日照发现的类似商代饕餮纹饰的玉锛，展示了当时精湛的琢磨技艺。该时期的玉石器已不再是普通的生产工具或生活用品，而是开始具有贵族特征，成为上层社会的重要标志。中国的珠宝玉石文化与其五千年的文明进化历史同样悠久。在漫长的岁月中，珠宝玉石的制作和加工均依赖于手工制作方法。一件珠宝玉石作品的完成可能需要数月甚至数年的时间，甚至有些作品是跨代传承的，背后体现的是无数珠宝匠人的辛勤劳动和对工艺的不懈追求。

随着中国历史进入现代社会，珠宝玉石制作技术经历了巨大的变革，特别是在20世纪60年代初期。该时期，电动机械取代了传统的人工脚踩，引发了玉石雕刻动力的革命性变化。这一转变不仅加快了玉石的生产过程，也为玉石艺人的创造力和技巧的发挥提供了更多的空间。10年后，出现了高速玉雕机的革命性发明。这种机器采用先进的可控硅技术和金刚石磨头，转速高达每分钟数万转，大幅提高了生产效率。高速度的玉雕机不仅大幅提高了生产效率，而且在操作上特别灵活方便，极大地促进了玉石雕刻艺术的发展。标志着玉石雕刻艺术家们从长期以来沿用的传统手工磨制方法中解放出来，进入了一个全新的生产时代。随后，工业软轴的发明又是一次重要的突破。在此之前，玉雕机和磨头工具的位置是固定的，玉工只能将玉石置于固定的磨头上进行加工。此种方式对于小型材料尚可，但对于大型玉石则力不从心。工业软轴的优势在于它能灵活地解决这一问题，操作者可以手持软轴工具在玉石周围自如地移动，从而在任何方向和部位进行精准的操作。灵活的操作方式有利于艺术家的创造力发挥，还避免了在加工过程中对玉石的损伤。

电脑雕刻技术在玉雕领域的运用，标志着珠宝玉器生产走向现代化。此项技术的主要优势在于其能够实现玉器产品的批量复制，不仅大幅提高了工作效率，而且保证了极高的精确度，对于满足具有群体性、纪念性、广泛性和重复性的社会需求具有重要意义。超声波打眼机和激光打眼技术的引入，进一步加速了玉雕工艺的改革步伐。在玉雕制作中，镂空技术是一项关键技术，特别是在制作玉器中的花卉、炉瓶、熏塔、山子以及人物服饰等精细部分时，都离不开复杂的钻孔打眼程序。过去，即便使用高速机钻头，此过程也是费时费力的。而采用了超声波和激光技术后，一个孔眼仅需几分钟便能完成，大大缩短了生产时间。更为引人注目的是，与传统的机械打眼技术只能打出圆形孔洞不同，现代技术可以根据设计需求打出各种形状的孔洞，无论是方形、圆形、长形还是棱形，都能轻松实现。现代的喷砂工艺可以在玉面上精准地喷出各种图案和文字，实现了前所未有的准确性和便捷性。

工艺美术的独特之处在于其将材料之美与工艺之巧妙完美结合，融合了艺术与技术，达成了欣赏性与商品性的统一。在这个领域内，技术不仅是艺术表现的手段，而且艺术的表达也依赖于技术的支持。然而，随着机械化生产的兴起，若在设计方面缺乏创新和深度，产品便可能变成单纯的机械复制，失去了其独特的文化和精神价值。此局面促使人们开始更加注重技术与艺术的结合，以及实用价值与审美价值的相互融合。20世纪以来，国际上相继出现了"机器美学""工业美学"和"技术美学"的概念。技术美学作为一门学科，已有近百年历史，为当代工业文明的发展提供了重要的人文价值指导。在人类社会发展的各个方面，无论是政治、经济、文化生活，还是物质生产和生态环境的建设，设计的重要性日益显著。设计不仅是一种规划和构思，更体现了人的前瞻性和创造性。设计美学，作为技术美学的一个应用分支，致力于将审美规律应用于工业设计之中，提供物质生产的美学理论支撑。现代社会的不断发展和深入，使得技术美学成为美学领域的一个重要分支。在中国，技术美学的研究正蓬勃发展，与工业设计及艺术设计领域的紧密结合，以及在建筑和设计界的广泛应用，显现出这一学科强大的现实应用前景和生命力。

（二）技术范畴及美学视域

1.技术概念的基本范畴

技术，在不同历史发展阶段中，展现了其丰富多变的内涵和形态。在人类社会的早期，技术主要体现为手艺、技巧、技艺和技能，是人类通过长期的实践活动和经验积累而形成的。那时的生产力水平相对较低，技术活动主要依赖于原始且简陋的物质手段和人类的直接劳作。因此，在该时期，人们对技术的理解更多地聚焦于技术的主体因素，即技术的人文属性和个体技能。亚里士多德将技术视为制作的智慧，体现了古代人们对技术本质的理解，强调技术与智慧、创造力的紧密关联。古罗马人在技术发展的过程中，进一步认识到技术不仅仅是实体制作的成果，也蕴含着知识和智慧的虚拟方面。

技术的演变和发展历程深刻地揭示了它与人类文明进程紧密相连的关系，技术推动了科学的形成和发展，更成为人类理解自然和改造世界的重要手段。技术的历史可追溯至人类早期的实践活动，当时人们通过观察和操作，逐步总结出具有普遍性的操作方法，这些方法逐渐演化成为早期的技术。例如，古代建筑和土地测量技术的发展催生了几何学和力学的诞生，显示了技术对科学发展的促进作用。18世纪的工业革命标志着技术与科学结合的新阶段，瓦特对蒸汽机的改进，依赖于热力学的理论支持，标志着技术进入了以科学为导向的新时代。工业革命不仅带来了生产方式的巨大变革，还促使劳动过程的社会化和技术专业化，推动了社会结构和经济形态的根本转变。在工业社会中，技术的本质和特点发生了显著变化。人类的技能和技巧逐渐被机器和工具所取代，技术的物质手段成为其主要标志。技术不仅是实现人类目标的工具，更成为科学知识的物化形态，直接影响着社会的生产和生活方式。德国哲学家海德格尔将技术定义为一种展现方式，强调技术能揭示自然界的深层特性，展现人与自然的关系和人的存在状态。生产技术的应用不仅改变了自然，也重新定义了人与自然的互动模式。此种框架结构使得人和对象在技术的可用性方面相遇，从而形成了一种全新的互动关系。随着工业化时代和科技的一体化，技术与艺术的界限变得日益清晰。在手工业时代，技术和艺术紧密相连，工匠的技能既包括生产技术也涵盖艺术创作的技巧。然而，在工业化和技术化的背景下，技术和艺术开始分道扬镳，各自发展出不同的特性和功能。德国美学家本泽通过对自然对象、技术对象、设计对象和艺术对象的区分，揭示了技术对象的特征：人工制作、依据自然规律、功能作用确定，与艺术创作的不确定性和无法预测的结果形成鲜明对比。

2.技术的美学视域

19世纪的工业革命确立了机器生产方式，引发了关于技术和美学的深刻思考。这一时期，人们对于机器生产方式持有两种截然不同的观点。一方面，英国手工艺运动的倡导者如约翰·罗斯金和威廉·莫里斯，对工业化的发展持悲观态度，认为机器生产将导致精神的贫瘠。他们倾向于中世纪的手工艺生产方式，认为此方式能保持人类的创造性和灵魂。另一方面，德国学者和建筑家如哥特弗利德·森帕和穆特休斯持相反观点，认为技术的进步是不可逆转的，并且是时代的必然。他们主张教育和培养新型的工匠，使他们能够理解并有效利用机器的潜力。艺术家和设计师应该投身于工业产品的改进，为工业化时代创造新的形式和美学。彼得·贝伦斯等建筑家和设计师更是将工业化视为民族和时代精神的体现，强调艺术家在为工业生产创造崭新形式中的使命。他们理解到，技术的美学视域不仅是生产物质产品的手段，更是反映人的物质和精神需要关联性的重要领域。这一理念的提出，标志着对机器和技术的审美改造的开始，即不再依靠外在装饰，而是从机器本身发掘审美表现力。美国文化学家刘易斯·芒福德在《技术与文明》一书中，提出了"对机器的审美改造"的概念，强调机器不仅是人们活动的工具，也是一种有价值的生活方式。此观点认为，通过将机器制造与人的需要和愿望相结合，可以提升技术的发展水平，使机器成为提高人类生活质量的重要因素。此种思想的核心在于认识到，人类的创造性和审美能力是机器不能替代的，而人们同化机器的力量则超越了机器本身的功能。

（三）技术美与功能美

在当代生活中，技术美已成为人们日常经验中不可或缺的审美形态。

它蕴含在人们生活的每个角落：从温馨优雅的家居环境与家具设计，到宽敞便捷的交通工具，从流行的服装搭配到精致的饰品，诸多元素构成了人们的日常生活背景。选择此类商品时，人们不仅考虑其实用性，同时也追求审美的满足。技术产品的审美价值，通常依附于其功能实用性，形成了一种功能美。因此，技术美与功能美紧密相连，共同塑造了现代生活的审美风貌，展现了实用性与审美性的和谐共生。

1.技术美的独立

技术美作为现代工业生产方式的产物，已经成为人们日常生活中不可分割的一部分。它与艺术美、自然美不同，体现了现代工业和技术进步的审美价值。技术美学，作为美学研究的一个独立分支，关注的是技术产品的美感，而非技术艺术。在艺术领域，作品的主要目的是精神生产，其效应主要在于影响人的情感和意识。艺术品作为观念性的审美存在，通过艺术媒介与人的感官交互，激发意义的领悟和情感的共鸣。艺术的审美价值和效应占据主导地位，其认识价值和伦理价值需通过审美体验来实现。相较之下，技术产品则更多地融入现实生活，成为人们日常生活的实际组成部分。此类产品首先满足功能性需求，其他价值如审美价值则附属于它的功能性。在手工业时代，技术和艺术之间的界限并不明显。那时，手工制品既满足了实用需求，也具有审美价值。而在工业化时代，随着生产方式的转变，人们开始关注技术美。它作为一个独立的审美领域，开始受到重视。技术美是工业时代的产物，不同于传统的手工艺品。它体现了现代工业生产的审美特征，展现了机器时代的美感。技术美不仅是工业产品的外在表现，更是工业时代审美理念的反映。它揭示了工业产品设计中的美学原则，反映了人们对工业化时代的审美追求和文化价值观。在"工业美学"的研究中，技术美被视为一种独特的审美体验。它不仅关注产品的功能性，更强调了工业设计的美学价值。随着技术的发展，技术美已经从单纯的工业产品外观设计扩展到整个工业生产过程和产品使用体验的全方位审美。

2.功能美

功能美是技术美的一个重要组成部分，它体现了技术产品的使用价值和审美价值的完美结合。此概念在美学史上具有悠久的传统，早在古希腊时期，苏格拉底就提出了美与功用之间的关系，强调如果某物能很好地实现其功能目的，它便同时具有善和美的品质，康德和黑格尔也在各自的哲学体系中强调了目的性与美的紧密联系。在功能美的视角下，产品不仅仅是日常使用的物品，它们同时展现了与人的使用习惯、生理和心理需求相协调的设计。此种协调性不仅体现在产品的外观设计上，更体现在其使用功能的合理性和人性化上。产品的设计和制造旨在满足人类的实际需求，同时也追求审美的享受。功能美的概念强调了产品的实用性与美感的统一，它是科技与艺术融合的产物。产品的功能美反映了科技进步的成就，而且体现了社会文化的进步。它将科技成就具象化，通过具体的产品展现给人们。产品的功能美还关乎其在市场上的竞争力，一个功能性强、设计优美的产品更容易吸引消费者，激发其购买欲，促进商品的流通。

（四）设计内涵及审美创造

工业生产的确立促进了设计行业的独立和发展，将设计的影响扩展到了整个社会生活领域。在现代社会，设计不局限于实体产品和物质生产，更成为一种艺术创造的形式。它融合了技术与艺术、生活与审美，不断推动着物质文明和精神文明的共同进步。设计作为创新的驱动力，已成为塑造现代社会发展的关键因素之一。

1.设计是一种文化整合

设计活动是一种文化整合的过程，它不仅仅是创造一件物质产品，更是一种对人类生活方式的设计和体现。设计反映了设计师的价值观念，结合了物质文化和精神文化，展现了人类的多元化需求和追求。在设计过程中，设计师必须考虑产品的材料、结构和工艺，需要依赖于科技的最新发展，还要借鉴艺术经验，使产品在功能上、环境氛围上以及生活情趣上达到和谐统一。设计实现了三个方面的综合：首先是产品自身属性的综合，其次是消费者的需求和本性构成的综合，最后是产品在特定环境中发挥作用的条件相关的属性综合。要求设计师必须具备跨学科的知识背景，涉及社会科学、人文科学、自然科学和技术科学等多个领域。设计通过对有关元素的综合应用和协调，通过产品的功能定位和结构造型来实现文化的整合。因此，设计既是一个技术过程，也是一个文化创造过程。它体现了设计师对环境、社会和科技的深刻理解和应用，旨在创造出既符合实用性又兼具美感的产品。在此过程中，设计师不断追求创新和完善，因为在设计领域，永远没有终极的"最好"，只有不断进步的"更好"。

2.技术的规定性及形式的自由度

产品设计是一门将技术与艺术、生活与审美融为一体的艺术，产品不仅仅是满足人们日常需求的工具，它们也代表了人类精神发展的一个重要方面，一个成功的产品设计应该在材料、结构、形式和功能之间找到完美的平衡。产品设计的材料选择不仅影响产品的实用性和耐久性，还关系到生态环境保护和资源合理利用。而产品的结构则决定了其功能，这是产品能否满足使用需求的关键。产品的形式，包括其外观设计、色彩搭配等，不仅是人们感知和接触产品的第一印象，也是引发人们认知和情感反应的关键因素。功能上，除了基本的实用功能，产品还应具有精神和审美功能，以提升用户的使用体验和满足他们的审美需求。在设计产品时，首先需要明确产品的功能目标，有助于设计师更深入地理解和把握设计问题的本质。不同的结构和技术方法可以实现相同的功能，同一结构也可能产生多种功能效应。产品的形式不仅受到其材料、结构和性质的制约，还受到技术、工艺、经济可行性和消费时尚的影响。产品设计的审美创造力主要体现在产品形式的自由度上，这是设计师在造型上选择表现内容和方法的创作空间。该创作空间受到技术条件的制约，这些技术条件包括产品技术、生产技术和操作技术。产品技术涉及产品采用的技术原理和结构方式，生产技术包括材料技术、加工工艺、整体组装和成品检验，操作技术则与产品使用过程有关，所有因素共同影响和制约着产品的形式自由度。

二、珠宝的艺术美

珠宝玉石的历史悠久，光芒璀璨，它们不仅是财富和权力的象征，更是艺术和文化的体现。从古埃及的尼罗河畔到古希腊的爱琴海边，从古罗马的地中海岸到美索不达米亚的平原，再到古印度、古印加文明，以及中国的黄河与长江流域，珠宝玉石的光辉穿越时空，照亮了人类文明的各个角落。珠宝玉石是物质的财富，更是精神文化的富矿。无论是在宗教仪式中的神圣象征，还是在政治权力的展示，无论是在文学艺术作品中的精彩描绘，还是在日常生活中的装饰与使用，珠宝玉石都以其独特的魅力和深邃的内涵，成为人类文明不可或缺的一部分。它们见证了人类历史的变迁，记录了人类文明的发展。珠宝玉石与爱情的关联尤为深厚，珠宝所代表的不仅是物质上的奢华和珍贵，更是感情上的纯洁和永恒。它们是爱情最美好的见证，承载着甜美和幸福的意义。珠宝玉石之所以能成为人类文化的重要组成部分，是因为它们不仅拥有绚丽的外表，更蕴含着深厚的文化意义和艺术价值。人们对于珠宝玉石的追求，不仅是对美的渴望，也是对力量和价值的尊重。珠宝玉石的历史与文化价值，使它们成为艺术永恒光芒的源泉，持续闪耀在人类文明的长河中。

珠宝玉石，自古以来，一直是美的象征和力量的源泉。它们不仅仅是自然界中晶莹剔透的瑰宝，更是人类智慧与劳动的结晶，蕴含着深厚的文化与艺术价值。在人类历史的长河中，珠宝玉石始终闪耀着光芒，展现着其独特的魅力与意义。珠宝玉石的美，源自其自然的华丽与纯净。从山脉深处的隐秘矿脉到大海深处的珍珠，每一颗宝石、每一块玉石都是大自然的馈赠。它们的色彩、形态和质地，无一不体现了自然界的绝美与神奇。人们对自然美景的热爱与追求，正是对美的本能渴望的体现。"力"的概念在珠宝玉石中同样显得重要，珠宝玉石不仅是自然的产物，更是人类对自然界的探索与创造的见证。自古以来，人类通过珠宝玉石满足了自身对物质美的向往，也赋予其精神层面的意义。珠宝玉石文化的丰富多样性，正是人类历史长河中文明的缩影。从原始时代的简单打磨到现代的精细雕琢，珠宝玉石的制作过程既是技术发展的历程，也是人类审美观念演变的历程。它不仅仅是物质财富的创造，更是精神财富的丰富，体现了人类从物质世界走向精神世界的旅程。

第三章 珠宝首饰设计的过程与方式

第一节 设计的基本概念、目的与价值

一、设计的基本概念

设计作为一种创造活动，是人类通过劳动改造世界、创造文明的基础和主要方式。它涵盖了从物质财富到精神财富的各个方面，是将一种设想、规划或想法通过有形的形式传达出来的过程。设计不单是视觉艺术的展现，它还能通过听觉、嗅觉、触觉等多种感官形式来表达和传达。在现代社会中，随着科技的发展和知识社会的到来，设计的范畴不断扩展，它的形态也在不断变化。设计从最初的专业设计师的独立工作转变为更广泛的用户参与，形成了以用户体验为核心的创新模式。以用户为中心的设计思维，更加注重用户的实际需求和体验，强调设计的实用性和人性化。在设计的过程中，设计师需要对所设计对象的功能、结构、形态和美学等方面进行深思熟虑的规划和周密的计划。设计不局限于某一个领域或行业，它广泛存在于生活的每一个角落。从家居布置到城市规划，从日用品到高科技产品，甚至从一个简单的标识到一个复杂的系统，都是设计的体现。设计的目的不仅在于解决问题，还在于激发创新，推动社会和文化的发展。一个成功的设计不仅满足了功能性的需求，还能触动人的情感，提供美的享受，甚至影响人的生活方式和思维方式。设计师在进行设计时，需要综合考虑材料的选择、技术的应用、环境的影响和不同的文化背景，以创造出既实用又美观的作品。

二、设计的根本目的

设计的目的是满足人们的需求，以在设计领域得到了广泛的认可。研究设计本质上就是对人们的需求进行深入的研究，并将需求转化为具体的产品。设计的核心在于理解和满足用户的实际需求，同时也要关注用户的潜在需求，这是设计成功的关键。设计作为一种实用艺术，与纯艺术不同，它更注重功能性和实用性。一个优秀的设计不仅仅是视觉上的美观，更重要的是它能够解决实际问题，提高用户的生活质量。设计应该是以用户为中心的，它需要考虑用户的使用习惯、审美偏好以及文化背景等多种因素。以用户为中心的设计理念，强调了设计的人性化，目的是让设计产品不仅仅是一个物品，而是能够与用户产生情感连接的伙伴。设计不是单纯的艺术创作，设计师不能完全凭借个人的喜好来创作。设计师需要具备敏锐的时尚洞察力，能够捕捉到时尚潮流的变化，这样才能让所设计的产品不断更新，适应市场的变化。同时，设计师还需要对用户群体的接受能力有深刻的理解，涉及设计的市场定位、目标群体的审美取向以及消费习惯等多方面的考虑。设计师需要深入了解目标用户群体的具体需求和偏好，才能创造出既满足功能性需求，又能引起用户共鸣的设计作品。设计的一个重要方面是将用户的需求和感受融入设计中，设计师需要从技术和功能性角度出发，并从用户的感官和情感角度考虑，这样才能创造出既实用又能触动人心的设计作品。此种设计不仅仅是对物质的塑造，更是对生活方式的一种思考和表达。通过设计，可以提升产品的品质感，增强用户的使用体验，从而激发用户的购买欲望。

三、设计的价值

（一）原创设计

1.原创的概念

原创设计是一种创新的思维和创造过程，远离对已有作品的模仿和借鉴，甚至是对既有设计的改进或增强。原创并非简单的形式上的革新或概念的夸大，而是在审视和超越传统设计的基础上，带来全新的视角和理念。此种设计能够刷新人们的视觉和心灵体验，激发新的思考，提供一种全新的、深刻的审美体验。它像是破土而出的新生命，充满了活力和创造力，不仅是一次性的展示，更是可持续发展、可深入探索的创新之旅。真正的原创设计是一种精神和实践的融合，展示了设计师对于美学、功能性和文化意义的深入理解和全新诠释。

2.原创的意义

原创设计在中国珠宝行业的重要性，不仅是时代的需要，更是市场竞争的必然结果。目前，中国珠宝市场正处于一个十分特殊的时期。一方面，国际珠宝品牌纷纷进入中国市场，展示其在原创设计方面的实力，致力于通过独特的创意占据市场制高点。另一方面，许多中国珠宝企业为了快速获利，选择了从国外仿制、复制甚至直接引进的方式，导致市场上的产品同质化现象严重。此种策略虽然在短期内或许能带来经济效益，但长远来看却会损害国内企业的品牌形象和市场竞争力。原创设计的必要性在于，它能够使企业摆脱价格竞争的恶性循环，提升产品的附加值，建立品牌形象，增强市场竞争力。优秀的原创设计是企业发展的新动力，是增加产品附加值的关键。中国的珠宝设计师们虽然勤奋工作，但大多数时间都在进行改版或模仿，而缺乏明确的创新方向。珠宝行业的竞争本质上是品牌的竞争，更是原创产品设计的竞争。原创艺术设计将成为社会进步、经济发展的重要组成部分，在21世纪的竞争中将起到决定性的作用。为了应对挑战，珠宝设计领域需要从两方面努力：一方面是培养具有原创精神和能力的珠宝设计精英；另一方面是营造一个有利于这些精英成长和创新的环境，包括加强对知识产权的保护，提高市场和消费者对原创设计价值的认识，以及改善设计教育和培训体系。随着消费者需求的提升和市场的日益成熟，优秀的原创设计将成为珠宝企业在市场中保持长久竞争力的关键。

中国珠宝首饰的原创设计，要求设计师深入理解并充分利用中国丰富的文化底蕴。真正的原创设计不应仅仅停留在表面的视觉冲击或简单的形式模仿，而是要深入挖掘中国文化的精髓，将其与现代审美相结合，创造出既具国际水准又能表现中国文化特色的珠宝作品。设计师们在探索原创设计时，需要避免两个极端：一方面，应避免过度强调视觉冲击，追求夸张的造型，忽视情感表达和文化内涵；另一方面，要避免仅仅停留在表面的中国元素堆砌和形式主义，缺乏深入的文化理解和创新精神。正确的做法是，深入理解和体验中国传统文化，将其转化为现代设计语言，创造出既能代表中国文化特色又符合现代审美的珠宝作品。设计师们在进行原创设计时，应当深入观察消费者的需求和审美倾向。珠宝首饰设计不仅要考虑国际化，也要深刻理解中国文化的根本和精神，用现代的设计语言表达出来。近年来，随着生活品质的提升，消费者的审美品位也在不断提高，但仍然离不开对民族文化情结的追求。设计师们需要在尊重消费者需求的基础上，创造出既能触动消费者心灵又具有独特创意的作品。原创设计的真谛在于创新和独特性，设计师们要关注消费者喜闻乐见的元素，更要深入挖掘消费者体验中被忽视的区域，发掘新的设计灵感和创意。只有深入地探索和创新，才能使珠宝首饰的原创设计真正实现文化和审美的双重提升，使作品不仅仅是物质的展示，更是文化和艺术的传达。

3. 实现设计原创的方式

珠宝设计是艺术与商业的完美结合，其核心在于创造既有个性又能广受市场欢迎的作品，设计师面临的挑战是如何在自己的审美和市场需求之间找到平衡。一方面，设计师需要避免仅凭个人喜好来决定设计方向，因为个人偏好不一定代表市场趋势。另一方面，设计师也应避免盲目崇拜大师，从而陷入模仿的陷阱。真正的创新不仅在于形式上的新颖，更重要的是对产品内涵的深刻理解和对消费者审美情趣的精准把握。一个优秀的珠宝设计，首先要求设计师深刻理解产品的文化和情感内涵。设计应超越表面的形式，深入材料的特性、文化背景、消费者的生活方式以及审美偏好。深度理解能使设计作品不仅在视觉上吸引人，更在情感和文化层面与人产生共鸣。珠宝设计师需要具备灵敏的市场洞察力，了解并预判消费者的审美趋势和购买行为。设计师的工作不仅是创造美丽的物件，更是通过设计传达特定的情感和价值观，满足消费者的精神需求。在设计过程中，设计师应平衡理性与感性的元素。理性方面包括市场分析、目标顾客的定位、材料和工艺的选择等，而感性方面则涉及设计师的个人创意、情感表达和艺术追求。

（1）真实、忠诚地对待感兴趣的事物。设计师应坚持对自己感兴趣的事物进行深入探索，勇敢地实现自己的创意。即使想法可能与主流观点不同，甚至可能导致孤立，设计师也应保持自己的独特性。只有如此，他们的作品才能避免陷入同质化的陷阱，展现个人独特的视角和风格。设计过程本质上是一个自我发现和表达的过程，设计师通过作品表达自己的思想和视野，每个人对相同事物的解读和感受都是独一无二的，而差异性恰恰是设计原创性的源泉。同时，设计师还需要为可能的失败做好准备。在原创设计的道路上，失败是必不可少的一部分，只有接受和学习失败的经验，设计师才能不断成长，最终获得成功。勇气和持之以恒的态度是实现原创设计的关键，不仅是技术和审美的挑战，更是对设计师个性和韧性的考验。

（2）敢于提出感兴趣的事物。在设计的探索过程中，敢于深入挖掘和提出自己感兴趣的事物是极其重要的。要清楚地认识到是什么吸引了自己对这个事物的兴趣，可能是它的形状、颜色、质感，或者其他某些独有的特征。认识到这一点后，需要对吸引自己的细节进行深入的了解和思考。此过程涉及收集大量有关这些事物的资料，不仅仅是表面的审美特质，还包括它们的物理性质、历史背景、文化含义等各方面信息。通过深入研究事物的本质特性和结构，可以更好地理解它们的独特之处。进一步的研究阶段，是将吸引人的细节提取出来，并将它们纳入你自己的创作中。在此阶段，关键在于如何将这些元素通过自己独特的思维方式转化和再创造，从而创作出具有个人风格和新颖感的作品。

（3）收集资料与调查。为了获得最真实、最直接的感受，应该尽可能使用相机去实地拍摄和记录自己感兴趣的事物，可以来自大自然，如植物、动物、地形地貌等，或者是任何触动你灵感的对象。实地考察和拍摄的重要性在于，它们可以令人直接感受到事物的真实质感和独特肌理，这些是通过网络图片或第二手资料无法完全获得的。实物给予的感觉远远超越了图片，可以提供更丰富的灵感来源。同时，也可以收集与所关注主题相关的实物材料，体验它们的触感，理解它们的物理特性和美感，实际体验会对创作原创设计提供实质性的帮助。重要的是要避免完全依赖互联网上下载的图片，因为此类图片是他人通过自己的视角捕捉的，它们可能无法准确反映你个人的兴趣和感受。要创造出原创且触动人心的设计作品，必须深入实际，亲自去体验和感受，进而确保作品展现出最真实、最具个人特色的效果。

（4）画出草图或做出模型。在原创设计的过程中，绘制草图或制作模型是关键步骤之一。该阶段，设计师需要将通过实地调查和资料收集获得的灵感和想法具体化，将对某个事物感兴趣的细节、构造、色彩等用笔记录下来。草图是创意想法的直接体现，是将抽象思考转换为具体可视化表达的重要手段。在此过程中，制作多种不同的模型和草图至关重要。通过大量的尝试和比较，能更全面地探索和实验不同的设计可能性。在草图和模型中，选择最能激发自身兴趣和情感的作为最终设计的依据。接下来的步骤是思考如何将这些灵感和想法转化为具体的首饰设计，在此阶段，设计师需要深入挖掘这些灵感背后的意义和情感，并思考如何通过首饰的形式表达这些内涵。通过此过程，设计不仅反映了设计师对材料和主题的深入理解，还蕴含了个人感受和想法。这样的设计不是简单的视觉复制，而是设计师独到见解和创造力的体现。正因为如此，每一个经过深思熟虑的设计都是独一无二的，展现了真正的原创精神。因此，设计师应该注重在资料收集、深入研究和个人思考的基础上创作，以确保作品具有独特性和原创性。

（5）解决技术细节。要将自身所感兴趣的元素以首饰的形式呈现出来，设计师需要综合考虑从立体感到工艺制作的各个方面。其中，设计的可实现性、成本控制以及作品的实用性都是不容忽视的重要因素。对于首饰的大小和重量的考量直接关系到佩戴者的舒适度，一个设计再美观，如果佩戴不便或过于沉重，它的实用性和市场接受度都将大大降低。连接部分的灵活度和首饰的整体结构也需认真设计，确保作品既美观又耐用。同时，首饰的陈列方式也是设计时要考虑的要素，关系到如何更好地展示作品的特色和美感。在技术层面，首饰所需的金属材料选择也极为关键。材料不仅影响首饰的外观和质感，还直接关联到成本和工艺的选择。设计师需要对不同材料的特性有深入的了解，以便选择最适合自己设计理念的材料。

（6）定稿。设计师需要运用自己独特的创作风格，结合简练而精确的表达方式，来清晰地展示作品的设计理念和细节。无论是选择手绘图还是电脑效果图，或者是直接制作原型，关键在于确保设计的意图和细节都能被准确无误地传达。这一步骤要求设计师对作品有深刻理解，并能够有效地用视觉语言表达出来。

（二）定位设计

1.定位设计的基本原则

（1）创新性。在当代中国珠宝市场，创新性已成为珠宝设计发展的关键因素。珠宝企业正逐渐认识到，创新不仅仅是新奇的设计思路，更是一种全面的、深入的思考方式，涵盖了工艺、款式、文化、功能等多个方面。创新性表现在通过独特的设计主题和载体，有效地体现社会、经济、文化以及生活方式的变迁。市场的竞争日益激烈，珠宝企业要想获得成功，就需要专注于特定的市场细分领域，进行深入的市场划分和精准的设计定位，帮助企业聚焦特定消费群体，更能够有效地提升产品的市场竞争力。设计定位的目的在于针对特定时期和特定范围内的目标客户群体，为他们提供符合需求的产品。创新性在珠宝设计中的体现是多元化的，它可能是一种独特的工艺创新，让传统材料焕发新的生命力；也可能是款式上的创新，打破传统的设计理念，引入现代元素；或者是文化上的融合，将中国传统文化与现代审美相结合；还可能是功能性的提升，使珠宝在美观的同时具有更实用的价值。

（2）导向性。导向性在珠宝设计中分为技术导向和消费导向两种主要形式，技术导向型设计侧重于利用最新的技术成果推动设计上的创新，借助先进技术的优势，探索新的设计可能性，从而引领市场趋势。与此同时，消费导向型设计则着眼于消费者的审美喜好和购买心理，通过独特而新颖的设计引导消费者的注意力和购买决策，进入预期的消费领域。导向性设计关注社会消费心理及其趋势，致力于提供符合消费者期望的产品方案。此种设计方法具有巨大的市场潜力，因其能够紧密贴合消费者的期待和需求。不仅给人们的生活带来无穷的乐趣与色彩，还能赋予人们鲜明的时代感和精神享受。导向性设计的核心在于创造和谐的美，丰富生活内容，通过不断创新的设计理念和方法，引领市场走向，满足并引导消费者的需求和期望。在珠宝设计领域，导向性设计的应用尤为关键，它不仅可以推动珠宝设计的发展，也是品牌塑造和市场竞争中不可或缺的策略。

2.市场定位

（1）目标与客户群。市场定位目标旨在确立品牌的核心市场，主要集中于零售商、加盟商以及终端消费市场。品牌通过经典且具有创新性的设计理念结合先进的工艺技术，吸引更多消费者的关注，从而在竞争激烈的珠宝市场中树立独特且鲜明的品牌形象。针对不同客户群的需求，品牌需要开发出符合各年龄层次的产品系列。年轻客户群体通常倾向于时尚、新颖的设计，强调个性和潮流感；中年客户群则更加注重品质、经典和品位的体现，他们追求的是符合其社会地位和经济状况的产品。因此，设计和开发产品时，需考虑到这些客户群的气质、修养和生活方式，以确保产品能够满足不同年龄段消费者的需求和期望。

（2）产品更新与时间安排。对于节日性设计，如圣诞、情人节等特定节日相关的产品，品牌需提前至少三个月进行策划与设计，确保产品在节日前一个月投放市场，以最大化节日销售效果。季节性设计则应根据不同季节的特点进行调整：春夏季节注重轻盈、简洁的设计风格，而秋冬季则更多考虑颜色搭配，以适应季节变化和消费者需求。

（3）产品延伸。在珠宝设计的过程中，产品的延伸和市场划分显得尤为重要，因为在一个饱和的市场环境中，明确针对特定客户群体的设计和销售策略能为商家的产品开辟独特的市场领域。产品设计的目的在于以市场需求为导向，实现产品的有效定位，这需要在设计的每个阶段都严格执行。珠宝产品的定位设计开发流程通常包括三个阶段："设计概念化""设计可视化"和"设计商品化"。在此过程中，最关键的环节是设计概念化阶段，涉及产品的初步设计定位。然而，在实际的设计实践中，许多珠宝企业往往忽视了设计概念化的重要性，过分关注二维或三维设计图的绘制和产品制作，而忽略了对初步设计阶段的深入研究，可能导致即使制作出了产品，但在进入市场后难以展现强劲的商业竞争力。

珠宝产品的价值评判通常聚焦于其原创性和独特性，但在市场定位设计方面，标准的适用性有所不同。实际上，定位设计是一个将设计理念与市场定位有效融合的过程。一个珠宝产品从最初的构想到最终的市场销售，经历的是一个完整的产品定位开发循环，决定了产品的成功与否。将珠宝设计简单理解为产品外观造型的观念是狭隘的，因为这只是珠宝设计的一部分。真正重要的是展现珠宝产品的内在价值，使消费者感受到产品的价值取向、定位以及传达的信息，内在因素构成了珠宝设计的核心。只有当珠宝设计与消费市场有效对接时，才能充分认识到定位设计的重要性。这样，珠宝设计不仅能在市场上获得认可，而且能在社会价值、设计价值和经济价值上实现最大化。

（三）主题化设计

1.主题化设计作用

（1）主题化设计利于提升品牌价值。主题化的核心在于将创意集中并具象化，从而成为品牌价值和市场竞争力的关键源泉。一个明确且鲜明的主题不仅为设计师团队提供了清晰的创作方向，也为整个设计过程提供了条理清晰的思路，促进团队的有效分工与协作。对于小型企业来说，若只是着眼于开发数量有限的款式，其设计重点可能在于每个单品能否吸引消费者的注意力，此时主题化设计或许不是首要考量。然而，对于有意构建自身品牌形象的大中型企业，精心策划的主题则显得尤为关键。主题不仅在设计阶段发挥重要作用，而且在产品推广和销售阶段同样起到至关重要的作用。主题化设计能够为产品销售提供坚实的推广基础，在订货会、零售店铺、宣传海报和杂志广告中，一个独特且引人入胜的主题可以像千金难求的广告语一样增加产品的吸引力。它能够为市场营销活动提供丰富的创意资源，包括色彩配置、布景设计、摄影风格等方面的创新。一个精彩的主题还能激发时尚评论员和媒体记者撰写具吸引力的文章，扩大产品的市场影响力。

（2）主题化设计利于提升设计师工作效率。设定清晰的主题对于珠宝设计师而言，就像是大海中的灯塔，为他们的创作提供了方向和灵感。当一个主题被确定后，它就成为整个设计团队工作的中心。设计师们可以根据主题来分配任务，如根据不同的主题特点划分不同的设计小组，制定具体的工作进度和时间安排，使设计过程更加有序，避免了资源的浪费和方向的迷失。更重要的是，主题化的设计为设计师提供了一个具体的创作方向。设计师可以根据主题的风格、材料、款式和成本控制来选择合适的设计元素，避免了他们在海量信息中迷失方向。主题的明确性有助于设计师的创意发挥，同时确保设计不会偏离品牌精神，也不会超出目标消费群体的接受范围。因此，主题化设计不仅仅是一个创意过程，更是一种高效的工作方法。它通过对设计方向的规定和引导，使设计师能够在发挥创意的同时，保持与品牌定位和市场需求的一致性。

（3）主题化设计利于增加产品关联度。主题化设计在珠宝产品开发中的重要性不仅体现在提升品牌价值和提高设计效率上，还体现在它能显著增加产品之间的关联度。通过主题化设计，不同的产品能够形成一种内在的联系，从而构建出一种有组织、有序的产品系列。产品系列的关联性对消费者来说是一个巨大的吸引力，在同一主题下设计出的系列产品，不仅在视觉和风格上保持一致性，还提供了易于搭配和选择的便利。例如，消费者可以轻松地从同一系列中选择搭配的项链、戒指和耳环，一致性的风格会使整体搭配更加和谐。主题化设计还为产品的零售陈列提供了便利，相同主题的产品放在一起，可以创造出一种统一的氛围，使得产品展示更加吸引人。主题化的展示方式不仅能增强产品的视觉效果，还能提升消费者的购物体验。值得注意的是，主题设计是一个灵活而不断演变的过程。在产品开发的初期，设计师可能对主题有一个大致的概念，但随着设计过程的深入，原先的主题可能需要进行适当的调整，以确保主题的准确性、流行度和新鲜感，使最终产品更加完善。

（4）主题化设计利于指导素材取舍。对于初学者来说，面对众多设计元素时，往往会出现难以做出选择的困境。各种点、线、形状和质感等元素似乎都可用，却又难以准确表达设计意图，其困惑很大程度上源于对设计主题的不清晰。主题化设计的核心在于精简和明确，一个清晰、强烈的主题能够有效指导设计师在众多素材中做出精准的选择。例如，在表达爱情主题的珠宝设计中，使用一个简洁的"心"形图案，就足以明确和强化设计的主题。简化能够使设计更为专注和准确，也使作品的传达更加直接和有力。

2.提炼首饰设计主题的方式

（1）选择感兴趣的主题。兴趣是创作动力的源泉，而且在设计过程中的挑战与难关面前，它成为不可或缺的推动力。许多年轻设计师在创作初期往往从简单的造型入手，通过不断地画草图和反复推敲，逐渐将设计思路深化和完善。在此过程中，兴趣对于突破创作瓶颈至关重要。珠宝设计是一项需要深入研究和长时间投入的艺术创作活动，在设计进程中，设计师很可能会遇到审美疲劳期，这是一个自我审视和创新思考的关键时期。如果能够成功度过该阶段，设计作品往往能实现质的飞跃和突破。而兴趣在此过程中起着至关重要的作用，它能够帮助设计师保持创作的热情和专注，激发新的灵感，从而使作品更加出色和独特。

（2）选择擅长的主题。熟悉的领域能够提供更多的灵感和创新可能性，而且也意味着在这个特定领域内，设计师能够更加自信地表达自己的想法和风格。如果设计师对某个主题有深入的理解和掌握，那么他们的作品更有可能在创新和表现方式上实现突破。同时，深刻的主题理解也能增加消费者对作品的认同感。因此，在选择设计主题时，考虑到自己的专长和熟悉度将使得设计作品不仅展现出设计师的个人风格，而且在竞争激烈的市场中脱颖而出。

（3）选择新颖的主题。独特性在创作中能带来新鲜感，激发消费者的兴趣。一个新颖的主题或者一个从未被广泛探讨的视角，都能为设计师提供一个展示创造力和独特风格的平台。即使是一个在行业内常见的主题，如果设计师能够找到一个新的切入点，或者以一种非常特别的方式来呈现，那么这样的主题也能变得独特和有吸引力。关键是要找到尚未被完全挖掘的宝藏，或者用一个全新的视角来解读已经存在的主题。

（4）选择足够小的主题。在选择设计主题时，选择一个较小、专注的主题往往比宽泛的主题更能吸引人。主要是因为一个狭窄的主题允许设计师深入挖掘，创造出更具深度和细节的作品。当主题过于宽泛时，设计很容易变得模糊和缺乏焦点，而一个精确的、定义明确的主题则使得创作更加专注，更有可能产生独特且引人入胜的设计。小型主题提供了清晰的方向，使设计师能够在有限的范围内尽情发挥创造力，展现出深入和细腻的艺术表达，从而在众多作品中杀出重围，获得独特的市场地位。

（5）选择大众熟悉的主题。珠宝首饰不仅是一种艺术表达，更是一种市场交流的媒介。当设计师选择一个大众熟悉的主题时，他们实际上是在构建一个共有的沟通平台，让消费者能够轻易理解和欣赏作品。亲切感和共鸣能够增强顾客的购买欲望，因为他们能够在设计中看到自己的文化、习俗或情感体验的反映。此设计不仅展示了设计师的才华和创意，更重要的是，它触动了消费者的心弦，成为他们生活中的一部分。因此，选择大众熟悉的主题不仅仅是为了艺术表达，更是为了建立与目标市场的深层次联系。

（四）系列化设计

1. 系列化的概念

系列化设计是珠宝设计中一种高效的策略，通过在不同产品中应用相同的设计主题和造型元素，创造出一种统一而连贯的视觉体验，有助于设计师全面而深入地表达自己的创意思想，也能吸引消费者的注意力，并帮助他们更准确地理解产品的特点和风格。系列化的产品设计可以满足不同性别、年龄和社会阶层消费者的不同品位和需求，通过提供多样化的选择，同时保持品牌的一致性和辨识度。系列化设计方法对于品牌塑造尤为重要，因为它通过反复出现的独特设计元素，在消费者心中建立起品牌的独特形象和记忆点。系列化设计是突破产品同质化的有效手段，通过系列化设计，设计元素在不同产品中得到了加强和延伸，使品牌形象更加深入人心。

2. 系列化发展趋势

珠宝行业的系列化设计，作为一种有效的产品研发和营销策略，正在成为珠宝品牌发展的重要趋势，显示了品牌在产品开发和设计能力上的优势，而且在更深层次上扩展了品牌的发展空间。对于消费者来说，系列化的产品可以提供更广泛的选择，增强他们对品牌设计能力的认可。在市场竞争日益激烈的背景下，珠宝品牌通过系列化产品的方式，能够更好地满足不同消费者群体的需求，同时提高品牌形象的统一性和识别度。系列化设计不仅限于单一产品的美学表现，而是通过整合企业文化、技术要求和品牌设计政策，展现出更为全面的设计价值。系列化设计为珠宝品牌提供了从季节性、单件产品销售向更为广阔的市场拓展的机会，通过开发系列产品，品牌能够实现销售策略从局部到整体的转变，从而延长品牌的市场生命力。在未来，新产品设计将更加侧重于概念性的开发，形成一种立足于全面、连贯的系列化设计方式。

3. 系列化设计方式

珠宝行业的系列化设计方式，是将文化价值与艺术性融入产品设计的一种方法，它不仅承载了物质文化的价值，还体现了精神文化的深度。系列化设计过程通过对各种设计元素的精心挑选和整合，如形状、色彩、材质等，构建出一系列产品，有效地传达设计师的创意和思想。在系列化设计的规划中，首先要进行的是顾客需求分析。通过对顾客需求类型的深入理解，设计师可以在产品的设计元素和外观造型上做出精准体现。例如，针对不同年龄层或文化背景的顾客群体，设计师可以选择不同的文化符号或时尚元素来满足其审美偏好。接下来，是建立一个合理的价格体系，能够让不同收入水平的顾客都能找到适合自己的产品。系列产品在保持视觉和情感上的一致性的同时，通过材质、工艺的差异化，提供不同档次的产品，满足更广泛的市场需求。在实际设计中，系列化产品要在保持整体风格统一的基础上，对每个款式进行适当的差异化设计，以符合不同顾客的个性化需求，从而减少模具的开发成本，提高生产效率，还能在保持产品多样化的同时控制生产成本，实现经济效益与艺术价值的双重提升。

4. 系列化管理战略

（1）系列化产品设计及营销。系列化产品的设计与营销是一个全方位的策略，它不仅涉及产品本身的设计创新，还包括整体的市场推广和品牌形象塑造。通过围绕设计主题进行的包装和陈列设计，系列产品可以更好地与消费者进行视觉和情感上的交流，进而深化设计主题在消费者心中的印象，提高产品的识别度。在营销方面，应利用多种渠道和方法进行产品推广，如定制的包装设计、具有系列特色的广告，以及有效的新闻发布和公关活动。此外，通过策划精彩的促销活动，可以提升消费者对产品的认知和兴趣，使品牌形象更加深入人心。整个过程中，每一笔投入在宣传和推广上的费用，都应精心规划以确保最大化宣传效果。

（2）系列化产品的延伸及巩固。参考国际顶级珠宝品牌的策略，系列化产品的延伸和巩固影响了品牌的长期成长。通过系列化产品，品牌不仅能够扩大和深化已有产品主题，还能够有效延伸产品线，从而更好地捕捉和满足消费者的多样化需求。例如，一个品牌可以通过在热销产品的基础上，推出同一主题的新产品，以此来刷新消费者的兴趣和关注。系列化产品的延伸还助于品牌在市场上进行更细致的分割，从而保持较高的市场占有率。

（五）差异化设计

1.差异化的基本概念

差异化策略，在珠宝首饰行业中意味着将产品或服务与竞争对手区分开来，以独特性吸引消费者。实现这一策略的方法多样，包括独特的设计或品牌形象、技术特色、外观特点，以及卓越的客户服务和经销网络。尤其在产品设计方面，差异化的重要性不容小觑。珠宝首饰的设计差异化不仅体现在产品的外观造型和风格上，还包括对材质、工艺和功能的创新。通过创造独特的设计，珠宝品牌可以吸引特定的消费者群体，打造独特的市场定位。

2.差异化策略的适用条件

（1）内部条件。差异化策略在珠宝首饰行业的实施，需要考虑多个外部条件，以确保其有效性和可持续性。差异化必须被顾客视为有价值的，设计的独特性或产品的特殊属性应满足消费者的具体需求或偏好，从而在市场上获得认可和青睐。考虑到消费者需求的多样性，差异化策略应涵盖广泛的用户群。每位顾客的需求和使用条件都可能有所不同，因此设计时应考虑到这种多样性，以满足更广泛的市场需求。为了在竞争中保持优势，需要确保所采用的差异化途径在竞争对手中不常见，珠宝企业应具有创新精神，能在设计、技术和营销策略上寻找新的、独特的方法。考虑到技术的快速变革和市场的不断演进，珠宝品牌应持续推出具有新特色的产品。要求品牌不仅要关注当前的市场趋势，还要预测未来的发展方向，以确保其产品始终保持领先地位。

（2）内部条件。为了成功实施差异化策略，珠宝企业需具备一系列内部条件，关键在于强大的研发能力，要求设计人员具备创新思维，还需要技术团队对最新技术有深入的理解和运用能力，设计师的创新思维能够推动产品设计的独特性和创新性。企业必须具备资源整合能力，能够有效地利用各种资源来支持其差异化策略，包括材料资源、技术资源以及人力资源等，而市场营销和洞察能力利于识别和满足消费者需求。研发设计、工艺制作和市场营销等职能部门之间的协调性是实现差异化的关键，良好的内部沟通和协作能确保从设计理念到市场推广的每一步都高效且目标一致。强有力的人才和团队是支持差异化策略的基础，能够调动和利用团队的多样化技能和经验，是保持竞争优势的关键。有效的渠道管理和合作，可以确保产品成功地达到目标市场，并实现销售目标。

3. 差异化设计的意义

差异化设计能够激发顾客对产品的强烈兴趣，让消费者对独特的设计和创意产生热情。差异化设计增加了产品的附加值，从而提高企业的利润空间。差异化设计策略通过提供独特的产品，降低了消费者对价格的敏感度，因为消费者很难找到具有相同价值和特性的替代产品。差异化设计的独特性意味着替代品难以在功能和性能上与之竞争，差异化设计不仅是产品本身的创新展示，也是品牌差异化策略的核心。

4. 差异化设计的方式

（1）考察市场。设计师需要深入市场，不仅仅是为了观察哪些款式销量最高，更要理解消费者的实际需求和潜在期望。这要求设计师具有敏锐的市场洞察力，能够从消费者的角度思考，而不是简单地模仿热销产品。事实上，"同质化"现象反而催生了对"差异化"的追求。然而，如果设计师仅仅将销售量作为设计方向的导航，那么最终只会导致新一轮的产品同质化。销售导向的设计虽然安全且能带来直接的经济效益，但长期来看，此方法无法真正推动创新。只有不断探索和挖掘消费者的深层需求，通过创造性的思维引领市场，设计师才能真正迈向原创性和创新性。因此，对于珠宝设计师来说，真正的挑战在于如何走出固有的思维模式，不再依赖模仿，而是通过深入的市场洞察和创造性的思维，提出真正符合市场需求，且具有创新性的设计方案。

（2）深入了解企业品牌文化及定位。珠宝设计师要展现自己的设计才华，同时要将个人的设计理念与企业的品牌文化和发展方向紧密结合。在此过程中，设计师面临的挑战是如何在保持个人创造性的同时，也满足企业的商业目标和市场需求。设计师需要深入了解企业的品牌文化和市场定位，这是设计过程中不可或缺的一步。他们应该将个人的创新思维与企业的发展方向相融合，形成一种互利共赢的局面。而融合不是单纯的迎合或顺应，而是一种深层次的理解和创新性的结合。此过程中，设计师要考虑企业的当前需求，并有前瞻性的思考，探索企业未来的发展方向。要求设计师不仅要有敏锐的市场洞察力，还要有能力预测和引导市场趋势。在此背景下，设计师的作品并非单纯是艺术表达，更是市场和消费者需求的反映。设计师在创作过程中应勇敢表达自己的想法和创意，同时也要与企业保持密切的沟通，以确保设计作品既符合市场需求，又能体现设计师个人的风格和创新。

（3）抓住设计创新要点。在珠宝设计领域，创新是技术和艺术的展现，更是市场竞争中的关键。抓住设计创新的要点，意味着设计师不仅要展现个人的创造力，更要理解市场需求和消费者的心理。创新的核心在于找到设计的价值所在，以及如何使这些价值在产品中得到体现。设计师需要深入探索他们的作品能为消费者带来的独特价值，而价值可能源于独特的材料使用、创新的工艺技术、符合潮流趋势的设计，或是对传统文化的现代解读。每一个创新点都应该是对现有设计的突破，能够引起市场的关注。在设计过程中，应该明确哪些元素是创新的关键，哪些细节能够突出产品的独特性，重视设计的支撑点和亮点。可能是一种新的材料应用，一个独特的造型，或是一个寓意深刻的主题。设计师应该有能力识别创新点，并有效地利用它们，使得所设计的作品在视觉上吸引人，而且在意义上引人深思。一件成功的设计作品并不是偶然产生的，而是基于对市场和消费者深刻理解的结果。设计师应该学会从每一个成功的设计中提炼出可持续发展的元素，可以在后续的设计中得到更广泛的应用和发展，保持设计的连续性和延续性。成功的设计不仅要在一个点上突破，更要在这一点的基础上进行拓展和深化。设计师应该具备将一个小小的创新点转化为一系列相关产品的能力，此种能力能够有效帮助设计师在设计上形成自己的风格和特色，更能在市场上形成明显的差异化竞争优势。

（4）设计思维与方式差异化。在珠宝设计的世界里，创造差异化是一种艺术，也是一种科学。创造差异化的关键在于设计师本人，他们的观念和创造力决定了作品的独特性和市场价值。设计师在创作时必须了解市场的动态，同时也要保持自身的创新思维。创新并不意味着完全脱离市场需求，而是在了解市场的基础上，敢于走在消费者前面，但又不至于脱节，这要求设计师具备敏锐的市场观察力和对消费者心理的深刻理解。差异化的思维是立体和多维的，它超越了传统的三维空间，进入更为广阔的"想象空间"。在该空间中，设计师不仅仅是在物理形态上创新，更是在情感和精神层面给作品赋予了了新的生命。珠宝首饰的价值不再局限于物质层面的装饰和保值，而是变成了一种情感和精神的表达。以某珠宝品牌为例，其珠宝首饰通过现代设计语言和先进的制造技术，创造出高度差异化的作品。差异化主要体现在三个方面：市场定位的差异化、材质的差异化以及工艺的差异化。其差异化体现在了以下三个方面：

①材质差异化。该品牌在珠宝设计领域采用了独特的材质差异化策略。传统珠宝首饰多以贵重材料如贵金属和钻石为主，注重展示材质本身的价值和奢华感。而该品牌却巧妙地在这些传统贵重材料的基础上，融入了钢化玻璃这一现代材料。创新的材质组合打破了市场上珠宝首饰的常规设计模式，还为产品增添了现代感和独特性，使其在同质化严重的市场中脱颖而出，展现了品牌的创新精神和设计哲学。

②工艺差异化。钻之韵品牌在其珠宝设计中突破传统，引入了工艺的差异化。该品牌的核心特色在于"动"与"转"，其产品利用高精度数控技术制造，具有独特的内部结构，使得珠宝部件能够活动或旋转。此种创新是对传统珠宝制作工艺的挑战，更是高科技与手工艺术的完美融合，体现了钻之韵对珠宝设计创新和工艺革新的追求，为珠宝市场带来了新颖的设计理念和独特的审美体验。

③市场定位差异化。该品牌在珠宝首饰市场中实现了显著的市场定位差异化，明显区别于我国珠宝市场上以婚庆首饰为主的传统模式。钻之韵主要面向时尚、年轻的都市女性，其产品并非专注于结婚场合，而是追求时尚感与现代气息。该品牌通过持续的产品迭代，在外观设计上进行刷新，更注重工艺的提升和产品理念的革新。差异化的市场定位不仅使品牌在激烈的竞争中脱颖而出，也帮助塑造了其创新型企业形象。钻之韵的成功说

明，产品的差异化设计并非仅局限于视觉和外观层面的变化，更重要的是理念和精神层面的突破。该品牌通过不断探索和塑造其独特的工艺和设计优势，确保了其产品的持续性和独特性。

（六）细节设计

1.细节的出现形式

（1）以点的形式出现。在珠宝首饰设计和制造领域中，细节的重要性不可小觑，常常体现在微小但关键的"点"上。而看似细微的部分，却可能对整体产品的品质和用户体验产生显著影响。例如，钻石镶嵌的精细程度直接关系到宝石的稳固性和安全性。如果镶口处理不当，可能会导致钻石在日常佩戴中脱落，给消费者造成损失和不便。同样，珠宝首饰在设计时对角度的处理也极为关键，不合适的角度设计可能导致珠宝首饰在佩戴过程中刮伤皮肤，影响佩戴舒适度。

（2）以线的形式出现。在珠宝首饰设计中，"线"的处理是构图的基本元素，更是美感的关键所在，线条的流畅性、精细度和表现力直接影响到整体设计的美观度和艺术性。在首饰设计的初步绘图阶段，线条的运用决定了设计的轮廓、结构和整体形象。线条的处理在珠宝制造过程中尤为关键，不同设计师对同一款式的理解和表现可能大相径庭，主要原因在于他们对线条的感知和掌握能力各不相同，反映了每位设计师独特的风格和技艺水平。良好的线条处理能够赋予珠宝首饰动感、节奏和情感表达，增强作品的吸引力和艺术价值。因此，珠宝设计师的绘画基础和线条处理能力极为重要。他们需要通过长期的练习和实践来提高对线条的敏感度和掌控能力，以便更好地传达设计意图，创造出既美观又实用的珠宝作品。线条的优雅流畅代表了设计师的技术水平，也是珠宝首饰独特魅力的重要来源。

（3）以面的形式出现。金属表面的处理技术，如抛光、喷砂或电镀，直接影响着首饰的外观和感觉。每个面的处理决定了珠宝的质感和光泽，从而影响消费者的视觉和触觉体验。面的形态设计，如选择凸面、凹面或平面，也极其重要，不仅影响了首饰的美学表达，也关系到佩戴者的舒适度。例如，戒指臂的内侧面如何设计，将直接影响佩戴者的舒适感。如果处理不当，尖锐的边角可能会刮伤皮肤，导致佩戴不适。

（4）以体的形式出现。在珠宝首饰设计中，"体"的形式呈现同样至关重要，但往往需要更加细致的观察来捕捉其细微差别。"体"的形式的问题通常不是一眼就能看出的，但对首饰的整体感觉和功能性有着深远影响。以戒指为例，戒指臂的厚度、宽度和弯曲度都会影响佩戴者的舒适度。如果戒指臂过于厚重，可能会在手指间挤压肉体，造成不适；过于薄弱则容易折断，影响耐用性。戒指臂的宽度也同样重要，过窄或过宽的设计都可能引起佩戴不适或视觉上的不协调。因此，在设计时，即使是一毫米或几分之一毫米的差异，也可能对最终产品的舒适度和美观性产生重大影响。

（5）以综合形式出现。在珠宝设计中，综合形式的细节问题是对设计师专业技能的全面考验。此类问题涵盖了"点""线""面"和"体"的交互作用，其复杂性在于需要同时考虑多个设计元素的协调与融合。例如，面与面之间的处理如果不当，可能在产品上形成难以处理的死角，影响了后续的制造过程，还可能降低产品的整体美感和实用性。其他综合问题，如面与线的交接、线与体的连接甚至是点与点之间的相互作用，都要求设计师具备高度的审美意识和精密的工艺控制能力。

（6）以隐藏形式出现。在珠宝设计领域，"隐藏"细节的处理是一种高阶的设计技巧，它考验着设计师对作品深层次的理解和处理能力。"隐藏"细节不是显而易见的，而是潜藏在设计的深层次，与直观的视觉效果或明显的结构不同，它更多涉及作品的内在价值和实用性。"隐藏"细节的处理要求设计师具备敏锐的观察力和全面的判断能力，能够在看似简单的设计中发现并解决可能存在的问题。例如，对于一个设计概念的多种表现形式，设计师需要选择一种既能完美传达设计意图又具有最高性价比的表现方式。在这个过程中，设计师要考虑美学以及成本控制、制作工艺、材料选择等多方面因素。精简而精准的元素运用可以有效降低制作成本，提高生产效率，同时还能保持设计的清晰和优雅。对"隐藏"细节的把握，充分展现了设计师的专业技能，还体现了对作品质量和实用价值的深度理解。因此，珠宝设计师需要具备全面的视角和深入的思考，才能在作品中巧妙地处理这些"隐藏"的细节。

2.细节的重要性

细节处理不当会影响珠宝的美观和视觉效果，造成偏差，从而影响消费者对产品的第一印象。设计细节直接关系到产品的性能和佩戴安全，细微的疏忽可能导致佩戴不便甚至安全风险。细节的处理也是设计原创价值的体现，精细的细节处理能够更好地传达设计师的创意和理念。在制作过程中，细节问题可能造成工艺上的困难，降低生产效率，从而影响生产成本和时间。若因细节问题而导致返工，不仅增加了制造成本，还会浪费时间和资源。长期而言，细节处理的好坏会影响消费者对品牌的忠诚度和美誉度，并对品牌形象产生深远影响。因此，珠宝设计师在设计和制作过程中必须重视细节，确保每件作品都能精致完美，以展现品牌的高品质和专业水平。

3.细节的意义

在当今珠宝首饰行业的激烈竞争中，细节处理的重要性日益凸显。首饰不仅仅是一种装饰品，它承载着情感价值和象征意义，因此在其设计和制造过程中的细节处理，成为衡量珠宝价值和品牌形象的关键因素。细节是评估珠宝首饰价值高低的依据，精细的工艺和周到的设计能够显著提升珠宝的附加值。例如，一个精心设计的镶嵌方式或一个独特的切割技术，能使普通的宝石焕发出非凡的光彩，从而提升珠宝的整体价值。细节是衡量一个珠宝品牌高度的标志，品牌的美誉度往往来源于对细节的极致追求。一个品牌如果在细节上做得出色，就能在消费者心中树立高品质的形象。细节对消费者而言是一种附加价值，消费者在选购珠宝首饰时，往往会被细致入微的设计所吸引，感受到物超所值的体验。而对设计师或制造团队来说，对细节的关注是走向卓越的基准，反映了他们的专业水平和品位。从成本的角度来看，细节处理也是降低成本的有效途径。细致的设计规划和严谨的制作工艺能够减少返工和浪费，从而降低整体的制造成本。对于珠宝设计师而言，精通细节处理是必修的一门课程。只有掌握了细节的艺术，才能创造出既美观又实用的作品，从而在激烈的市场竞争中脱颖而出。在当前品牌竞争激烈的时代背景下，珠宝首饰的细节处理已成为品牌建设和形象树立的重要手段，体现了品牌的核心价值和文化内涵。

4.对待细节的方式

（1）立足点滴之处。发现并精心处理细节，需要设计师和工艺师们展现极致的耐心和细心。这是一种技能，更是一种严谨的工作态度。在日常工作中，注重每一个小细节，从点滴做起，通过不断的思考和观察，养成严谨细致的习惯。

（2）养成冷静分析与反复观察的良好习惯。在珠宝首饰设计领域，不断提升审美能力要求设计师养成冷静分析和反复观察的习惯，不断追求更高的美学标准。对于珠宝产品的美观度和效果，永远没有终点，只有不断地追求更好。通过深入分析和反复观察，设计师能够发现并创造更多美学价值，从而不断提升珠宝作品的美感和艺术价值。

（3）强化对材质的了解与成本的预算能力。每种材质都有其独特的物理和化学特性，直接影响着设计的可行性和实际效果。例如，足金因其较强的韧性容易变形，设计时需考虑足够的厚度和宽度以保持形状的稳定；而对于昂贵的大钻石，设计应着重突出其本身的光彩，尽量避免金属部分的过度遮掩，以最大程度展示钻石的独特魅力。同时，材质如金属表面电镀玫瑰金的易褪色特性，要求设计时采用恰当的工艺处理，如"分件、真分色"，以延长产品的使用寿命和美观度。成本预算能力影响产品的定价和市场竞争力，还直接关系到设计的实用性和可行性。一个设计师必须能够在保持艺术美感的同时，合理控制成本，确保设计的作品在市场上的可接受度和实用性。

（4）加强对工艺的了解。每个生产环节都可能存在特定的技术难点或"瓶颈"，往往会对设计的实际执行和产品质量产生显著影响。因此，设计师在创作过程中需要预见并避免这些潜在的问题，以确保设计的顺利实施和高效生产。通过与制造部门的密切沟通，设计师可以更好地了解实际生产中可能遇到的挑战和限制，从而优化设计方案，减少不必要的麻烦和返工，有效提升整体生产效率。

（5）跟踪对比成品实际效果与预期效果的偏差。设计师在创作阶段应能够预见成品的最终呈现，并在设计图决定制作之前对其实际效果进行综合估算。此过程不仅涉及对设计的视觉美学的评估，还包括对材料、工艺和成本的全面考虑。实际上，设计与制作之间往往存在一定的偏差，因为从设计图到最终产品的制造过程中会遇到各种意料之外的挑战和限制。因此，设计师必须具备敏锐的观察力和判断能力，以便在成品完成后对比实际效果与预期效果，分析其中的差异。

（6）跟踪设计成品的市场反应。每件商业珠宝首饰，无论其设计多么精巧或工艺多么精细，最终都需要通过消费者的实际使用和评价来检验其价值。因此，设计师需要积极收集和分析市场反馈信息，包括对首饰美观度的评价，还包括佩戴舒适度、耐用性以及是否满足消费者的实际需求等方面的反馈。通过对反馈的细致分析，设计师能够深入了解自己作品的优势与不足，从而在未来的设计中做出更加精准的调整。

第二节　珠宝设计的基本元素

一、珠宝设计的材料

首饰材料的多样性使得设计师有了更广阔的创作空间，从天然材料如贝壳、羽毛、陶瓷，到纤维、皮革、木材，再到传统的贵金属及现代的新型金属材料，每一种材料都因其独有的物理特性、色泽和肌理，为首饰赋予了独特的审美价值和表现力。首饰材料大体上可以分为两大类，即金属和非金属。

（一）金属材料

在讨论首饰用金属时，可以从三个主要类别入手，即贵金属、贱金属和高熔点金属。贵金属，如金、银、铂及铂族金属（铂、钯、铱、锇、钌、铑），因其稀有性和优良的耐腐蚀性，长期以来一直是珠宝首饰的首选材料。然而，由于纯贵金属较软，难以镶嵌宝石，同时颜色相对单一，因此人们常将其他金属混合进贵金属中，形成不同颜色的贵金属合金，以提高其硬度和视觉吸引力。另一类是贱金属，例如铜、铁、锡、锌、锑、铅、镍和铝等，贱金属因其丰富的储量和低廉的价格，常被用于制造合金，以改善贵金属的物理性质。贱金属本身也被直接用于制作首饰，尤其是通过电镀或机械包覆方法，其表面覆盖一层贵金属，既提升了外观也增加了价值。高熔点金属，如钛、钽、锆和铌等，因其独特的能够通过加热或阳极氧化改变表面颜色的特性，近年来在流行首饰制作中广受欢迎，其色彩多样性和独特的物理性质使它们在现代首饰设计中占有一席之地。

1.贵金属

（1）金。金，化学符号 Au，又称黄金，自古以来便是人类珍视的贵金属。其独特的黄色光泽代表着财富和权力，也是人类对美好事物的追求的象征。自古代以来，黄金就与太阳神话紧密相连，被认为是"太阳的灵魂"。黄金在首饰制作中的应用极为广泛，不仅因为它独特的颜色和光泽，更因为它作为一种材料的物理特性。黄金具有惊人的韧性和延展性，可以被拉成极细的丝线或压成半透明的金箔，此特性使得金在首饰制作中极具灵活性，艺术家们可以通过各种技巧将其塑造成各种精美的形状和设计。然而，纯金的软质也是它的一个限制。由于质地柔软，纯金不适合用于镶嵌宝石，限制了它在高端首饰制作中的使用。为了克服这一缺点，人们通常会在黄金中加入其他金属元素，如银、铜、钯、镍、锌和铁，制成合金，增强了黄金的硬度和强度，也使其色彩更加丰富。金合金在首饰制作中的运用非常广泛，最常见的是黄金合金，即金、银和铜的混合物。除此之外，还有绿色、粉色和白色金合金，它们的色泽依赖于金属元素的不同配比。例如，含银比例高的合金颜色偏绿，含铜比例高的则呈现粉色，丰富的颜色选择为首饰设计带来了更多可能性。在首饰行业中，金合金按其含金量被划分为不同的等级，通常用 K 来表示。例如，24K 金含金量为 99.9%，而 18K 金的含金量为 75%。不同地区对金合金的偏好各异。在北美，14K 金比较受欢迎，而欧洲人更倾向于 18K 金。在印度和东南亚，22K 金由于其较高的含金量而更受欢迎。金的特性不仅使其成为珍贵的物质，也使其成为文化和艺术表达的重要媒介。在历史的长河中，无数艺术家和工匠利用黄金创作出了无数令人惊叹的艺术品。从古埃及的法老王陵中的黄金面具，到印度的豪华宫廷首饰，再到现代的精致珠宝，黄金一直是奢华和精致的代名词。

（2）银。银，化学符号 Ag，也称为白银，自古以来就是人类珍视的一种金属。银的温润光泽，亲和力强，细致而素雅的特性，使之成为珍贵而又接近民众的金属。在中国古代，白银首饰被视为吉祥之物，是赠予新生儿的首选礼物。银项圈、银锁片、银帽花等装饰品上常刻有吉祥如意、长命百岁等吉祥话语，体现了人们的美好祝愿。中国的许多少数民族，如苗族、回族、侗族和瑶族等，至今仍保留着佩戴银饰的传统。他们将银饰视为珍贵之物，银饰的设计充分反映了各民族的生活习惯和宗教信仰。在民族节日或歌舞盛会上，他们会佩戴各式各样的银饰，如发饰、腰饰、耳环、戒指、手镯、项链等，展现出他们的风姿、美丽、勤劳、聪慧和富裕。银首饰具有贵金属的优良品质，而且价格相对较低，成为便装和新潮服饰的理想搭配。19 世纪中叶，银首饰在英国及其他国家曾短暂流行，但后来被铂金首饰所取代。然而，自 20 世纪 60 年代开始，银首饰作为中等价位的装饰首饰再次流行起来，常用于镶嵌不太贵重的宝石。银的物理性质也很独特，它呈银白色，具有良好的导电性、导热性和反射性。银的延展性强，柔软而坚韧，具有较强的化学稳定性。但银容易与空气中的二氧化硫反应，形成褐色的硫化银，因此其在贵金属中的地位一直不高。在西方的一些国家，银首饰甚至被归类为普通的服装首饰。尽管如此，银的洁白可爱的特性使其在历史上一直被视为贵金属。为了防止银变色，人们在银首饰表面镀铑或镀金。其中，镀铂族金属铑的效果最好，可以使银首饰表面闪烁银辉，颜色如铂金；且铑镀层坚硬耐磨，能够抵抗酸碱腐蚀。但有些设计者认为银变色后的暗色古朴典雅，故意通过工艺技术手段使银呈现变色效果，突出复古感。为了增强硬度，首饰业通常使用银合金，主要是银和铜的合金。银合金既有一定硬度，又有一定韧性，打磨后光泽耀眼，适合制作各种首饰和器皿。在中国，银合金的成色通常以百分数表示，而在国外则多以千分数表示。比如，中国的"80 银"和外国的"800S"（S 代表 Silver，即银）都表示银的含量为 80%，银合金具有较高的硬度和弹性，非常适合制作领夹、帽花等精致首饰，以及餐具、茶具、烟具等日用银器。含银92.5% 的 925 银则具有一定的硬度和韧性，更适宜制作戒指、别针、发夹、项链等首饰，并且便于镶嵌宝石。

（3）铂族金属。铂族金属，包含铂 (Pt)、钌 (Ru)、铑 (Rh)、钯 (Pd)、锇 (Os) 和铱 (Ir) 等六种元素，其中铂、钯和少量的铱是制作首饰的主要材料，铂族金属以其独特的性质，在珠宝首饰领域中占据着特殊的地位。铂，被誉为"贵金属之王"，具有稀有、纯净、坚韧的三大特性。它的强度是金的两倍，韧性超过一般的贵金属。铂金首饰的银白色泽自然而纯净，长期佩戴也不会出现锈斑和褪色，且适合任何肤色。铂的这种超乎尘世的纯净，使其在首饰设计中格外受到珍视。尽管铂的硬度高于金，但为了更好地镶嵌钻石和其他宝石，通常需要在铂金中加入少量的钯、铑、铜等金属元素，形成铂合金，以提高材料的硬度和韧性。铂钌金和铂铱合金是首饰业中最广泛使用的铂合金，尤其适用于制作镶嵌钻石的首饰。钻石镶嵌在铂金托架上，晶莹剔透的钻石与铂金的银白光泽相得益彰，展现出无与伦比的华丽。在国际市场上，铂金首饰通常刻有 Pt、Plat 或 Platinum 等字样，以及表示纯度的千分数字。欧洲和美国对铂金饰品的纯度有严格的规定，通常要求纯度 950 以上。日本则有多种纯度规格的铂金饰品，包括 1000、950、900 和 850Pt。而在中国，最常使用的是 900Pt。由于铂金的颜色为银白色，加之中文"铂"字是由"金"和"白"两字组合而成，人们常将铂称为"白金"，用铂金制成的首饰被称为"白金首饰"。然而，为了避免市场上的混淆，应明确区分"铂金"和"白金"的概念。"铂金"专指以金属元素铂或以铂为主要原料的铂合金，而"白金"则更泛指具有白色的贵金属，包括锇、铱、钌、铑、铂、钯、银，甚至包括新近开发的锗等。在珠宝首饰的设计和制作中，铂族金属由于其独特的物理和化学性质，成为设计师和工艺师的理想材料。它们不仅具有优越的耐腐蚀性和高强度，还拥有独特的色泽和光泽，使得铂族金属成为制造高端珠宝首饰的首选材料，尤其是在镶嵌高质量宝石时，其出色的性能更是显著。

2.普通金属

铜（Cu），是一种粉红色调的金属，因其易氧化成绿色而显得独特。自古以来，铜因其易于加工、颜色温和、结实耐用的特性而被广泛用作首饰材料。然而，铜的主要缺点是容易氧化，因此纯铜首饰逐渐被各种铜合金所取代，铜合金的发展经历了黄铜、青铜到亚金和稀金等阶段。黄铜，由铜和锌组成，其色泽与 24K 黄金相似，但略带红色。青铜，则主要由铜和除锌、镍以外的其他元素组成，是古代青铜器的主要材料。亚金和稀金是较新的发展，前者是铜、锌、镍的合金，色泽金黄微泛绿色，后者则是将黄铜与稀土元素如镧、铈等融合而成，其色泽和工艺性质与黄金相似，是一种优质的仿金材料。铁（Fe）虽然曾用于制作一些铸造和锻造的首饰，但直到 18 世纪之前，使用量并不多。19 世纪初，德国柏林开始大量生产铸铁首饰，通常被称为"柏林铁首饰"，包括胸针、项链、手链等，有些涂有黑漆，少数涂金。铸铁在硬化后易变脆弱，因此常加入硅和较多的碳以及一些硫黄，使得铁水流动性更好，便于制造图形复杂的薄铸件。不锈钢，作为一种现代材料，实际上是含有铬、镍、钛和碳元素的铁合金，具有适中的硬度、韧性和耐腐蚀性。目前，首饰专用的 316L 材料，也称为白钢，能呈现出银白色的颜色和镜面般的光泽。铝（Al）的蓝白色、轻质、良好的延展性和抗氧化性使其在首饰制作中有一席之地。尽管铝在发现初期极为珍贵，价格甚至超过金，但现今它已成为一种常见的金属。铝在首饰制作中的应用主要集中在装饰首饰上，特别是经过阳极氧化和染色处理后，能够展现出丰富多彩的颜色。

3. 高熔点金属

高熔点金属，包括钛（Ti）、铌（Nb）、钽（Ta）和锆（Zr），因其高熔点的特性而在工业领域尤其是尖端技术领域广泛应用。如今，高熔点金属也开始在首饰业中崭露头角，尤其在现代新潮首饰的制作中，它们的应用前景非常被看好。自 20 世纪 60 年代起，英国便开始研究高熔点金属的表面着色技术，主要通过加热或阳极氧化的方法使金属表面产生多彩的氧化层。在高熔点金属中，钛的着色效果尤为出众。钛表面的一层薄薄的金属氧化膜能够起到保护作用，还能产生迷人的晕彩效果。钛的另一个优点是密度小且具有优良的抗蚀性能，使得钛合金首饰在接触人体汗液时不易腐蚀变色。然而，钛的缺点在于难以成型和折弯，且不能用常规方法焊接，因此钛首饰通常是扁平的，或采用铆接方法拼接。高熔点金属与传统的金属材料如金、银在多方面有着显著的区别，金和银的特性不仅在材料硬度和色彩上不同，它们的经济价值差异也反映出不同的心理作用。相比之下，铁和铝虽在经济价值上相近，但在质量上的差异会引发不同的心理反应，例如铁给人稳重感，而铝则传递出轻便和安全的印象。

（二）非金属材料

1.宝玉石材料

宝玉石，凭借其神秘的吸引力、高雅的色彩及缤纷的光泽，一直深受人们的珍爱，成为首饰设计中的重要材料。珍贵的石料为首饰增添了无与伦比的美感，还带有深厚的文化和历史价值。宝玉石大致可以分为无机宝石和有机宝石两大类，无机宝石中，大部分是单晶质宝石，如钻石、红宝石、蓝宝石、祖母绿和猫眼石等。高档宝石以其独特的色泽和极高的硬度深受欢迎，特别是钻石，以其无与伦比的亮度、火彩和闪烁效果，被誉为"宝石之王"。钻石的魅力不仅体现在其自身的光辉，还因为"钻石恒久远，一颗永流传"的深入人心的宣传，成为现代人婚嫁首饰的首选，也是许多明星在重要场合的重要配饰。中低档的单晶质宝石，如碧玺、托帕石、石榴石、紫晶、黄晶和橄榄石等，虽然价值相对较低，但以其鲜艳的色彩和独特的光泽也备受喜爱。有些质量上乘的中档宝石甚至价值不菲，成为首饰设计中不可或缺的部分。多晶质玉石在首饰中的应用也非常广泛，其中包括翡翠、软玉、欧泊、青金石、绿松石等，以其丰富的文化底蕴和独特的美学特征，成为首饰设计的重要元素。有机宝石，则是与动植物成因相关的宝石类别，包括珍珠、珊瑚、琥珀、玳瑁和煤精等。

近年来，首饰设计领域见证了一场革命性的变革。过去鲜为人知的巧克力色珍珠、金黄色珍珠、咖啡色钻石，甚至是一度仅用于工业用途的黑色金刚石，现在已纷纷出现在首饰设计中，成为新潮流的代表，此变化体现了设计观念的革新，也展现了首饰设计用材范围的拓宽。随着科技进步，异彩纷呈、价廉物美的人造宝石和仿制宝石的出现，扩大了首饰设计的可能性。合成技术不仅能创造出天然宝玉石所无法达到的色彩，还可以微妙地控制和改变宝石的色调，以更好地满足设计师的需要。合成技术的应用，使得首饰设计不再受限于天然宝石的颜色和形态，为设计师提供了更广阔的创作空间。首饰设计中材料选择的每一个细节，包括宝玉石的选择，都具有一定的意象性和文化内涵。东西方在审美和文化背景上的差异，常常体现在对宝石材料的偏好上。例如，西方文化中，人们通常偏爱光泽闪耀的宝石，如钻石、红宝石和蓝宝石；而东方文化，尤其是中国文化中，人们对玉石有着深厚的情感。玉的使用在中国历史上具有悠久的传统，与中国人的文化和审美密切相关。不同的宝石颜色在不同文化中也有不同的偏好，比如西方人钟情清澈透明的祖母绿，而中国人则偏爱鲜绿的翡翠。另外，宝石与出生月份的关联也是一个流行的文化现象。许多文化认为，某些宝石与特定的月份或星座有关，被认为能为佩戴者带来幸运和保护，与生辰石相关的传统在不同的国家和文化中有着不同的表现形式。宝玉石天然的美丽和独特性，使人们相信它们拥有超自然的起源和神奇的力量。历史上的宝石故事和传说为首饰设计提供了丰富的灵感源泉。设计师在创作时可以考虑这些故事和象征意义，将它们融入设计中，使每件作品不仅仅是装饰品，更是承载着故事和文化的艺术品。首饰设计的发展和创新，是材料技术的革新，更是文化和审美观念的融合与发展。随着全球文化的交流与融合，首饰设计的多样性和深度将不断增强。

2.其他非金属材料

流行首饰的发展推动了对宝石以外其他非金属材料的广泛应用，包括贝壳、骨头、陶瓷等传统材料，以及木材、织物、羽毛、皮革、硬纸等新型材料，材料的共同特点在于色泽艳丽、加工便捷、价格亲民，有些还具有轻盈易于佩戴的优势，非常适合于制作时尚而短暂的流行首饰。天然材料和人造材料各自拥有独特的图案、颜色和质感，给人带来不同的感官体验和心理感受。动物皮毛的柔软与温暖，散发着野性的奢华之美；皮革的粗糙与质朴，营造出沧桑粗犷的感觉；木材的纯朴与敦厚，其疏密变化的纹理产生独特的节奏感与韵律感；羽毛的轻盈与柔软，呈现出梦幻般的柔美感。而人工材质则有着另一种魅力，透明澄澈的玻璃带来清凉梦幻的感觉，其易碎性又赋予了一种脆弱的美感；织物的柔和与温暖，被拉伸的织物展现出张力，而薄透的织物则给人以通透的感觉；质地粗糙的陶瓷散发古朴厚重的气息，而纯净细致的陶瓷则显得高贵典雅。非金属材料的样貌千奇百怪，充满趣味与无限的创造空间，不仅激发了设计师的创意灵感，也为首饰设计提供了丰富多样的原料选择。设计师可以根据材料的特性，创造出既具有美感又富有情感表达的首饰作品。例如，将温暖的皮革与精致的金属相结合，或是用轻盈的羽毛搭配闪耀的宝石，这些材料的组合不仅提供了首饰的新视角，也为佩戴者带来了更多的选择和个性化体验。

首饰设计的世界是多元化和丰富的，根据所使用的材料和设计重点，首饰设计大致分为两大类。第一类是以原料的贵重和加工的精细为重点的设计。这类设计通常采用钻石、中高档有色宝石、黄金和铂金等贵重材料，其价值在很大程度上由原料本身决定。款式的变化虽然重要，但相对来说并不是主要的关注点。这种首饰常被称为保值首饰，它们不仅作为装饰品，还是一种资产投资。第二类首饰设计则主要侧重于款式的新颖性和个性化特征，此类首饰常采用中低档宝玉石、玻璃、塑料和银等较为平价且易于加工的材料，通常被称为流行首饰、时尚首饰或时装首饰。它们的特点是时尚感强烈，造型夸张、色彩鲜艳、款式新颖，价格也相对亲民。在欧美等西方国家，时尚首饰不仅仅是作为装饰，更是紧随时装潮流的趋势，及时反映时尚界的流行动向。

二、珠宝设计的色彩

本质上，色彩本身并没有美丽与丑陋之分，所有的色彩都具有其独特的美感。然而，在设计中，色彩的美丽程度往往取决于设计者如何运用和组合这些色彩。通过巧妙的色彩组合，设计者能够创造出美丽的视觉效果，还能影响观者的情感和思考，甚至影响首饰的整体造型发展。色彩与光线是密不可分的，没有光线，色彩便无法被感知。人们所看到的色彩，实际上是一种色彩关系的表现。因此，首饰设计师在设计过程中必须深入理解和研究色彩关系，提高自己对色彩的感觉和表达能力。色彩在不同的环境和条件下会呈现出不同的视觉效果，是首饰设计中不可忽视的一个方面。例如，同一种色彩附着于不同的物质表面时，会产生截然不同的感觉。光滑的或粗糙的表面、透明的或不透明的材料，都会与光线产生不同的互动效果。比如，同样是黄色，黄金的质感和黄水晶的透明度不同，给人带来的视觉感受也大相径庭。色彩的组合也极为关键，不同色彩的搭配会产生不同的视觉效果。例如，黄色与蓝色作为对比色，当并置在一起时，黄色的明亮度和显著性会被放大；而与白色搭配时，黄色的明亮程度则会有所减弱。距离对于色彩的感知同样重要，从不同的距离观察同一种色彩，感受会有所不同。距离越远，对局部色彩的感知会减弱，而对整体色彩的感知会更加完整。

（一）色彩的要素

1.色相

色相是色彩学中一个核心概念，其数量并非固定。在光学中，通过三棱镜可以观察到基本的色相，如红色、橙色、黄色、绿色、蓝色和紫色，这些颜色之间并不存在明显的分界线，而是通过一个渐变的过程相互过渡。因此，色相的划分方式多样，可以是8种、20种、24种，甚至高达100种，其划分依据是光的波长顺序，通常用"色相环"来表示。然而，在珠宝首饰设计中，由于材料本身的限制，能够显示的色相是有限的。

2.明度

明度的高低变化构成了色彩的一大特征，在明度的极端，白色代表着最高的明度，而黑色则处于明度的最低端。不同的色相本身也存在明度的差异，例如，黄色的明度通常是最高的，相反，紫色的明度则相对较低。通过将无色彩的白色和黑色以不同的比例调和，可以产生各种不同明度的灰色。同样地，将色彩的各种色相与白色或黑色进行不等量的调和，也能创造出该颜色不同明度等级的变体。色彩的调和技术在首饰设计中非常重要，它支持设计师通过改变色彩的明度来强调设计的某些部分，或是创造出更为丰富和层次感更强的视觉效果。

3.纯度

纯度，亦称为"彩度"，是衡量色彩纯净程度的一个重要指标，反映了色彩中含有黑色和白色的比例。纯净度高的色彩通常视觉上更为鲜明和刺激，它们在视觉效果上具有较强的冲击力，但此种强烈的特性也可能使得它们与其他色彩的搭配变得更为复杂。在现代色彩学理论中，色彩的差异被认为是由光线的变化造成的。明暗关系是构成色彩关系的基础，对于研究和理解首饰设计中的色彩运用至关重要。

（二）首饰材料的色彩

首饰材料的色彩是设计中的核心要素之一，为首饰赋予了鲜明的个性和独特的美感。首饰用材料都具有自己的色彩，尤其是宝玉石，其色彩的多样性和丰富性为首饰设计提供了广泛的灵感来源。在宝玉石材料中，色彩呈现尤为缤纷。红色系的包括红宝石、石榴石、碧玺、托帕石等；蓝色系的有蓝宝石、海蓝宝石、坦桑石等；绿色系的包括祖母绿、绿色蓝宝石、翡翠等；黄色系的则有黄色蓝宝石、托帕石、琥珀等。甚至在同一块宝石上，也可能存在多种色彩，如碧玺、玛瑙、欧泊等。自然色彩的宝玉石既具有朴素的美感，也富含真实感。除了天然材料，人造材料如塑料、玻璃和珐琅等，提供了更加丰富和层次渐进的色彩选择，满足了更广泛的设计需求。人造材料可以通过人为的色彩附着加工，既保护材料，又美化材料。金属材料在首饰设计中也占有重要地位，其中黄色和白色金属的应用尤为广泛。传统的为金属首饰增添颜色的方法包括镶嵌有色宝石、涂珐琅或组装不同颜色的合金。随着科技进步，金属的色彩越发丰富，可以通过电镀、喷漆、喷塑等方法着色。例如，银的颜色可以通过化学试剂处理变黑。近年来，高熔点金属如钛、铌、钽，以及轻金属铝通过阳极氧化方法能呈现出缤纷的色彩，成为首饰制造商和顾客关注和青睐的新技术。

（三）色彩文化心理与视觉心理效应

色彩在首饰设计中不仅仅是为了增添视觉美感，更重要的是其承载着特殊的文化心理和视觉心理信息。色彩感受往往与文化背景紧密相连，不同文化对色彩的理解和情感寓意有着显著的差异。以黑色和白色为例，这两种基本色彩虽看似简单，却蕴含深厚的象征意义。在东方文化中，黑色和白色与阴阳哲学紧密相关，被赋予了崇高和理想化的色彩，此种文化的内涵使得这两种色彩在首饰设计中承载着特别的意义。人们的色彩感知也受到传统风俗和文化习俗的影响，形成了习惯性的心理反应。例如，色彩的情绪感，温暖的黄色常象征着欢乐和富有，而淡黄色可能与妒忌和猜疑联系在一起；蓝色则通常被视为理智和清新的象征。色彩还可以带来冷暖感、轻重感、形状感和音乐感等多种心理体验。

色彩的情绪感，即色彩带给人的情绪体验，是设计中不可忽视的一环。色彩的冷暖感是指人们因色相变化而产生的心理感受，蓝色系的冷色调通常给人带来清爽、理智的感觉，而红色系的暖色调则传达温暖、喜庆的氛围。色彩轻重感主要由明度决定，明度高的色彩给人轻盈感，而明度低的则给人以沉重感。色彩的形状感是指色彩能唤起与特定形状相关的心理感觉，例如，红色往往与正方形的视觉感相联系，因其具有迫近感和充实感。黄色则与三角形心理感受贴近，而蓝色和圆形、绿色和六边形在审美心理上有相似的感受。色彩的音乐感通过视觉化的音乐元素来实现，与音乐在传达性上有诸多相似之处。如色彩的明快与隐晦类似音乐的高亢与低沉，以及能体现情绪的调子，都与音乐元素相似。色彩总是依附于形态元素，结合形态构成和色彩本身的语言特性，能更生动地传达设计师的思想和情感。在首饰设计中，充分考虑色彩的心理效应，利用人们对色彩的共性感觉，可以使色彩成为符合设计意图的有意义的形式。

（四）色彩的对比

在首饰设计中，色彩的对比是创造视觉冲击和传达深刻意义的重要手段。通常情况下，单一色彩的使用较为罕见，而是通过与其他色彩的组合来增强视觉效果和表达更丰富的情感。例如，红色与粉红色的组合往往营造出浪漫、温柔的氛围，而红色与黑色的搭配则带来神秘与高贵的感觉。色彩的和谐是相对的，过分追求和谐反而可能使作品失去活力。为了让首饰设计更加生动、吸引人，设计师们往往通过增加色彩间的差异性来制造对比，使色彩成为作品中的亮点。色彩的对比可以包括色相、明度、纯度、冷暖以及形状等方面，在首饰设计中，色彩的对比往往相互交织，难以完全分开，但在视觉上的影响却各有不同。在首饰设计过程中，色相之间的对比尤其常见，主要通过色相环来掌握和应用。

（五）色彩的调和

在首饰设计中，色彩的调和是一项至关重要的任务。色彩的多样并置带来了丰富的对比效果，但若未经妥善调和，可能会导致视觉上的混乱。因此，设计师需要理性地安排每一种色彩的明度、纯度、色相、冷暖和面积，以实现色彩间的和谐对比。色彩调和在首饰设计中可采取多种方法，包括类似调和、对比调和、折中调和和色彩均衡调和等。类似调和强调色彩元素的一致性，追求在明度、色相和纯度上的近似性，以营造和谐统一的视觉效果。例如，使用不同明度或纯度的相同色相，可以创造出柔和且连贯的视觉感受。对比调和则是通过不同色相、明度和纯度的组合，创造视觉上的有序感，适合于创造更加活泼和引人注目的设计，如将互补色彩配对，形成鲜明的视觉对比，从而使首饰设计突出且独特。折中调和在两种强烈对比的色彩之间插入中间色调，以平衡强烈的对比效果。此方法既保留了色彩的对比特性，又避免了过分尖锐的视觉冲突，例如，在亮红色和明亮蓝色之间添加一些温和的紫色调。色彩均衡调和关注于改变色块的面积、视觉分量或位置，以求得在整体作品中的视觉均衡。通过调整不同色块在首饰设计中的比例和布局，可以实现色彩的视觉平衡，使整体设计既和谐又有层次。

三、珠宝设计的肌理与质感

在首饰设计领域，肌理和质感是赋予作品特色和深度的关键要素。肌理是物象表面的质地、纹理、颗粒、光泽和痕迹等视觉表象，而质感则更多涉及材料的感觉特性，比如软硬、温暖或冰冷等心理暗示。尽管肌理和质感之间存在微妙的区别，但两者在首饰设计中通常紧密相连。质感的定义涵盖了材料的排列、表面或实体的密集程度以及组织结构等。例如，丝绸和钢铁给人完全不同的感受，前者是柔软光滑，后者是冰冷坚硬。肌理则可分为视觉肌理和触觉肌理，前者是平面上的纹理，后者则是立体的触感。肌理和质感在首饰设计中能够引起不同的心理反应，粗糙、冰冷而无光泽的表面常令人感到笨重和原始；相反，平滑、温暖且有柔和光泽的表面则给人舒适和温馨的感觉。通过运用不同的肌理和质感，设计师能够在视觉和触觉上消除形态的单调感，增加作品的吸引力和表现力。例如，对于较大面积的平面，通过增加一些肌理，如颗粒状、皮纹状或喷砂状的肌理，可以使作品显得更加丰满和有趣。光滑的肌理则能带来顺滑的感觉。

（一）材料的天然肌理与质感

在首饰设计中，天然材料的显著肌理如木质、石质、纤维以及宝石花纹等，提供了丰富的灵感源泉。设计师可以直接模仿天然肌理，借用其独特的纹路和质感，或者对天然肌理进行创新性的重新组合。运用天然肌理的方法不仅赋予首饰自然的美感，也使设计的作品在视觉和触感上更加丰富和多元。

（二）人为创造的肌理与质感

在首饰设计中，利用材料的自然属性是塑造美感的基础，但要创造出更加丰富和宜人的效果，还需要进行人为的加工，从而增强了首饰的立体感和观赏性，还为设计带来了更多的审美愉悦。人工物质肌理的运用是美的形式的集中展现，它具备强烈的视觉冲击力。例如，稍大一些的肌理形态在强光照射下可以产生显著的立体光影效果。光影的变化不仅塑造了多变的心理感受，而且是增加肌理美感的有效方法之一，它可以简单而有效地改善首饰形态过于平板的状况。不同的肌理按照一定的规律组合在一起，能够形成更为丰富的肌理效果，提高了作品的视觉吸引力，而且有效地消除了形态的单调感。

首饰设计中，常常对金属材料增添人为肌理效果，也被称为金属表面修饰。金属表面修饰的类型与工艺十分多样化，大体可以分成下面三大类：

1. 光面肌理

光面肌理在首饰设计中起着至关重要的作用，主要目的是创造出明亮且具有反光特性的表面。从图 3-1 中可以感受到，光面肌理通常通过镜面磨光这一高精度的表面处理技术来实现，与粗犷风格的首饰形成鲜明对比。光面肌理的首饰呈现出一种精致、细腻的美感，充分展现了材料的光泽和质感。近年来，首饰制造中引入了一些新技术，如"钻铣"和"钻切"工艺，进一步丰富了光面肌理的表现形式。钻铣工艺主要是使用带钻石刀具的机械在金属首饰上刻制图形，创造出精细的线条和图案。而钻切工艺则是使用带钻石刀具切割金属表面，使其具有类似宝石的明亮刻面。有关技术使金属首饰表面呈现出非常光亮的效果，且无需额外的抛光处理。

图 3-1 光面肌理

2. 毛面肌理

毛面肌理在首饰设计中的应用，是为了创造出一种无光、暗淡且无反射的表面效果。毛面肌理的使用，特别适合于设计中更重视金属颜色而非光泽的情况，旨在通过暗淡的背景突出首饰的抛光部分，毛面肌理的实现主要通过喷砂和丝光两种技术。喷砂技术，是将金刚砂颗粒或细小玻璃珠通过喷砂机射向金属表面，使其呈现粗糙的毛面效果，喷砂技术分为干喷砂和湿喷砂两种。干喷砂加工后的表面较为粗糙，效果粗犷，适合于创造强烈视觉效果的设计。而湿喷砂则更细腻，能产生一种朦胧而精致的效果，适用于更为细致和柔和的设计风格。丝光技术则是利用金属丝刷轮在金属表面产生平行的线条纹理，带来柔和的漫反射效果。使用不同类型的刷轮可以创造出不同的修饰效果。例如，粗钢丝刷轮可以在金属表面形成深条纹，营造出类似树皮的外观；而细钢丝刷轮则能够创造出细致的条纹，呈现出类似缎面的柔和光泽。

3. 花纹肌理

花纹肌理在首饰设计中是为了创造出丰富多样的图案和纹样，花纹肌理的实现依赖于各种不同的工具和工艺技术，如雕刻、镶嵌和锻打等。根据设计的具体需求，可以选择合适的方法来营造所需的花纹效果。有时，即兴的涂鸦或随手刻画也能创造出独特且随意的肌理效果，增添首饰设计的个性和艺术性。

四、珠宝设计的形态

首饰作品的形态是其三维空间概念的体现，拥有一定的结构和量感，对人的精神具有显著的影响力。在珠宝首饰设计中，运用形态作为主导，可以增强首饰的视觉冲击力和美感，而且能够表达丰富的文化和情感内涵，赋予首饰独特的个性化特征。珠宝首饰虽然是三维立体设计，但其每一件作品都可以分解成多个平面。对于胸针、项坠等半立体首饰来说，主视面通常是最重要的装饰面，但其他次要面的设计也同样重要，能够起到画龙点睛的作用。从这个角度看，首饰可以被视为由众多平面视觉形态组合而成的三维造型。在首饰设计中，无论是三维还是二维视觉形态，点、线、面都是最基本的构成元素。在二维平面中，点、线、面主要具有位置的意义，虽然能够在视觉上产生空间效果，如厚度和肌理，但这仅限于视觉层面。而在三维空间中，点、线、面的造型意义大为扩展，提供了更丰富的表现角度和更多的设计难度。

（一）点

在首饰设计中，点作为一切形态的基础，具有独特的视觉和情感表现力。虽然在几何学中，点被定义为没有大小的位置，仅作为线的起点和终点，但在首饰设计中，点却可以具有明确的大小、形状和色彩，成为具有空间和位置意义的视觉单位，点的不同形态能够表达不同的情感和性格。例如，方点通常传达出坚实、规整、静止和稳定的感觉；圆点则给人以饱满、充实、运动和不安定的印象；多边形的点则可能被感知为尖锐、紧张、躁动和活泼；不规则的点则带来自由、随意、活跃和个性化的联想。平面的点由于缺乏深度感，通常需要依附于平面，而立体的点则更为自由，可以在空间中通过支撑物"悬浮"。在首饰设计中，单个的点不仅可以争取位置，避免与其他形态同化，还具有视觉上的强调作用。此种视觉强调使得点内部似乎具有膨胀和扩散的潜能（图3-2），为首饰设计增添了更多的表现力和内涵。而当点经过精心编排并密集成群时，它们对首饰造型的作用和影响更加明显和丰富。

图 3-2　首饰设计中点的视觉作用

1.线状连续的点

在首饰设计中，通过多个完全相同的点以等距间隔排列在同一方向，可以产生线状的视觉效果。线状效果既可以是平面的，如直线，也可以是立体的，如螺旋线。线状连续的点设计手法将点纳入线的轨迹中，创造出虚线的感觉，增加了设计的动态性和视觉趣味。利用线状连续的点，设计师可以在首饰上创造出丰富的视觉效果。例如，通过规律性地改变点的排列，可以产生多样化的能量感。点的大小若渐次变化，进一步能够产生速度感和空间感。

2.面状连续的点

在首饰设计中，当连续排列的点依附于较大的立体表面，或被限定在特定的平面、曲面或球面上，便构成了面状连续的点的造型。面状连续的点排列方式赋予了首饰强烈的面状感受，为作品带来不同的视觉和触感体验。例如，大而疏朗的点以等距间隔排列时，通常给人一种轻松、舒畅的感觉，此种设计适合于营造宽敞和明快的视觉效果。相反，小而密集的点以等距间隔排列，则带来强烈的包容性和厚重感，此种设计往往适用于营造紧凑、丰富的质感。

3.空间连续的点

在首饰设计中，运用空间连续的点的概念是一种创新和生动的表现手法。通过将连续的点巧妙地排列在三维空间中，设计师能够创造出丰富多变的立体造型，为首饰带来了独特的视觉效果，而且增添了作品的空间美感。连续的点在空间中的布局，可以形成各种各样的图案和形状，从而使首饰设计更加生动、有趣，且充满想象力，打破了传统首饰设计的局限性，为首饰赋予了更多的艺术价值和审美魅力。

（二）线

线作为首饰设计中一个敏感且多变的视觉元素，具有丰富的宽度变化。与几何学中仅有长度无宽度的线不同，首饰设计中的线不仅有宽度，还能展现出多样的特性和表现力。线在点、线、面中是最具表情和表现力的元素，它能够通过粗细、曲直、方向的变化来表达力量和感情的变化，每种特征都能给人带来不同的心理感受。粗线强调形态的体积感和可靠性，而细线则增加了视觉上的紧张感，表现力相对较弱。曲线相较于直线，更富有动感和情感色彩，从古至今，曲线一直是表现美感的重要方式。几何曲线如圆形、椭圆形、涡形曲线等，具有一定的秩序性和视觉美感。自由曲线则打破了规律性，带来柔软、舒展的感觉，具有更大的自由度和创造力。直线根据方向的不同，有水平线、垂直线、斜线和折线之分。水平线带来平静感，垂直线传达紧张感，斜线和折线则产生动感和不稳定感。而平面的线缺乏空间感，立体的线则能从多个视角和方位展现，通过弯折和扭曲改变在空间里的方向和位置。单独的线虽然显得单薄，缺乏体量感，但连续排列的线能产生面或体的感觉。多线的视觉效果取决于线的组织方式，通过线的长短、曲直、疏密、交接、穿插等方法，可以使连续的线产生强度、舒缓、高低、节奏和旋律等情感特性。

（三）面

在首饰设计中，面作为一个基本的几何元素，与几何学中的定义有所不同。首饰造型中的面除了有面积，还经常具有明显的厚度，为首饰带来了独特的体积感和视觉效果。面在视觉上提供了强烈的充实感，尤其在二维空间中，面相较于点和线具有更加强烈的表现力。面可分为几何形面和任意形面，几何形面以其明显的秩序性，给人以整齐有序、舒适完整的心理感觉，但当其显得过于规整、缺少变化时，任意形面则凭借其丰富的变化和想象力优势成为首选。直线几何形面显得简明、直率、稳定，而曲线几何形面则灵活、柔软、充满动感，任意形面还可细分为非几何形态的曲面和偶然性的直线边形态。在平面设计中，面通常只展示表面，无法显示截面，而立体的面则可以从平面和截面两个方面来体现。截面往往具有线的特性，如轻快、流畅、弹性等；表面则表现出块材的特性，如充实、沉稳等。表面平滑的面带有延伸感，而凹凸不平的面则展现出强烈的体量感。透明的面给人通透感，而呈球面的面则带有张力感。

1.连续面的造型

连续面的造型涉及面的折叠、弯曲和翻转，创造出既有秩序又自由的形态，使得不同的面相互转换，模糊了表里的界限，增加了作品的视觉复杂性和艺术性。通过这样的处理，面不仅仅是单一的平面，而是成为能够动态变化的立体结构，为首饰设计带来了更多的创造可能性和深度。

2.单元面的组合造型

单元面的组合造型是一种通过对单元面（具有特定形状和大小的元素）进行平行排列、纵向插接或自由组合而形成的设计手法。单元面的组合造型方法允许设计师利用相对简单的单元面构筑出极为复杂和多变的立体首饰形态，通过单元面的组合造型组合，单元面既可以构成复数体（由相同单元面构成的造型），也可以形成复合体（由不同单元面组合的造型）。此设计手段在首饰设计中提供了极大的灵活性和创意空间，允许设计师通过各种组合方式创造出独特且吸引人的首饰作品。

（四）块

在首饰设计中，块作为一种具有明显空间占有特性的元素，拥有重要的视觉分量。块的连续面提供了丰富的塑造可能性，使设计师能够在首饰上创造出多样的视觉变化。块材的不同形态可以引发不同的情感反应，几何型块材给人以规则和稳定之感；有机型块材则传递出亲切和自然的印象；直线型块材显得冷静和庄重；流线型块材则能表现出速度和动感。在首饰形态塑造过程中，很多结构倾向于采用几何体形状，如长方体、圆柱体、球体等。几何体不仅共享一些基本特征，而且各自具有独特的审美心理特性，因此它们经常被作为首饰设计的主要构成部分。切割和组合可以促使几何体形成丰富的几何形态，创造出现代感十足的首饰设计。然而，点、线、面仅是构成元素的基本类型，在每一类形态下都有无数种具体的物质形态。在首饰设计中理解这一点至关重要，因为它使得形态设计不再是单调的几何体绘制，而是变得充满丰富的艺术语言。

（五）空间

珠宝首饰设计中，空间这一元素指的是实体形态之间的间隔或被实体形态所包围的范围。此种空间，也被称为虚体或空虚形态，与点、线、面和块等可视、可触的形态不同，它是无形的、无法直接触及的。空间的本质在于其深度，人们不能直接看到或触摸空间，而只能通过潜在的运动感去感受它，通过思考去理解和认识它。因此，空间常常给人带来一种空旷、轻灵、神秘和距离的感觉。（图3-3）

图 3-3　首饰设计的空间感

（六）构成形式

1.重复构成

重复构成是一种常见且有效的设计手法，它涉及将多个相同或相似的形态构成在一个空间里。重复构成设计可以从单一形象的设计和形象排列规律两个方面进行研究，包括基本形的设计和骨架的构建。在实施重复设计时，设计师可以选择一个或多个基本形进行重复构成。基本形是重复构成中的主体，应该是简单且明确的，同时具备形状、大小、色彩和肌理上的差异性。此外，基本形的重复构成还受到方向、位置、空间和重心的影响。通过重复相似的基本形，可以在设计中产生细微的变化，增加审美趣味性（图 3-4）。发射型构成是一种具有强烈动态结构的设计方式，它能够创造出宏大的空间结构和复杂的空间关系，有利于各种空间形象的塑造，此种设计手法能够在首饰中创造出强烈的视觉冲击力和动感（图 3-5）。渐变型构成则体现在骨架线的变化和基本形的变化上，此种变化具有规律性和秩序性，不仅起到视觉引导的作用，还通过其内在的秩序美来满足人们的审美需求（图3-6）。由于相同形象的多次重复，会在首饰设计中产生整齐有序的视觉效果，同时也可能带来节奏感和律动感，进而产生视觉上的活力。

图3-4　重复构成

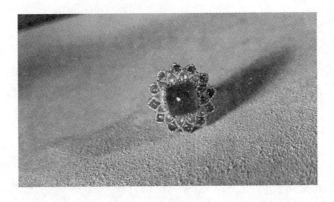

图3-5　发射型构成

图 3-6　渐变型构成

2. 对比构成

对比构成是一种重要的设计手法，用于增强视觉刺激和突出反差。对比作为设计中最活跃和积极的形式之一，可以从材质、形态和空间位置等方面进行考虑。

（1）材质方面的对比。首饰设计可以利用材料的不同属性来形成对比，如新旧、软硬、精致与粗糙、有光泽与无光泽、透明与不透明、有肌理与无肌理等。这种对比不仅增强了设计的视觉效果，还丰富了作品的感官体验。

（2）形态方面的对比。在首饰设计中，利用几何形与非几何形、完整形与不完整形，以及凹凸、厚薄等方面的对比，可以创造出强烈的视觉冲击力。这种形态上的对比不仅增加了首饰的视觉吸引力，还为作品增添了艺术深度和复杂性。

（3）空间位置方面的对比。水平与垂直、上方与下方、重心稳定与偏离、动与静等的对比，可以为首饰设计提供更多的空间表现力。这种空间位置上的对比增加了作品的动态感和层次感，使设计更加生动、有趣。

在首饰设计中，对比往往不是单一的，而是多种对比同时出现。因此，处理好各对比之间的主次关系非常关键。占主要位置的对比关系是最重要的，它决定了设计的主体和风格。对于次要的对比关系，则需要控制对比度，避免设计过于繁杂或分散注意力。

3.变异构成

变异构成是通过在相同或相似形态的重复排列中引入小的局部变化，实现对规律的突破。变异构成方法本质上属于对比的一种形式，其目的在于通过变异吸引注意，避免作品显得平淡无奇。为了达到这一效果，变异的部分必须显得引人注目且与众不同，变异构成的主要方法包括骨架的变异和基本形的变异。

五、珠宝设计的工艺

珠宝首饰设计独特地融合了艺术性与技术性，形成了审美、艺术、工艺和技术的完美结合，不仅仅是纯粹的艺术表达，也不是单纯的技术实践，而是两者相互交织、相辅相成的结果。艺术在珠宝首饰设计中并非最终的效果体现，而技术不仅是实现设计效果的保证，也是美的元素之一，深藏于艺术效果之中。工艺美是珠宝首饰设计中的一个关键因素，不同的工艺技术决定了首饰的不同表现效果，多样化的加工方法则大幅增强了首饰的艺术表现力，丰富了其艺术形象。因此，对工艺技法的精通和运用对于将设计理念和创意精确表达出来，以及塑造首饰独特的造型特征，具有决定性的作用。

（一）金属首饰制作的工艺

1.手工制作

手工制作，作为最古老的首饰制作工艺之一，至今仍然深受欢迎，特别是在欧洲，人们对定制的手工首饰有着浓厚的喜爱。手工制作的首饰工艺包含了锤打、锯切、锉磨、钻孔、折弯、焊接、镶嵌以及各种修饰技巧，既考验着工匠的技术水平，也体现了首饰的独特性和艺术价值。每一件手工制作的首饰都是独一无二的艺术品，背后承载着工匠的心血和创意。在现代工业大量生产的时代背景下，手工制作的首饰更显得珍贵和有意义，它们不仅仅是装饰品，更是艺术和文化的传承。（表3-1）

表3-1　手工制作的优缺点

优点	制品表面比浇铸件光滑、明亮
	制品比浇铸件致密、结实、耐久，所以首饰不用做得太过厚实，对于制作耳环十分有利
	结合顾客的喜好，每件首饰都可能具有差异
	能够充分体现首饰制作者的气质与个人风格
缺点	费时费力
	价格通常较高

2.浇铸工艺

浇铸是金属首饰制作中一项古老而重要的工艺，其历史可以追溯到公元前1500年的埃及时期。浇铸工艺在当代金属首饰制作中依然占据着核心地位，被广泛应用于各种首饰的生产。浇铸的基本方法是将熔融金属倒入预先准备好的铸模中，铸模有着精确的成型空洞，用以确定最终产品的形状和大小。金属在铸模中冷却并固结后，形成了所需的浇铸件。这一过程不仅能够实现复杂的设计，还能够大批量地生产相同的产品。在现代浇铸工艺中，最常用的方法是失蜡浇铸法。此外，还有其他一些传统工艺，如乌贼（墨鱼）骨制模和木炭块制模等。（表 3-2）

表3-2　浇铸工艺的优缺点

优点	能够较快地制作多件相同的首饰
	选择造型的余地较大，应该说，只要能够设计出的造型，通过雕蜡制模均可制造出
	应用相同的模子批量进行生产，进而有效降低制作成本
缺点	制品的致密程度不如冲压件与手工件，所以有时会略显笨重
	孔隙度较高，不宜进行精细的表面修饰
	由于表面粗糙，则需要进行更多的表面修整，然而一些难以修整到的地方则略显粗糙与不光亮

3. 模冲工艺

模冲（die stamping）或冲压成形是一种常见的首饰制作工艺，既适用于手工制作，也广泛应用于机械化生产中。在手工制作时，模冲技术通过使用冲头和模子的结合来成型金属。而在机械化生产中，则是将金属材料放置在预先制作好图形的弯曲金属块之间，即"冲"和"模"之间，然后通过冲压使金属材料获得预期的形状。

模冲工艺有两种主要的方式：一种是依靠强烈的撞击力来实现，另一种是逐渐加压的方法，两种方法均可以有效地使金属材料形成所需的形状。模冲技术常用于制作各种首饰，如耳环、吊坠、戒指、镶托、金币、奖章以及金属链等。（表3-3）

表3-3 模冲工艺的优缺点

优点	制品较为致密坚硬、耐久性好，适合日常佩戴
	无需清理金属表面即可直接进行抛光，并且达到较高的抛光度
	致密度高，所以便于表面镌刻
	冲压件的厚度要求可小于铸件，所以同等重量下首饰的体型将会大于铸件
	一旦制备好冲模即可批量进行生产，进而有效降低生产的成本
缺点	机械设施成本高，不适用于规模过小的生产
	制备冲模费时费力
	选择造型的余地较小

4. 电成型工艺

电成型（electroforming），早期称为"电铸"，是一种精细的首饰制造工艺。它首先利用蜡、环氧树脂或硅氧橡胶制作出模子，并在模子的表面涂上能导电的物质。随后，通过电流作用，使金、银或铜等金属离子沉积在模子内侧，形成薄金属壳。制作完成后，将模子除去，留下的金属壳通常厚度小于0.18毫米。电成型工艺起源于19世纪30年代电镀技术的发明，最初，此工艺主要用于博物馆复制古代艺术品，使用的黄金成色通常不低于23.5K。直到20世纪80年代，法国首饰商开发出了14K和18K金电成

型工艺，此项技术才逐渐在首饰制作领域普及。（表3-4）

表3-4　电成型工艺的优缺点

优点	同等重量下其体型相对较大
	重量轻，所以制成耳环较为适用
	制品表面能够显示出模子上的微细图纹
缺点	易受损，佩戴时应特别注意，也因此不适用于制作手链或者制作戒指
	不易修复
	不易镶宝石，也不易做金属表面修饰
	对于设施有着较高的要求，所以同等重量下其价格高于浇铸或冲压的首饰

（二）装饰工艺及修饰

装饰工艺及修饰指的是在金属表面可以制作出肌理效果的抛光、锻打以及抗腐蚀等工艺，还涉及了编织、烧蓝等其他的首饰制作工艺。

1.抛光

抛光是珠宝首饰制作中的一项重要工艺，通过机械或手工方法使用研磨材料对金属表面进行磨光，使其光滑亮丽。根据所需表面效果的不同，抛光工艺涵盖了镜面磨光、丝光和喷砂等多种技术，每种技术都有其独特的工具和方法。镜面磨光（bright polish）是一种常见的抛光技术，目的是去除金属表面的各种瑕疵，使之显得平滑而光亮，镜面磨光工艺通常使用铿、砂纸或金刚砂纸来实现。丝光效果（silk effect）则是通过刷光轮对金属表面进行加工，获得具有装饰性的丝纹刷光和级面修饰效果。刷光轮的制作材料多样，包括金属丝、动物毛、天然纤维或人造纤维等。使用不同规格的刷光轮可以得到不同的效果，如细致的缎面效果或较粗的丝纹效果。喷砂（sandblasting）则是一种利用压缩空气流将砂粒或其他磨料喷射到金属表面的技术，形成均匀而美观的砂质表面。喷砂分为干喷砂和湿喷砂两种，干喷砂产生较粗糙的效果，显得粗犷；湿喷砂则更为精细，带有一种朦胧的美感。

2. 锻打

锻打，一种源自古代锻造工艺的现代制作技术，通过使用多种形状的锤头在金属表面进行有技巧的打击，创造出不同形状的肌理效果。锻打工艺的独特之处在于其能够在金属表面形成层次丰富、极具装饰性的纹理，每一次锤击都在金属表面留下独特的印记，共同构成了丰富多变的视觉效果。锻打是对材料形状的塑造，更是对材料表面质感的艺术创作。

3. 镌刻

镌刻（engraving）是一种在金属材料表面刻画细致线条、图案、文字或肖像等的传统工艺，使用锋利的工具，工匠们将复杂的设计精确地雕刻在金属上，创造出细腻且具有深度的艺术作品。镌刻的历史悠久，早在公元前两千多年，人们便利用燃石、青铜、铁等材料来刻画金制品。除了金属，镌刻技术也适用于宝玉石材料，此时其工艺和效果类似于凹雕（intaglio）。

4. 雕刻

雕刻（carving）是一种精细的工艺，通过使用雕刀或专用凿刀，将材料的多余部分逐渐削除，使剩余部分显现出预设图案的形状。雕刻技术要求极高的精确度和耐心，使雕刻成为一种展现工匠技艺和创意的艺术表达方式。雕刻不仅适用于金属材料，也广泛应用于宝石等非金属材料。无论是金属还是宝石，雕刻都能赋予材料以精致的细节和立体的形态，将平凡的原材料转化为精美的艺术作品。

5. 錾花

錾花（chasing）是一种传统的金属加工技艺，使用一套包含各种基本图形的錾子（chasing punch）来装饰金属表面。通过在金属表面捶击这些錾子，金属表面形成凸凹有致的花纹图案。錾花是一项古老的工艺，早在18世纪欧洲的法国、英国等国家，就已经出现了精美的錾花制品。錾花与镌刻和雕刻的区别在于：錾花过程中不会削去任何金属材料。此工艺主要有两种应用目的：一是制作仅从正面敲击的錾花金属首饰；二是在完成从背面敲击的錾花工艺后，再从正面敲击以增强其效果。錾花工艺的特点在于其能够在不改变金属材料本身厚度的情况下，创造出丰富的纹理和图案。

6. 镂花

镂花（Engraving）是一种精细的金属加工技艺，通过在金属上创造出一系列精巧的孔洞，形成特定的图案。镂花工艺使金属首饰呈现出独特的透视效果，增添了作品的美感和精致度。

7. 蚀刻

蚀刻（etching）是一种利用化学酸剂对金属进行腐蚀的工艺，用以创造出独特的斑驳和沧桑效果。蚀刻技术在金属表面形成精细的纹理和图案，增加了首饰的视觉深度和艺术表现力。蚀刻的具体操作流程是：首先，在金属表面涂上一层沥青作为保护层。然后，在沥青层上刻画出设计好的图案或纹饰，将需要腐蚀的金属部分露出。接下来，根据作品的大小，可以选择将金属浸入化学酸溶液中进行腐蚀，或者直接在表面喷刷腐蚀剂。对于首饰品而言，通常采用浸入式腐蚀方法。

8. 粒化

粒化（granulation），也称为"造粒"或"制造小金珠"，是一种将微小的金球粒固定在金属首饰表面以达到装饰效果的传统工艺。金球粒可以集中分布在首饰的特定区域，或者沿着边缘呈线形排列，为首饰增添独特的质感和视觉效果。制作小球粒的方法有几种，一种是将熔融的金倒入水中，金水滴状颗粒迅速凝固成小球。另一种方法是将小金块放在木炭制成的堆塌内加热并旋转，使金融化成球状。更现代的方法是将熔融的金从一定高度倒在石板上，形成金球粒。

粒化工艺历史悠久，早在公元前两千多年的东地中海地区就已经使用。伊特拉斯坎人（Etruscan）制作的小金珠直径极小，当时是通过焊接技术将金珠固定在金属表面。而现代的做法则是在炽热状态下使用含有焦油的树脂进行黏结，利用树脂的强黏性将金珠固定。

9. 花丝

花丝（filigree）工艺，也被称为"金银丝细工"，是一种使用细金属丝制作精致金属首饰的技术。在花丝工艺中，常用的材料是金丝或银丝，而在古代，也有使用铜丝的例子。而金属丝可以是单根的、扭缠的或纺织的，通过精细的加工形成独特的装饰效果。花丝工艺主要分为两种类型：第一种是将花丝制品焊接到金属底座上，从而形成完整的首饰作品，此种方法使得花丝部分与底座紧密结合，增加了作品的稳固性和耐用性。第二种是花丝制品本身就独立成为首饰，没有金属底座，此种作品也被称为"金属透雕细工"。（图3-7）

图3-7 花丝工艺

10.烧蓝

烧蓝（enameling），又称为"上釉"或"涂珐琅"，是一种将有色玻璃质物质熔结到金属上以产生图案并实现装饰效果的古老工艺。这层玻璃质材料主要由粉状的二氧化硅组成，并通过金属氧化物着色，被称为"珐琅""釉料"或"瓷釉"。这些珐琅可以是透明的、半透明的或不透明的，其颜色可能艳丽或较为单调，表面可能闪耀或显得朴素。烧蓝工艺历史悠久，经过长时间的发展和演变，形成了几个主要的分支，包括景泰蓝、珐琅镶嵌品、上釉金属浅凹雕、透花珐琅、绘制珐琅等。此外，花丝烧蓝和金属丝烧蓝也是烧蓝工艺的重要类型。

（1）景泰蓝。景泰蓝是一种古老且复杂的金属装饰工艺，其特点在于使用金属丝勾勒出精细的图案，并将有色釉粉料填充在图案的间隙中，经过高温加热使釉料熔结于金属底座上。景泰蓝的制作历史悠久，曾广泛应用于古希腊、古埃及、古罗马、拜占庭和盎格鲁－撒克逊时期的首饰制作。

在中国，景泰蓝工艺同样拥有悠久的历史，尤其在明清时期达到了鼎盛。中国景泰蓝以其精细复杂的制作工艺和独特的民族风格闻名。关于"景泰蓝"这一名称的由来，有一种通常的解释是它起源或发展于明代景泰年间，而"蓝"字并非指蓝色，而是"发蓝"一词的简称。除了金属制品，景泰蓝技艺在中国还被应用于瓷器的制作，即采用瓷土作为胎体，然后嵌入金属丝或带，最后填入釉粉料并进行烧结。一件精美的景泰蓝首饰应具备以下艺术特点：优秀的造型，这主要取决于制胎的质量；优美的装饰花纹，由掐丝工艺产生；华丽的色彩，源于精心配制的釉料；以及辉煌的光泽，通过打磨和镀金工序完成。

（2）透花珐琅。透花珐琅是一种独特的珐琅工艺，其最大的特点是没有金属底座，使得成品类似于彩色的玻璃窗。因此，透花珐琅也被称为"窗式珐琅"或"透明景泰蓝"。透花珐琅的美在于它的透光性，允许光线穿透薄薄的珐琅层，创造出独特的视觉效果。制作透花珐琅的常见方法是，先将金属丝折弯成不同的单元，并焊接成特定图形，或者将薄金属片冲压成所需图案；然后，把含有助熔剂的湿釉粉料涂覆在金属框上，并加热熔结。另一种技术是在金属框下方垫上一层铜箔，填入釉粉料，烧结后把作品放入酸中溶解铜箔，仅留下珐琅部分。透花珐琅的工艺最早出现于15世纪的文艺复兴时期，19世纪在法国又重新盛行。

（3）珐琅镶嵌品。珐琅镶嵌品是一种古老的珐琅工艺，起源于公元前700年的凯尔特民族。此种工艺的特点是将釉粉料填充到金属底座上经过镂刻、雕刻、蚀刻等手段制作的凹陷中，随后通过加热让釉料熔结固定。随着技术的发展，金属底座的凹陷部分逐渐加宽，彼此之间仅保留非常薄的金属隔壁。凹陷部分形成了平底的格栅，可以填入不同颜色的釉粉料，然后进行加热熔结处理。而格栅的深度一般不超过0.5毫米，因为太厚的珐琅在熔结过程中容易破裂。

（4）上釉金属浅凹雕。上釉金属浅凹雕是一种源于13世纪的珐琅工艺，基于珐琅镶嵌品技术发展而来。上釉金属浅凹雕工艺的独特之处在于金属底座的表面设计，不同于传统珐琅镶嵌品的平面，上釉金属浅凹雕采用雕刻或蚀刻技术在金属上制造出具有不同深度的肌理。在肌理形成后，工艺师会在这些凹陷中填充透明或半透明的有色釉粉料，随后通过加热熔结使釉料固定。上釉金属浅凹雕工艺的魅力在于：不同深度的凹陷使覆盖的珐琅呈现出不同的颜色深浅，创造出一种朦胧而深邃的视觉效果，类似于透过水面观察水下物体。一般而言，制作此种工艺的金属底座主要使用金或银，而珐琅的颜色以绿色和蓝色为主。

（5）绘制珐琅。绘制珐琅是一种精致的珐琅工艺，主要涉及将釉料用刷子涂抹在平整的金属表面上。绘制珐琅工艺首先涉及将釉料烧结到金属表面并进行抛光，随后根据设计图案的需要再涂抹另一种颜色的釉料，再次烧结和抛光。此过程可以重复多次，但关键是每次使用的釉料熔点必须低于前一次使用的釉料。绘制珐琅技艺最早见于15世纪的法国，尤其以巴黎的Limoges学派的工艺最为著名。在绘制珐琅工艺中，最为重要的一种类型是灰调珐琅（grisaille enamel）。灰调珐琅始于16世纪的法国，其特点是在白色背景上展现出精细的灰色调图案，创造出一种优雅且深邃的视觉效果。

11. 金属丝编织

金属丝编织首饰是一种将细金属丝运用纺织品编织技巧制作成首饰的工艺，此技术利用拉伸和挤压等工序，将金属丝排列成连续的链环，创造出纹理清晰且造型丰富的首饰作品，赋予它们无限的空间想象力。为了确保在制作过程中不需要再次退火，通常会选择使用退过火的金、银、铜和铝丝作为材料，其中丝线的直径一般在 0.2 ～ 0.5 毫米。此种材料选择不仅保证了首饰的柔软性和可塑性，而且还能承受制作过程中的机械压力。

12. 木纹金

木纹金（wood grain metal）是一种独特的首饰制作工艺，其核心在于创造出类似木材纹理的金属外观。木纹金技术通过黏结、折弯、碾压和剪切束状的金属窄条，使金属展现出不均匀且自然的纹理效果。木纹金首饰以其细腻和丰富的形态、色彩而闻名，且由于制作过程中纹理的随机性，每一块木纹金的纹样都是独一无二的。在制作木纹金首饰时，常用的金属材料包括金、银和铜。特别是在使用银或铜时，工艺师们经常采用酸蚀法来进一步增强金属的木纹状结构，从而使得首饰呈现出更加逼真的木质感。

（三）宝玉石琢型

为了充分将宝玉石美丽的光学效应展现出来，通常情况下将宝玉石切磨成一定的琢型。而琢型指的是宝玉石原石经过琢磨之后呈现出的式样，也被称为宝玉石的切工或者款式。如今，伴随着科学技术的发展以及人们对于美的追求，新的宝玉石琢型层出不穷，但是常见的琢型归纳起来通常包括刻面型、弧面型、念珠琢型、异型以及随形与宝玉石雕件。

1. 刻面型

刻面型宝石设计是珠宝工艺中的一项重要技术，主要目的是通过精细的刻面加工来最大化宝石的光学效应，如亮度、火彩和闪烁。宝石的刻面设计不仅能够增强宝石的自然美感，还能使其在不同光线下展现出独特的光辉。宝石刻面的设计通常分为三种基本类型：明亮型、阶梯型和混合型。明亮型是最常见的刻面类型，以三角形或菱形刻面为主，刻面从底部尖端向外放射状排列，使宝石中心呈现出独特的亮度和火彩。阶梯型则以梯形、长方形或三角形刻面为主，刻面平行排列在宝石腰棱的上下两边，形成层次分明的视觉效果。混合型则结合了明亮型和阶梯型的特点，提供了更为丰富和复杂的刻面设计。宝石刻面的形状多样，如圆形、椭圆形、橄榄形、果马眼形宝石的加工工艺达到极致，其展现的火彩甚至能超越其他刻面类型。

2. 弧面型

弧面型宝石，亦称为凸面型宝石、凸圆宝石、蛋圆宝石或素面宝石，是宝石加工中一种常见的琢型。它们的表面通常是突起的，截面呈流线型，并具有一定的对称性。弧面琢型的宝石底面可以是平的或弯曲的，抛光或未抛光，提供了宽广的设计和加工空间。根据腰棱的形状，弧面型宝石可被分类为多种形式，包括圆形、椭圆形、橄榄形、梨形、心形、矩形、十字形、方形、八角形、垫形、垂体形及随意形等。此外，根据截面的不同，它们又可细分为单凸弧面、扁豆弧面、双凸弧面、凹凸弧面和顶凹弧面等类型。弧面型宝石的优点有加工方便、易于镶嵌，能充分展现宝石的颜色，且在加工过程中相较刻面型更能保持宝石的原始重量。这些特点使得弧面型成为一种非常受欢迎的琢型，特别是在处理某些特殊类型的宝石时。特定类型的宝石通常更适合采用弧面型加工，如含有较多包裹体或裂隙的宝石、不透明或半透明的宝石，以及具有特殊光学效应的宝石。

3.念珠琢型

念珠琢型，是一种常见于珠串类首饰中的宝石琢型，特别适用于中低档的半透明或不透明宝玉石材料。念珠琢型的宝石通常形状规则或不规则，小巧精致，是制作珠串类首饰的理想选择。念珠琢型的宝石包括多种形状，如圆珠、椭圆珠、扁圆珠、腰鼓珠、圆柱珠、棱柱珠、刻面珠及不规则珠等，不同形状的珠子为首饰设计带来丰富多样的选择。念珠琢型尤其适合玉石材料，如翡翠、绿松石、孔雀石、芙蓉石、玛瑙、玉髓等，以及某些有机宝石材料。这些材料的特性与念珠琢型的特点相得益彰，能够展现出宝石本身的色彩和质地，增强珠串的整体美感。在珠串类首饰的设计中，念珠琢型的魅力并不仅仅体现在单个珠子上，而是通过多颗珠子串联起来，形成的整体珠串造型。此种组合方式不仅增加了珠串的视觉吸引力，还赋予了首饰更多的灵动性和流动感。无论是作为项链、手链，还是挂在耳饰或胸针上，念珠琢型的首饰都能够展现出独特的风格和魅力，成为佩戴者的个性化装饰。

4.异型

宝石的琢磨艺术不局限于传统的形式，有时还会被创造性地琢磨成各种特异的琢型，展现出宝石加工艺术的无限可能性和创意。例如，有些宝石被精心切割成英文字母的形状，此种琢型不仅具有装饰性，还蕴含着特定的意义或象征，是个性化首饰设计的理想选择。另外，片状琢型也颇受欢迎，其薄而平的特点使宝石显得更为精致和独特，且动植物琢型则以其生动的形态和自然的美感吸引着人们的目光。

5. 随形琢型

随形琢型宝玉石，也被称作"巴洛克式滚圆宝玉石"，是一种非传统且具有独特魅力的琢型。此种琢型的宝玉石通常保留了它们的天然形态，轮廓自然而不规则，展现了宝石原始的美感。此类宝石常见于雨花石、三峡石等观赏石，它们的自然形态经过适度的人工切磨，便能转化为独一无二的艺术品。随形琢型在加工时对材料具有一定要求，首先是要求裂纹少，这样的材料更为完整稳定，适合展示和佩戴。其次，材料应当结构细腻、内含物少，以确保加工后的宝石清晰透亮、颜色鲜艳，从而更好地展现其天然之美。此外，低档宝玉石材料的小碎粒和部分中、高档宝玉石材料的边角料也常被加工成随形琢型，这不仅充分利用了材料，还赋予了这些宝石独特的美感和艺术价值。

6. 雕件

雕件作为宝玉石加工的重要环节，展现了宝石的艺术和文化价值。在宝玉石材料中，雕刻工艺的使用极为广泛，其中包括浮雕、凹雕、凹浮雕、圆雕等多种形式，每种都有其独特的美学特征和工艺要求。浮雕通常在扁平的材料上进行雕刻，其图案略微凸起于雕刻品的表面。此种技术通常通过在不同颜色层之间雕刻，形成图案与背景的鲜明对比。而凹雕则恰恰相反，其图案是低于雕件表面的，同样利用宝玉石的不同颜色层来创造视觉层次。凹浮雕则是一种结合了凹雕和浮雕特点的技术，它通过向下雕刻，同时保持雕件的外缘与中心图案的最高点在同一平面上。与这些技术不同，圆雕是完全三维立体的雕刻形式，不受限于扁平材料，能展现出更丰富的空间感。适宜雕刻的宝玉石材料通常具有中至低的硬度和较高的韧性，同时还需具备美丽的颜色和细腻的结构。这些材料大多为玉石材料和有机宝石材料，如翡翠、软玉、欧泊、玛瑙、珊瑚、象牙及贝壳等。雕件不仅可以单独作为首饰存在，还可以镶嵌在胸针、吊坠、戒指等首饰中。

7. 宝石原石首饰

在现代首饰设计的潮流中，宝石原石首饰逐渐成为一种新兴趋势。此种设计理念背后的核心是追求自然、原始的美感，反映了一种返璞归真的艺术追求。设计师们不再局限于传统的磨光和切割工艺，而是选择将宝石原石以其最原始、未经加工的状态直接用于首饰设计中，保留了宝石的自然特征和独特质感，而且展现了宝石的原生态之美。

（四）镶嵌工艺

1. 爪镶

爪镶，一种在珠宝设计领域极具盛名的镶嵌技巧，历经岁月演变，始终保持其独特的魅力和优雅。爪镶技术以其简洁明了的设计，优雅地展示宝石的全貌，使之成为受到广泛欢迎的镶嵌样式。在如今的珠宝市场中，爪镶的设计已经从单纯的实用转变为一种艺术表现。爪镶的主要特点是使用金属爪紧紧固定住宝石，此种镶嵌方式不仅为宝石提供了坚固的保护，还最大程度地减少了金属对宝石光线折射的遮挡，确保宝石能够充分展现其光彩。特别是对于那些透明度高、折光率强的宝石，如钻石、蓝宝石等，爪镶能够充分展示它们的闪耀和透明度。在宝石镶嵌过程中，对爪的设计至关重要。根据宝石的形状、大小和款式，可以选择不同形状和数量的镶爪。常见的爪形状包括三角形、圆形、方形等，而爪的数量则从两爪到六爪不等。每种爪形和数量的选择都有其特定的美学和功能性考量。例如，六爪镶嵌提供了更好的稳定性和保护，尤其适用于大颗粒的宝石；四爪镶嵌则常用于方形或异形宝石。在将宝石固定到镶爪上时，设计师通常在爪的内侧设计有凹槽，以便将宝石的腰棱牢牢固定。然而，此方法对宝石的腰棱施加了相当大的压力，因此，对于较为脆弱的宝石来说，通常需要采取更为细腻的处理方式。一种解决方案是设计镶爪顶部渐薄，从而减轻对宝石的压力，同时确保镶嵌的牢固性。

2. 钉镶

钉镶，一种珠宝设计中常见且极具特色的镶嵌技术，它通过创造性地运用金属的延展性，为宝石镶嵌提供了一种独特而精致的解决方案。钉镶技艺的魅力在于它能够在珠宝上创造出细腻且精确的金属珠粒，金属珠粒不仅起到固定宝石的作用，也增添了珠宝的装饰美感。在钉镶工艺中，金属工匠会在金属表面的适当位置小心翼翼地挑起微小的金属珠粒，其尺寸和位置都是精心设计的，以确保宝石能够牢固地固定在珠宝上，同时也确保整体设计的美观。针对不同的设计和宝石类型，珠粒的数量和排列方式也会有所不同。常见的钉镶类型包括两钉、四钉和密钉等，每一种都有其独特的美学效果。密钉镶嵌是目前非常流行的一种方式，尤其适用于小颗粒宝石的镶嵌。此种技术能够将众多小宝石紧密而有序地固定在金属上，还能创造出华丽的视觉效果。密钉镶嵌的首饰通常闪烁着耀眼的光芒，展现出宝石群体效应的独特魅力。

3. 包镶

包镶技术，在珠宝设计中以其稳固性和保护性而备受青睐，是一种将宝石安全地镶嵌在金属框架内的古老且传统的方法。通过对金属边框的精心制作和加工，包镶不仅能够优雅地展示宝石的美丽，还能够提供宝石所需的最大保护。在包镶工艺中，金属匠人会首先制作一个精致的金属框或环，通常是通过焊接方式固定在金属底座上。该金属框的角色是宝石的容器，用来固定和保护宝石。宝石被放置在框内，然后其上部被边框小心地折弯并压紧，以固定住宝石。包镶特别适用于易碎或较脆弱的宝石，如祖母绿或蛋白石等，因为它可以全方位地保护宝石的腰棱和边缘，防止它们受到磨损或撞击。此外，由于金属框通常较薄，它不会在视觉上过分占据主导地位，从而允许宝石的美丽得到充分的展现。包镶工艺的一个重要优势是其多样性，除了传统的包镶，还有钳镶、盒镶和管镶等变型，这些变体允许设计师根据不同的设计需求和美学标准来选择最合适的镶嵌方式。

4. 埋镶

埋镶技术，亦称为平镶或闷镶，是一种在珠宝设计中常见的镶嵌方法，特别适用于创造简洁、现代且具有男性气质的珠宝作品。埋镶技术的核心在于，宝玉石被直接嵌入金属中，而不是放置在传统的宝石座上。在埋镶工艺中，金属匠人会在厚重的金属板或戒环的上部精心挖出一个适合宝石大小和形状的凹槽。宝石被放置在该凹槽中，然后匠人将金属轻轻推向宝石的边缘，部分地覆盖宝石的冠部。覆盖通常占宝石表面的 5% ~ 10%，足以确保宝石的稳固，同时又不会过度遮挡其美丽。此种镶嵌方式需要对金属进行较大幅度的修改，因此适用于较硬的宝玉石，如钻石、蓝宝石或红宝石等。它为宝石提供了极好的保护，同时保持了设计的流畅性和整体性。

埋镶技术的变体包括吉普赛镶、冠镶和围镶，每种都有其独特的风格和应用。

5.轨道镶

轨道镶技术，也称为夹镶、槽镶或逼镶，是一种在现代珠宝设计中广泛应用的高雅镶嵌方式。轨道镶技术的特点在于：宝石被整齐地排列在两块金属壁之间，每颗宝石的边缘紧密贴合，形成一排无缝的视觉效果。金属壁的内侧有精细的凹槽，用于固定宝石，确保其稳固而优雅地展现。轨道镶的美学特点在于其清晰的线条和整齐的排列，使整个设计显得精致而典雅。此镶嵌方法特别适合阶梯型或圆形明亮琢型的宝石，能够最大化地展现宝石的光泽和色彩。由于宝石之间没有金属分隔，因此整个镶嵌效果看起来如同一条连续的光带，为珠宝增添了一种流畅而连贯的美感。

6.牵引镶

牵引镶，亦称卡镶，是一种现代且创新的宝石镶嵌方法。它依赖于金属材料的弹性和张力来固定宝石，通常是夹持在金属环的中间部位。牵引镶嵌技术的独特之处在于宝石似乎悬浮在空中，为宝石提供了更多的光线入射和反射空间，从而使宝石展现出更加耀眼的光辉。

7.隐形镶

隐形镶是一种高超的宝石镶嵌技艺，其核心在于巧妙地隐藏金属底座，使宝石之间紧密排列，营造出一种无缝的视觉效果。此种技术通常用于方形刻面宝石，如红宝石或蓝宝石。在隐形镶嵌过程中，宝石的底部被琢成"V"字形的槽，以便能够精确地嵌入细薄的金属镶框中。隐形镶嵌的精妙之处在于宝石之间的缝隙几乎不可见，金属支撑几乎被完全隐藏，因此宝石的光彩得到了最大化的展示。宝石密集排列，形成一个统一的光滑面，使整体效果看起来就像是宝石本身形成的连续面，而不是由多个单独的宝石组成。隐形镶嵌技术要求极高的精度和工艺水平，是珠宝制作之中一种较为高端的技术。

8.绕镶

绕镶是一种独特的宝石镶嵌技艺，主要用于固定形状不规则的宝玉石。

绕镶技术通过金属丝的缠绕来固定宝石，赋予首饰一种自然、朴素的美感。绕镶首饰的特点在于其随性和简洁，金属丝的灵活应用不仅固定了宝石，也成为首饰设计的一部分。

第三节 珠宝首饰设计的灵感来源

一、绘画艺术元素与珠宝首饰设计

首饰设计师的灵感是其创作的关键所在，而灵感源于设计师的专业绘画基础，对传统文化、民俗、工艺美术及外来文化的深刻理解，以及对当前时尚流行趋势的敏锐捕捉，诸多元素的融合和应用是首饰设计的精髓所在。设计师在创作时，需要考虑政治、经济、商业和情感等多方面因素，使设计作品不仅美观，还具有深刻的社会和文化意义。因此，一个出色的首饰设计师不仅需要具备精湛的设计技巧，还需要广博的知识储备和对生活的深入洞察。在设计过程中，设计师通过观察和感悟生活的各个方面，将个人的文化和艺术修养融入作品之中。

点和线作为平面构成的基本元素，在美术和日常生活中占有重要地位，它们的简单形态背后蕴含着无限的创造可能性。点的细小和多样性使其能够构成各种新的视觉形态，例如，方形的点给人以坚实、规整、静止和稳定的感觉，营造出一种冷静的氛围；而圆形的点则饱满流畅，带来动感和不稳定的视觉效果；不规则的点则展示出自由和随意的特性。点不仅可以独立存在，还可以通过不同的排列和组合形成等点图形、差点图形、网点图形等，这些组合带来运动感、现代感和不稳定感，提供新的视觉冲击。18世纪的印象主义"点彩派"画作便是利用点的排列和色彩变化，创造出独特的视觉效果。此外，德国包豪斯学派的点教学理念对现代设计产生了深远影响，强调了点在设计中的基础作用和多样化应用。

在首饰设计中，点的巧妙应用能够展现出作品的独特魅力和深层含义。例如，第三届国际大溪地珍珠首饰设计大赛项链组的冠军作品《澜布》，由法国设计师 Isabel Encinias 设计，就是一个典型的例子。这件作品巧妙地运用点线关系，通过分散布置的透明曲线，营造出自由、随意、活泼和灵动的氛围。透明曲线的末梢微尖，如瀑布倾泻般，让人仿佛能听见水流的声音，感受到水的柔美和清新。作品中大小不一的黑色珍珠在色彩上形成鲜明的对比，给人以强烈的视觉冲击，同时也在设计理念上完美地表达了"瀑布"和"水"的主题。这些圆润闪烁的黑色珍珠象征着跳动的水珠，大小不一，增加了作品的动感和生命力。设计师通过简单的点和线的概念，精确地传达了珠宝首饰的设计主题。另一个例子是2005届CCTV杯首饰设计大赛的一件作品，设计师将黄金拉成细丝后缠绕成数圈，顶端斜向上翘，并在端头镶嵌了珍珠。这种设计充满曲折和波动，随着佩戴者的动作闪烁，点点星状的光芒熠熠生辉。珍珠在黄金的映衬下显得尤为夺目，充分展现了点和线在首饰设计中的妙用。

二、视觉色彩、生活所见与首饰设计

色彩在首饰设计中扮演着极为重要的角色，不仅因为人类获取信息的70%来自视觉，更因为色彩能激发深层的心理反应和情感共鸣。金色、铂金色等贵金属的色彩象征着高贵、奢华和富丽堂皇，如佛教用黄金镀佛身，展现佛陀的威严和信众的敬仰。白色象征纯洁、明亮和优雅，在西方用于婚礼服装以表达爱情的纯净，在中国有时候表示虚幻或哀悼。中国人的婚礼新娘服饰以红色为主。紫色代表高贵和幽雅，蓝色则常用于医院和科技领域，象征纯净和冷静。绿色象征健康和希望。橙色代表热情和丰收。

了解色彩的心理和情感表现力，能够为首饰设计增添更大的魅力。例如，一组设计采用红绿对比色，提供了鲜明的视觉冲击和吸引力。而另一组设计则使用了翠绿、粉绿、墨绿和黑色的同类色变化，产生了一种渐变而和谐的秩序美。两种设计方法均利用了色彩对人心理感觉的影响，突破了传统的款式设计，为观者带来全新的体验。自然景观也是首饰设计的重要灵感来源，每个自然元素都传达着独特的情感。设计师需捕捉自然元素所传递的意识，并以设计语言将其转化为造型优美的视觉符号，呈现给观者。

铂金在中国珠宝市场的成功推广展示了一种独特的设计理念，即自然与人的和谐结合。以张曼玉为代言人的铂金珠宝系列，设计灵感源自"水"

的主题，体现了流动性与生命力的美学。铂金项饰设计巧妙地采用水花溅溢的形象，星星点点的细节，不仅突出了铂金独有的银白色泽和璀璨光芒，还彰显了其独特的魅力。这样的设计不仅展现了铂金的贵金属特性，还巧妙地描绘了女性温柔妩媚的形象，如同柔情似水的女性特质。这样一来，铂金珠宝不仅仅是一件物品，更是一种人文主义思想的体现，它拉近了普通消费者与珠宝之间的距离，增加了铂金在市场上的吸引力。这种设计理念的应用有效地打破了市场上以黄金为主导的传统销售观念，为铂金开辟了更广阔的市场空间，证明了珠宝设计中自然与人文元素融合的巨大潜力。

三、其他因素

设计在现代社会的演变中，已不再仅限于原始纯美术的范畴，而是成为一种融合美学与实用性，服务于人们日常生活的重要手段。随着社会和经济的发展，人们对于物质文化生活的基本需求已得到较好的满足，而情感方面的人文因素逐渐成为广泛关注的焦点。情感设计作为一种新兴的概念，强调作品中的人文思想，关注人的感受，紧贴生活，且富有生活情趣，成为现代设计的主要目的。情感设计的价值在于其能够触及人心最深处的情感纽带——亲情、爱情和友情，都是人生中的重要情感支撑。因此，围绕有关主题的设计作品不仅拥有广阔的市场前景，而且能够引起消费者的深度共鸣。例如，铂金首饰的设计就是凭借情感设计的理念，成功地赢得了消费者的心，从而在市场上获得了显著的地位。此外，情感和人文文化的推广不限于珠宝行业。许多商家推出的婚庆相关系列产品，如珠宝、玉石等，通过强调情感价值来吸引消费者，增强了品牌与消费者之间的情感联系，从而有效提升了销售业绩。以情感为核心的销售观念已被市场和消费者广泛接受，并成为营销的主流趋势。

珠宝首饰设计领域的创新和进步，很大程度上依赖于设计师们的非传统思维和对多样化材料的大胆应用。如今，国际首饰设计界的一些设计师已经开始尝试使用非传统材料如橡胶来镶嵌钻石，此种创新不仅打破了传统的以贵金属为主的镶嵌工艺理念，而且为珠宝首饰设计带来了全新的视觉感受和设计思维。材料的创新应用是技术上的挑战，更是对设计理念的一次大胆革新。不仅反映了现代设计师追求个性化和独特性的趋势，而且显示了现代珠宝设计对于新材料、新技术的开放态度和探索精神。跨界的设计实验能够提供新的审美体验，并且有效拓宽设计师的创作空间，推动整个珠宝设计行业的发展和创新。作为珠宝首饰设计师，具备开放的思维方式和对新材料、新工艺的敏感度是非常重要的。通过不断学习和实践，设计师可以在保持传统美学的同时，引入新元素，创造出既具有现代感又不失经典魅力的作品。

第四节　珠宝首饰设计的表现方式

一、开阔的落笔构思

珠宝设计师在将灵感化为实际作品的过程中，其思路的开阔和多样化表现技法的掌握至关重要。他们面对一张白纸开始落笔时，选择合适的表现方式将直接影响设计的传达和最终效果。一些设计师偏好传统的绘画工具，如彩铅、马克笔或水彩，而另一些则可能依赖于数字绘图技术。掌握多种技法能够丰富设计师的表现力，提高其适应不同设计需求的能力。设计过程中的"头脑风暴"是极为重要的阶段，在这一阶段，设计师应尽量广泛地构思，从众多创意中筛选出最具潜力的方案。对于亲自制作珠宝的设计师而言，详细程度较低的设计图纸便足够，关键是能够确保自己对设计理念的清晰理解。然而，当设计师与技师或工厂合作时，详细准确的设计图稿则显得尤为重要。通常，需要绘制三视图来展示产品的各个角度，确保技师或制作团队能够完全理解设计意图。例如，伊拉克建筑师扎哈·哈迪德的设计草图就以其独特性著称，往往只有她自己能够完全理解。个性化的表达方式虽有其独特魅力，但在珠宝设计领域，与制造团队的有效沟通是至关重要的。因此，设计师需要在个人表达与团队沟通之间找到平衡点，确保设计既具个性又能被准确实现。

二、使用有色纸作为绘图的底板

在珠宝设计的呈现过程中，为了更生动地展示设计效果，设计师有时会选择使用有色纸作为绘图的底板。此方法能够有效提升设计的视觉冲击力，还帮助其更好地突出所用材料的质感和色彩。在使用单色彩铅进行绘制时，设计师需着重表达每个部分的比例、色彩搭配、选用材料的特性以及创意的发展过程。详尽的描绘是对设计师创意的准确表达，也是确保技师或制作团队能够全面、深入地理解设计意图的关键。通过这样的绘图技巧和详细说明，设计师能够更有效地与技师进行沟通，确保设计理念在制作过程中得到忠实和精准的体现。

三、记录潜在的设计方案

在首饰设计的头脑风暴阶段，记录所有潜在的设计方案至关重要。此过程涉及想法的广泛探索，还包括对想法的文字记录，详细记下当时的灵感和创意来源。在设计的具体实施中，将收集到的相关资料，如剪报、图片或其他视觉参考材料，紧挨着设计图纸陈列，从而有效地扩展设计思路，增强设计的视觉和创意记忆效果。特别是在为服装配套设计首饰时，应将有关资料以剪贴或图片的形式并列于设计图稿之旁。此布局方便设计师审视和评估整体效果，还有助于更好地理解和把握服装与首饰之间的协调性和互补性。综合考虑和整体规划的方法，有助于创造出既独立又能与服装完美匹配的首饰设计。

四、电脑绘制设计图

在当代首饰设计领域，电脑辅助设计（CAD）已成为流行的方法之一，越来越多的设计师选择这种先进的设计方式。当然，也有一些设计师仍然偏爱传统的手绘技术。电脑绘制不仅能生成细致、多角度的设计图稿，还大大提高了设计的精确性和效率。尤其在大型工厂环境中，JCAD（Jewelry Computer Aided Design Program）等专业珠宝设计软件被广泛使用，专业软件不仅能帮助设计师快速、精确地完成设计图稿，还能进行复杂设计的模拟和调整。在一些设备先进的企业中，设计师甚至可以利用三维打印机将电脑绘制的设计直接"打印"成实体模型，此过程极大地提升了从设计到成品的效率，也让设计师的想法能更直观地呈现在客户面前。

第四章　各类型珠宝首饰的特点与绘画技法

第一节　珠宝首饰的绘图工具

一、模版绘图工具

美国 TIMELY 模版作为一个常用的工具，因其轻薄的造型和相对齐全的宝石种类，成为首饰设计初学者的理想选择。此模版不仅便于携带和使用，还提供了多种宝石形状和大小的模板，方便初学者快速学习和掌握首饰设计的基本技巧。

二、水溶彩铅绘图工具

彩色铅笔是一种重要的绘图工具，尤其是水溶彩铅，由于其半透明材质和优异的着色能力，成为初学者的理想选择。国产彩色铅笔虽然在细腻风格和锋利边界的表现上有所不足，但在创造特殊效果方面表现出色，可作为辅助材料使用。相比之下，国外品牌的彩色铅笔多采用碳基质材料，部分产品具有水溶性，使得着色过程更加流畅，更适合绘制珠宝效果。对于初学者来说，选择国外品牌的水溶彩铅可以在学习过程中获得更好的绘画效果和体验，是绘制珠宝设计图时最方便快捷的工具之一。

三、水粉、水彩绘图工具

在珠宝设计绘图中，水彩和水粉的使用对于增强作品的真实感和立体感至关重要。水彩颜料以其良好的透明度，通过渲染技巧，能够有效地表现珠宝的质感和光泽，尤其适用于绘制写实效果图。而水粉则因其较强的覆盖力，特别适合用于宝石的高光部分，提亮宝石的光芒，使其更加生动闪耀。

四、自动铅笔绘图工具

在首饰设计过程中，0.3 毫米自动铅笔是起草的基本工具。此种铅笔具有适中的铅芯硬度，通常在 HB 至 2B 之间，既能保证线条的精确性，又足够柔软以便于修改和调整。自动铅笔的细腻线条特别适用于绘制精确的设计图，而且大多数设计图的比例保持在 1:1 左右，有利于更准确地呈现首饰的实际大小和细节。

五、橡皮工具

橡皮分为可塑橡皮和绘图橡皮两种，各有其特定用途。可塑橡皮质地柔软，非常适合用于轻柔地减弱过重的铅笔痕迹，尤其适用于细腻的渲染部分。而绘图橡皮则质地较硬，常被切成尖角形状，用于精确擦除错误的细节或调整细微部分。

第二节　常见宝石与金属的绘画技法

一、常见宝石的绘画技法

宝石的璀璨之美在首饰设计中的展现，关键在于对琢型的精确描绘和对光影效果的细致处理。设计时，应准确描绘出宝石的形状、主刻面、腰刻面及星刻面，细节之处是宝石独特光彩的基础。为了更加真实地呈现宝石的丰富多彩和光泽，设计图中还需要细致地加上阴影和高光点。光影效果的合理运用，能够使宝石在设计图中更加生动、立体，从而在视觉上更接近于实物的光彩和质感。如此，设计师能够在设计图中理想地展现出宝石的真实美感，使其成为整个首饰设计的亮点。

在首饰设计中，准确地表现宝石的色彩、透明感和质感的重要性不言而喻。选择彩色铅笔、水彩或水粉作为工具，是实现这一目标的关键步骤。设计师需挑选与宝石主色调一致的颜色，这一选择对于最终效果的真实性至关重要。在已绘制好的宝石铅笔底图上，设计师需从左侧上方的角度进光，这样的光线安排有助于更好地模拟宝石在自然光下的反光效果。通过对光线的精心处理和色彩的细致涂绘，不同宝石的透明感和质感得以在设计图中得到生动的呈现。此种技巧不仅增强了宝石在设计图中的立体感，也使其更加吸引人。这样的绘制方法，使得宝石在纸上"活"了起来，为整个首饰设计增添了无限的魅力。

在首饰设计中绘制素面宝石时，正确的高光区域设置能显著提升宝石的立体感和光泽感。在宝石的左上方和右下方留出高光区，高光区域应与宝石外缘或整体形态相似。在宝石的其他部位均匀涂上宝石的主色，确保颜色均匀且符合宝石的真实色调。紧邻高光区的位置，画出颜色较深的明暗交界线，这样可以营造出更强的光影对比和立体效果。使宝石在设计图上能够呈现出更加真实和鲜明的视觉效果，增强整体设计的吸引力。

二、常见金属的绘画技法

在首饰设计中，恰当地表现饰用金属的光泽、凹凸感、质地以及形态特征是至关重要的，主要可以通过设计图中线条的粗细变化、阴影和高光点的明暗对比以及流畅的曲线勾画来实现。线条的粗细变化有助于表现金属的厚薄和结构感，而阴影与高光点的运用能够准确地展现金属的光泽和质感。流畅的曲线则可以描绘出金属的柔软曲直变化，增加设计的动态感和艺术美。这些绘图技巧的综合运用，使得金属元素在设计图中得以正确且生动地反映，极大地提升了整体设计的真实性。

在贵金属首饰设计的绘制过程中，正确的着色技巧直接影响了其真实质感和光泽的展现。对于黄金部分，主色调应选用黄色，而在明暗交界线和无法直接被光照到的阴影处，应使用较深的颜色，如茶色，以增强立体感和深度。然后在最明亮的高光区域涂白，以模拟金属的光泽反射效果。层层递进的着色过程，能够有效地表现出黄金的光泽和质感。对于银白色金属的着色，则应使用浅灰色作为主色调，而在阴影部分则涂以深灰色。此种颜色搭配能够准确地展现出银白色金属的冷调光泽和质地特性。此外，采用深色衬纸进行绘图可以进一步提升效果，因为深色背景能够更好地突出金属的亮度和颜色对比，使设计图更加生动和吸引人。通过细致的着色技巧，可以巧妙促使贵金属在设计图中呈现出更加真实和光彩照人的效果。

第三节　珠宝首饰的特点及其绘画技法

一、常见首饰特点与绘画

首饰作为美化人体和环境的装饰品，其分类方法多种多样，根据不同的标准可以划分为不同的类别。首饰按材料可以分为金属首饰、非金属首饰和珠宝首饰，金属首饰主要包括金、银、铂金等材质；非金属首饰则涵盖木材、塑料、玻璃、陶瓷等材质；珠宝首饰则主要指嵌有各类宝石的首饰。根据制造工艺，首饰可分为镶嵌宝石首饰和素金首饰。镶嵌宝石首饰指的是嵌有钻石、红宝石、蓝宝石等宝石的首饰，而素金首饰则是纯金或其他金属的首饰，没有镶嵌宝石。从设计风格和市场定位来看，首饰可以分为商用首饰和艺术首饰。商用首饰更注重市场流行趋势和消费者需求，而艺术首饰则更强调设计师的个人风格和艺术价值。按照佩戴位置，首饰可以分为头饰、耳饰、项饰、胸饰等，此分类方法直接与首饰的佩戴部位相关。按照佩戴者性别，首饰可分为男性首饰和女性首饰。男性首饰通常设计简洁大气，而女性首饰则更加细腻和华丽。在国内外市场上，常见的珠宝首饰类型包括戒指、吊坠、耳坠、胸针、项链、手链、手镯等。并且也有一些较为少见的珠宝饰品，如脚链、腰链、头饰、鼻钩、领花、袖扣、皮带扣等。实用珠宝装饰用品，如镶宝石的钟表、鞋帽、文具、眼镜等也日渐流行，它们不仅具有装饰作用，还兼具实用性。

二、概念首饰特点与绘画

概念首饰，在当代首饰设计领域中，占据了一席之地，其独特性体现在设计理念和表达方式上。概念首饰不仅仅是装饰品，更是设计师用来传达个人艺术理念的媒介，它代表着设计师的思想、情感和创作风格。在创作目的上，概念首饰超越了传统首饰的实用性和装饰性，更加注重于艺术表达和内涵的传递。它们往往包含了深刻的思想和丰富的情感，是设计师内心世界的外化。个性化、个体化、小众化是概念首饰的显著特点，它们通常不追求大众化，而是致力于传达独特的艺术观点和设计理念。在创作风格上，概念首饰往往包含潮流化、未来化和抽象化的元素，不受传统设计风格的限制，其设计元素可以来自雕塑、建筑、绘画等多种艺术领域，甚至可以是一种纯粹的意识形态。设计师通过跨界设计，灵活地表达自己的想法和创意，使概念首饰成为一种纯粹艺术和创作的表现形式。在功能上，概念首饰可能并不完全符合传统的佩戴标准，有时甚至在佩戴性或材料应用上存在挑战。然而，正是此类特点使概念首饰更具有启发性和探索性。它们鼓励人们以新的视角看待首饰，理解首饰与人、文化、环境之间的关系。概念首饰通常是独一无二的，或者只有少量手工制作的版本。与商业首饰的大规模生产不同，概念首饰更强调艺术性和收藏价值，其设计和生产规模相对较小，在国外与国内逐渐受到重视。

在绘制概念首饰时，应明确设计的核心思想或概念，设计师需要思考如何通过首饰的形状、结构和材料来传达这一理念。例如，如果概念围绕自然与和谐，可以考虑将自然元素如叶片、水滴等融入设计中。在创作初期，进行多个草图的绘制，探索不同的形状、线条和结构。草图不需要过于精细，关键在于捕捉和表达初步的设计思路和感觉。选择与概念相符合的颜色和材料，例如，如果设计强调环境意识，可以考虑使用回收材料或自然色彩，使用彩色铅笔、水彩或其他绘图工具来展现有关元素。一旦确定了基本的设计草图，进一步细化每个部分。对于光泽、阴影、纹理等进行细致的渲染。在此阶段，考虑如何通过光影和纹理来强调设计的核心元素。选择合适的视角来展示首饰的最佳效果，构图时，考虑如何平衡作品的各个部分，创造出和谐而引人注目的视觉效果。在最终呈现阶段，确保每个细节都能准确地反映设计的概念，包括对材料、质感、光泽等的最后调整，以确保整体设计的协调性和美感。

三、首饰化工艺品特点与绘画

首饰化工艺品是一种独特的艺术形式，融合了传统手工艺和现代首饰设计的精髓。此类工艺品是文化和艺术的载体，反映了人类创造力和艺术审美的高度。在绘制首饰化工艺品时，要准确地表现出所选材料的质地和色彩。例如，使用贵金属和宝石时，应通过颜色和光泽的渲染来展现其特有的美感。对于如漆器、陶瓷等传统工艺品，也要注意表现出其特有的纹理和色泽。对于具有复杂纹饰或雕刻的工艺品，细节的描绘尤为关键。使用细致的线条和适当的阴影，可以让工艺品的纹理和形状更加立体和生动。首饰化工艺品的设计应体现出艺术性和创造性，在设计图中，可以结合传统和现代元素，创造出独特的视觉效果。例如，可以将传统木雕的图案与现代的抽象设计相结合，创造出新颖独特的作品。除了艺术价值，首饰化工艺品还应展现其功能性和象征意义。在设计图中，应清晰地表达出工艺品的用途、象征意义或纪念价值。整体构图时应考虑到工艺品的形状、大小和布局，以及它们与背景的关系，合理的构图可以使工艺品在视觉上更加和谐和吸引人。并且应选择能够突出材质特点和工艺美的色彩，同时还要考虑整体的色彩协调性。首饰化工艺品的绘制不仅要求技术上的精准，更要在艺术表现上下功夫。

第五章 珠宝首饰造型形态设计审美及构成技巧

第一节 形态设计的概念

一、形态的基础内涵

（一）形态

形态是设计领域中一个深邃而复杂的概念，它不仅仅是物体的外观形状，更是这些形状所蕴含的内在意义和精神。从"形"与"态"的结合中，可以看到一种物体或设计作品的深层表达，超越了纯粹的视觉感知，触及更加丰富和深刻的意义层面。"形"代表着物体的外在轮廓，包括几何形状（如圆形、方形、三角形）和自然形状（如树形、花形等）。而形状是设计的基础，它们构成了物体或作品的直观外貌。然而，单纯的形状并不能完全表达一个作品的全部意义，那么则需要"态"的加入。"态"指的是物体通过其外形所体现的内在神韵和精神，此概念源自中国古代绘画中的"传神"理论，强调形式与内容的统一，追求的是形式美与内在意义的完美融合。正如东晋大画家顾恺之所提出的，艺术作品不仅要形似，更要神似。此种追求不限于中国传统艺术，在现代设计领域也同样适用。例如，矩形的严谨性可以用来表现宁静和典雅，圆形和椭圆形的饱满感用于表现完整和和谐，曲线的自由流畅则适合表现动态和生命力。设计师可以利用基本形态，结合自己的观点和情感，创造出具有独特生命力和深层意义的作品。

（二）形态的分类与特征

形态的发展和变化是宇宙和自然界中一种永恒且不断进化的现象，人们居住的世界，从宇宙的星系到微小的分子和粒子，都是形态多样性和变化的见证者。而形态不仅仅是静态的存在，它们随着时间和空间的变化而发生着连续的运动和变化。例如，星系的崩塌、地壳的移动，甚至于气候的变化，都是形态变化的直观体现。此种变化不仅在自然界中无处不在，也深刻影响着我们的社会和文化。理解形态变化的必然性和永恒性对于人们来说至关重要，它不仅让人们更深刻地理解世界，也为人们提供了无限的灵感来源。在设计和艺术创作中，洞悉形态的变化和发展规律，可以激发出更加创新和独特的想法。

通常来说，形态可以分成两大类，即实际的形态与概念的形态。

1.实际的形态

实际的形态，无论是自然界的形态还是人工创造的形态，都是人们所处世界的基础构成。它们不仅定义了人们对周围环境的理解，还影响着人们的创造力和想象力。在自然界中，形态的多样性和复杂性是无穷无尽的。从微观的细菌到宏观的星系，每一种形态都是自然力和生命进化规律共同作用的结果。形态中的每一种都具有其独特的美学和功能性，例如，动植物的形态适应它们的生存环境，而地貌的变化反映了地壳的动态过程。自然界中的形态，不仅仅是生物或非生物存在的简单表示，它们还蕴含着深远的意义，反映了生命和环境之间的复杂关系。人工形态则是人类智慧和创造力的体现，从最早的石器到现代的高科技产品，每一种人工形态都是人类对自然界的理解和对生活需求的回应。形态在满足日常生活需求的同时，也不断推动社会进步和文明发展。人类创造的形态，从简单工具到复杂的机械和建筑，都显示了人类文明的演变历程。自然界和人工形态的区别，在于它们的形成过程和目的。自然界的形态是自发形成的，受到自然规律的制约，而人工形态则是根据人类的意志和需求设计和制造的，两种形态在人们的生活中相互作用、相互影响。自然形态激发人类的创造想象，而人工形态则改变我们对自然的感知和利用方式。

2. 概念的形态

概念的形态，是一种超越了实际形态的抽象层面，它包含了人类通过观察、思考和创造而抽象化的形式与结构。概念的形态不是直接从自然界或人工制品中提取的，而是从对自然规律的理解和对实际形态的深入分析中提炼出来的。概念的形态是从复杂的现实世界中抽象出来的基本元素，如点、线、面，以及体、空间、肌理等。康定斯基的研究不仅停留在对形态元素的分解上，他还深入探讨了形态基本元素如何影响人的感知和情感。例如，不同的点可以表现为静态或动态，线条可以表达从柔和到强烈的各种情绪，而面的组合和布局则能产生空间感和深度感。有关元素在视觉艺术中的应用超越了它们的物理特性，成为传达情感和理念的媒介。概念形态的魅力在于它的多样性和无限可能性，是艺术家和设计师表达创造性思维的工具，也是他们探索和表达个人情感、社会理念和哲学思想的方式。通过对基本元素的排列、组合和变化，创作者能够创造出独一无二的视觉语言，从而在观众心中激发不同的感受和思考。

（1）几何学的概念形态。几何学的概念形态，以其简洁而纯粹的线条和形状，为设计和艺术创作带来了一种独特的美感，此种形态通常分为以下三类：①圆形。以其柔和、连续和完整性著称。圆形和其衍生的形态如球体、圆柱体、圆锥体以及椭圆形状，常被用来象征和谐、完美和无限。在设计中，圆形形态能给人带来平和安详的感觉。②方形。代表着稳定、均衡和可靠。从正方体、长方体到方柱体和多面体，方形的变化丰富多样，它们在设计中通常用于传达强度、专业性和权威感。③三角形及多边形。三角形和多边形结构表现了动态、进取和能量，三角形、多边形等形态在视觉上产生了方向性和运动感，经常用于表达创新和动力。

（2）有机的概念形态。有机的概念形态，以其流畅的曲线和自然的弧面特征，映射了自然界中生物体的形态特点。例如，细胞组织的微妙构造、水流长期冲刷形成的圆润鹅卵石，都是有机形态的典型代表。有机形态往往展现出一种自然的动态感和生命力，其圆润、饱满的特性使设计作品看起来更加温暖和接近自然。在设计中，有机形态的使用常常能够带来一种柔和、和谐的视觉体验。它们的单纯性和充满张力的特点，使设计作品能够更好地与自然界和人类的感官体验相融合。

（3）偶然的概念形态。偶然的概念形态，是自然界中无序与随机事件的直观体现，如雷电划破夜空的瞬间、硬物相撞产生的裂纹、石头投入水中产生的涟漪，以及瓷器破碎的不规则形状。偶然形成的形态往往带来一种无法预测和控制的美感，它们的无序性和独特性能够激发人们的想象力和创造力。在设计领域，偶然的概念形态常被用作创作灵感的源泉，设计师可以通过捕捉偶发事件中的美学元素，转化为具有独特魅力和视觉冲击力的设计作品。偶然的概念形态的不可预测性和原始性，赋予了设计作品独一无二的个性，使其更具吸引力和话题性。

（三）形态的艺术性分析

形态的艺术性在设计领域扮演着至关重要的角色，以中国古代家具为例，明清时期的家具设计便展现了对形态艺术性的深刻理解和追求。这一时期的家具采用精细的榫卯结构，不仅在形态上追求功能的合理性和多样性，而且在外观设计上体现简洁和典雅，实现了艺术性与实用性的完美结合。明清家具的设计风格强调材质的自然美，通过简洁的造型和精致的工艺，形成了清新、简约却不失庄重的设计风格。此种设计理念强调"材美工精、典雅简朴"，在美学、力学和功能性上实现了和谐统一，将科学性和艺术性巧妙融合。20世纪初，包豪斯学派对现代设计教育和实践提出了革命性的观点，强调艺术与技术的结合、设计以人为本，以及遵循自然和客观法则的必要性，推动了工业设计从理想主义向现实主义的转变，并凸显了产品设计中艺术性的重要性。进入21世纪，产品设计的趋势更加注重艺术性和装饰性，许多产品的艺术价值甚至超越了它们的功能价值。在满足功能需求的同时，现代产品设计更加强调整体的艺术感，追求使用和艺术的完美融合。

二、形态设计

形态设计，涵盖了广泛的领域和层次，是指人为构建或描绘事物的形态的过程。它不局限于物理实体的设计，还包括抽象概念和思想的形象化。

形态既可以是实际存在的物体，如建筑、家具、珠宝，也可以是抽象的概念，如艺术作品中所表达的情感或想法。形态设计的范围非常广泛，可以涉及日常生活的各个方面，从工业产品到电子媒体，从时尚到视觉艺术。在进行形态设计时，设计师需要考虑事物的实际功能和美学价值，同时要考虑到事物所传达的意义和文化背景。此种设计方法不仅关注物体的外在形态，还注重其内在的精神和情感表达。形态设计的核心在于创造性地解决问题，同时在功能性和美观性之间找到平衡点。

（一）产品设计与形态设计

1.产品设计的概念与要素

产品设计作为一种综合艺术，涉及多种要素的精心融合，这些要素共同构成了富有意义的产品。一个成功的产品设计不仅需要符合时代的潮流，也要满足市场的需求，与设计要素的精确提炼及其相互关系的理解密切相关。设计要素影响着产品的最终外观和功能，设计师必须深入理解这些要素及其相互作用，以创造出既实用又美观的产品。深度的理解使得产品设计不仅仅是物理对象的创造，更是对使用者需求和美学价值的深刻洞察。

（1）产品设计的概念。产品设计是一门融合形态、材质、结构和功能等多方面因素的综合艺术，其核心目的是创造出既满足人们需求，又实用、美观、经济的产品。在快速发展的科技时代，以及人类生活方式和价值观念不断演变的背景下，对现代产品的要求也日益提高，导致产品设计过程变得更加复杂和多元化。设计师在设计过程中要考虑产品的物理和功能性特征，并从心理学角度深入理解和预测消费者的需求和偏好。方法论的转变要求设计师具备更为广泛的专业知识，包括市场学、经济学、文化艺术和科学技术等。多学科的知识结合使设计师能够全面地支持产品设计，不仅仅是在美学和功能上，还包括市场定位和用户体验。

（2）产品设计要素与其相互关联。功能直接影响着产品的形态和使用体验，然而，功能并非产品形态设计的唯一影响因素。产品形态的设计采用多样化的方法和手段，展现出独特的创造性。实际上，功能与形态之间的关系并非一对一的对应关系。即便是相同的功能，由于受到材料、技术、美学和用户体验等其他要素的影响，也可以衍生出多种不同的产品形态，多元化的形态设计是工业设计与传统的纯机械产品设计的主要区别。

材料和结构形式构成了产品功能和形态的基础，它们的选择对产品的最终表现有着决定性影响。不同的材料和结构形式带来的是形态上的多样性，每种材料的独特属性和结构设计的巧妙应用，都能赋予产品独一无二的外观和感觉。

功能、材料、结构和形态在产品设计中相互依存、相互作用，其中，功能是设计的核心目的，材料和结构则是实现这一目的的关键条件，而形态则作为实现功能的重要手段，设计要素之间呈现出一种对立又统一的复杂关系。理想的设计应该是功能和形态互为表里，密切结合，实现矛盾的统一。对于设计师而言，理解产品的功能及其包含的所有内容至关重要。形态需要适应功能，还应体现其独立价值，对产品的功能起到促进作用。

结构、材料和工艺是造型的基础，它们限制了产品形态的可能性，同时也推动着形态的创新。恰当的结构是形成"型"的前提，例如，一张竖立的纸片无法承受压力，但将其卷成圆筒形状，其承压能力显著增强，此变化展示了结构对形态和功能的影响。在设计中，理解和运用这些物质技术条件，可以引导产品形态的发展，创造出既美观又实用的作品。这要求设计师除了要关注材料和工艺的选择，还要考虑结构设计如何最大化地发挥材料的特性，从而塑造出独特且有效的产品形态。

形态的美学主要通过形状、颜色和质地影响观赏者的感受，不同材料和加工技术带来的视觉和触觉体验各异，富有变化。形状、颜色和质地这些元素，紧密依附于所选材料和应用的工艺技术，并通过产品的形态得以展现。这些元素的组合和表现反映了设计的创意和技术水平，还在很大程度上决定了产品对用户的吸引力。

2. 产品设计的两个层次

（1）产品的改进设计。在现代产品设计中，重新研发并非总是必需的，尤其是对于一些其核心技术和结构仍然适用于市场的产品。这种情况下，细微的调整和改进往往是更为经济和实用的选择。产品的功能原理、结构和技术要素可能仍然是时效的，但其他方面如材料、外观形态或色彩可能需要更新以适应消费者的变化需求，细节的调整可以显著影响产品的市场表现和用户接受度。为了避免不必要的开发周期延长和成本增加，同时为了促进销售，企业通常会对产品进行局部改进，使之更符合当前市场的流行趋势。设计师的任务便转向了如何通过局部改进来提升产品的吸引力，这可能涉及形态、色彩、材料、工艺的调整，以及包装和装潢的更新。在进行局部改进时，设计师需要考虑多方面的因素。材料和工艺的选择不仅要符合时尚趋势，还要与民族文化协调一致。同时，设计的改变不能忽视现有的技术条件、投资可能性以及市场销售的影响。例如，改变吸尘器把手的材质和长度，或者调整主机的形态和色彩，都应当在不影响产品核心功能的前提下进行，从而提升产品的美观性和市场竞争力，还能在保持成本效益的同时，增强产品的市场吸引力。由此可见，设计师在此种情况下的工作更多的是在已有产品基础上进行细致入微的改良，而不是从零开始的全新设计。

每种产品都经历从研发到退市的生命周期，在市场调研后，企业开发新产品并将其推向市场，产品随后进入成长期。这一阶段，产品开始适应市场需求，为企业创造利润。随着时间的推移，产品进入成熟期，市场表现稳定。然而，随着市场的变化和竞争的加剧，产品逐渐走向衰退期，并最终被更具竞争力的新产品所取代。在此过程中，企业自然希望延长产品的生命周期，不仅能够节约成本，还能为企业带来持续的效益。在此阶段，产品改进设计体现了重要价值，通过对产品，特别是其外观形态的改进，可以使产品在市场中重新获得竞争力，重新吸引消费者的注意。当一个产品从成熟期过渡到衰退期时，及时地改进设计可以使产品重新赢得市场份额，从而有效延长其生命周期。

（2）产品的创新设计。随着人类社会的不断进步和发展，产品设计领域面临着日新月异的挑战和机遇。技术的进步有效推动了产品技术含量的增加和技术水平的提升，带来了新技术和新材料的不断涌现。同时，随着生活水平的提升，消费者对产品的需求也在不断变化，他们追求更高的使用体验、更加多样的功能以及更符合个人喜好和社会习俗的产品设计。市场和技术的双重变化，要求设计师采用工业设计的方法，综合考虑产品的所有要素，如技术、功能、形态、结构和材料，以满足消费者不断变化的市场需求。设计师需要不断创新，利用新技术和材料来改善产品的性能和外观，同时考虑产品的可持续性和生态环境保护，已成为现代社会乃至未来产品发展的重要主题。在全球化的背景下，国际市场的交流和相互影响更加频繁，为产品设计带来了更广阔的视野，也带来了更多样的设计灵感。例如，产品使用变化的概念，即通过改进或变革产品原有的操作方式或增加新的功能，使产品更加适应现代人的使用需求，提高了产品的实用性，也提升了用户体验。在此大环境下，设计师不仅仅是创造美观的产品，更要深入了解技术、市场、消费者需求和社会文化的变化，将其融入产品设计之中。

　3. 产品设计要素对于设计师的要求

　（1）产品功能性的要素。产品功能性的要素分为物理功能和心理功能两个主要方面。物理功能关注产品的基本性能，涵盖了结构的安装方便性、使用的安全性以及人机关系的合理性等方面，直接影响产品的实用性和用户的使用体验。心理功能则与产品的形态、色彩、材质等紧密相关，有关要素不仅赋予产品美感，还能激发用户的愉悦感。此外，产品的形态、色彩和材质等还具有一定的象征意义，能够反映消费者的个人价值观、兴趣爱好以及社会地位等。

　（2）产品审美性的要素。产品的审美性要素是设计领域中不可忽视的重要部分，尽管每位设计师都有自己的审美倾向，但产品的审美价值并不仅仅取决于设计师个人的偏好。真正的审美性应当符合大众的审美情趣，与时代的潮流相契合。随着时间的推移，产品的审美表达也在不断变化：在某些时期，可能是通过复杂和多样的装饰来体现；而在其他时期，则可能依赖于工艺的变化。在现代设计中，审美性更多地通过新颖、简洁的造型和新型材料的运用来展现。然而，应值得注意的是，所有审美元素都必须建立在满足产品功能的基础之上。

　（3）产品经济性的要素。设计师需从消费者利益出发，精心选择材料并简化构造，以在保证质量的同时降低成本。这种方法不仅提高了产品的功能性，也为用户带来了实际的经济效益。最终，这种成本与效益的平衡也有助于企业实现更大的经济效益。有效的经济性设计策略，旨在满足消费者对高性价比产品的需求，同时确保企业的市场竞争力。

　（4）产品创造性的要素。产品设计的核心在于其创造性要素，这是赋予产品生机和活力的关键。创造性的设计不仅仅是外观上的新颖，更是功能和形态上的创新。创造性思维是设计师通过联想、想象和灵感，对收集到的信息进行重新组合和加工，从而形成解决问题的新方法。此种思维过程是所有物质产品的诞生之源，也是推动人类社会文明进步的动力。设计的真正含义在于创造，不断探索和突破传统的界限。产品设计要创造出具有更新、更强大功能的产品，还要激发出新颖的造型感觉，引领新的设计趋势。创造性要求设计师具备敏锐的市场洞察力，深入了解用户需求，并通过创新思维不断提出独特的解决方案。

（5）产品适应性的要素。良好的产品设计应当满足消费者在特定环境下的需求，要求设计师深入理解并妥善处理人、产品、环境之间的关系。适应性强的设计能够更好地实现"以人为本"的设计理念，充分考虑产品的功能性和使用便捷性，还应兼顾与使用环境的和谐共处。产品设计要适应具体的使用环境，还应考虑产品在更广阔的社会环境中的适应性。设计师需要确保产品易于被消费者认知和理解，并且使用方便。同时，在全球可持续发展的背景下，环境保护、法律法规、社会伦理和知识产权等方面也是不容忽视的要素。产品必须符合大环境的要求，旨在实现社会、经济和环境的和谐发展。

（6）产品设计对于设计师的要求。在产品形态创意的过程中，设计师必须熟练掌握与产品形态紧密相关的各类知识，包括材料学、结构设计、生产技术以及人机工学等。此外，对当前艺术发展趋势和时尚特征的深刻理解同样重要。设计师还需具备良好的艺术修养，掌握形态设计的基本原理和方法，并不断提高自身的形态设计创新能力。产品形态设计是技术和艺术高度结合的体现，它不仅展示了设计师的技术熟练度，更是其创造力和艺术感悟的展现。一个成功的产品设计能够反映设计师对时代生活价值观念的深刻认知与理解，优秀的产品形态设计能够唤起人们的联想，激发情感反应，促进人们对产品的深入理解和情感认同。

（二）形态设计的规律分析

1.形态造型的规律

（1）对立与统一。对立与统一的法则是形式美学的核心，揭示了自然界、人类社会和人类思维领域中存在的内在矛盾性，其矛盾是推动事物发展的动力。在工业造型设计中，这一法则显得尤为重要。设计师在创造形态造型时，旨在实现统一和变化之间的平衡，创造出既符合目的功能又美观的形式。事物的矛盾是绝对的，而调和则是相对的。在工业设计中，设计对象的各个要素，包括功能、使用、舒适性与安全性、材料工艺以及环境等都需要构成一个有机的、有秩序的整体。这要求设计师在统一的设计规划下，通过对立与统一的规范和秩序进行协调配置，从而使设计产生整体效应。为了达到这一目的，设计中常采用一致性的表现手法、线条材质的统一和色彩的和谐来实现整体性效果。同时，设计师还会尝试增加形状、色彩、质地等共同因素，同时保持一定的变化，以实现多样统一的效果。

（2）平衡与不平衡。平衡主要体现在心理上的重力感，是一种视觉上的模糊效果。由于人类社会中大多数事物呈现对称平衡的形态，包括人类自身，因此平衡的造型给人带来熟悉和稳定的感觉，类似于统一的效果，可以让人感到舒适和安心。然而，不平衡的设计则提供了一种完全不同的视觉体验。它打破了常规，给人以无限的想象空间，赋予设计动感和活力。不平衡的元素能够激发观者的好奇心，使设计作品更加引人注目。但是，设计师在追求不平衡的同时，也需要谨慎，以避免过度失衡，可能会导致造型美的原则被破坏。因此，在设计时，应巧妙处理好平衡与不平衡之间的关系，设计师需要在两者之间找到恰当的平衡点，创造出既有生气又不失稳重的造型。

（3）节奏与韵律。节奏与韵律在空间中通过规律性的重复排列，为观者带来视觉上的整体律动感。律动感是多样性与统一性完美结合的结果，能够显著增强设计的视觉吸引力。节奏与韵律的变化不局限于形态，还包括大小、位置、方向和色彩等方面。

（4）比例与安定。完美的比例关系体现出物体稳定的秩序感，比例的恰当运用不仅确保了物体的视觉平衡，还赋予了设计以和谐与美感。此外，安定是指形态要素构成的对象在视觉上达到良好的整体协调。当比例与安定得到妥善处理时，设计作品便能在视觉上给人以舒适和满意的感觉，同时也体现了设计的精致和专业性。

2. 形态审美心理过程概述

（1）形态审美的过程。形态审美过程的核心在于理解和满足人类的审美需求，设计的存在和发展完全围绕着人的情感因素，涵盖了人类丰富的情感体验，如喜怒哀乐，以及视觉、听觉、触觉、嗅觉等感官因素。人的心理与生理特性、环境、地域和社会因素也对审美体验产生影响。在探究形态设计的心理特征时，设计师首先需要了解消费者的审美心理全过程。消费者对产品的认可和欣赏通常在瞬间完成，此过程包括注意、感知、联想、想象、情感和理解等多个心理因素，诸多因素相互联系、相互影响，每个都在审美过程中发挥着重要作用。当产品满足人的审美需求时，它便会被接受，而被欣赏的产品设计则被视为"好"的产品，从而在市场上取得成功。在审美心理过程的前两个阶段中，人们能清晰地注意并感知到产品的外形特征、比例尺寸以及表面材料的特性和肌理变化，从而形成对产品形态的初步认识。然而，人们对事物的认知往往具有主观性。即使是同一件作品，也会引起不同的反响，有的人赞美，有的人抨击。此种差异是由个体的审美心理活动所引起的，包括联想、想象、情感和理解。差异的表现主要受到人们不同的教育水平、艺术修养、社会经历和兴趣爱好，甚至社会环境等因素的影响。

（2）形态设计应吸引人的注意力。"注意"是指人的心理活动对某一对象的指向和集中，注意力具有选择性和集中性两个特点：选择性是指从众多事物中挑选出特定的对象，而集中性则是将全部心理情感集中在所选对象上。注意力的产生由客观和主观方面两部分组成：客观方面，即事物的特点能够吸引观众（如突出性、鲜明性、丰富的变化、新颖创新等）；主观方面，即观众的心境和情趣变化。形态设计的首要目标是引起人们的注意，只有当观众的注意力被吸引并保持一段时间后，他们才能将感知、想象、联想、情感和理解等心理要素集中于面对的产品，从而逐渐理解并接受该设计产品。可以通过材料的对比、线条的对比、色彩的对比等方式来增大形态要素间的对比强度，增加形态的动感，创造出能产生心理动感的形态，以激发观众的注意力。通过局部加工增加形态的指向性，使消费者忽略其他细节，更集中地注意到特定的对象上。增强形态设计的创新意识，利用新的形态设计激发消费者的"喜新厌旧"心理。

（3）形态设计应令受众形成感知。感知并非只是简单的感觉，即产品直接作用于人的感觉器官所产生的反应，它还包括知觉，即在感觉的基础上对产品作为一个整体的综合理解。感觉和知觉互为基础和深入，它们相互作用，共同影响着受众的审美体验。虽然审美感知似乎是瞬间完成的，但实际上它是一种复杂的心理活动，涵盖了受众的全部生活经验和文化修养。当受众面对产品形态时，他们首先需要直接感知这些形态，包括产品的颜色、形状、材质等直观要素。这要求设计师在设计时，重点关注如何使产品的形态要素易于被人们感知。人们通过形态设计，可以感受到心理量感。相同体积的产品，由于虚实变化的不同，给人的心理量感是不同的。引起心理量感的要素众多，如形态、色彩、肌理、材料、结构、空间等。在视觉上，色彩和材质的协调可以使产品产生美感。要达到这种协调，各要素间的统一是必要的。例如，色相的配合、色调的搭配以及明度的匹配，都能产生调和的效果。在材质上，表面的粗细与材质块的大小也会产生调和感。

（4）形态设计应为人提供联想空间。联想利于设计师使产品形态在人们心中更加鲜明生动，并且丰富人们的感知体验，联想也是用过去的生活经验来解读现在生活的一个重要方式。联想通常分为四种类型：接近联想是将有关接近的事物形成联想；类似联想是把具有类似特征的事物联系起来想象；对比联想则是将具有对立关系的事物联系起来想象；因果联想则是把具有因果关系的事物联系起来想象。以上联想类型为设计师提供了丰富的创造性思维活动的素材，使他们能够创造出既实用又引发人们深层次情感共鸣的形态设计。人们对未来的憧憬很大程度上是基于记忆，通过对记忆的提炼、删减和组织，人们积累了大量的联想素材。联想素材可能来源于一首歌、一幅画、一次初恋的体验或一段旅行中的风景，它们会在不同的时刻随机浮现，影响人们的情感和决策。例如，人们可能喜欢某款产品，因为它让他们想起与他人共度的美好时光；或者人们喜欢绿色，因为它让他们联想到大自然的美丽和愉快的旅行经历。设计师通过利用联想，不仅能够开辟更广阔的设计空间，还能创造出极其丰富和多样的立体形态。立体形态是产品功能和实用性的体现，更是一种情感和记忆的触发点，能够引导人们进入一个充满联想的空间。

（5）以想象带领人进入梦想的生活。在产品设计领域，消费者的接受态度不是被动的，而是通过想象和其他心理功能对产品进行积极的再创造。要求设计师充分运用想象力，创造出能够引领消费时尚的产品，激发消费者的想象力，让他们在看到设计作品时，能够主动想象拥有该产品后的生活情景，从而增强他们的购买欲望。产品的创新性是设计师想象力的体现。拥有创新性形态的产品给人以新颖和独特的感觉，而且往往能体现出设计师的巧妙想象力和强烈的创新精神。具有创新性的形态蕴含着一种特殊的美感，能够激发人们的精神和意志，唤起求知欲望，引发共鸣。想象力并非空穴来风，所有能激发想象的形态设计都是基于对现实生活的深刻理解。设计师通过对现实生活元素的提炼和加工，赋予设计更强的艺术性。消费者对产品的想象是在过去的感知基础上，对产品形态表象的加工和改造，创造出心目中的新形象，此种心理活动使得产品不仅仅是功能性的体现，更成为情感和梦想的载体。因此，设计师在创造产品时，需要深入理解消费者的心理和情感需求，利用想象力创造出能引起情感共鸣的产品形态。这样一来，产品设计能够满足消费者的实用需求，还能激发他们的情感和想象，让他们通过产品体验一种梦想中的生活。

（6）形态设计应为观众带来美好情感记忆。产品设计应能引起观众的积极情绪，从而在他们心中留下深刻且稳定的情感印象。情感在审美过程中起着核心作用，审美的体验和评价往往是多种心理因素的综合体，有关因素并非孤立存在，而是通过情感这一媒介，形成一个有机的整体。优秀的形态设计能够触动人心，唤起情感共鸣，使产品不仅是功能性的实体，更成为情感和记忆的载体，深深留在观众的心中。

（7）形态设计最终应易于被人理解与接受。形态设计的成功在很大程度上取决于其是否易于被人理解和接受，理解是一种思维活动，它涉及逐步认识事物的联系、关系，直至洞察其本质和规律。在产品评价过程中，理解分为直接理解和间接理解两种形式。直接理解是指受众通过直接的亲身体验对产品进行理解，而间接理解则是通过借用他人的经验以及自身的过往体验，并通过分析、综合、抽象和概括等思维过程来实现理解。无论采用何种理解方式，它们都是审美过程中的关键要素。产品的形态设计必须考虑到易理解性，以确保广大受众能够快速地理解产品的功能和美学价值。设计的直观性和易理解性对于加强产品与消费者之间的联系至关重要，能够促进产品的接受度和市场成功。

3. 形态设计的心理特征概述

（1）力感。尽管力是无形的，人们对其的感知却是通过某种形态的势态来实现的。力的不可见性给人以神秘感，激发人们的好奇心和兴趣。当人们将注意力集中到形态的变化上，并意识到这些变化是由于形态内部或外部的力量引起时，形态便具备了"力感"。自然界中的事物变化，如地壳内部力量导致的山体变化、岁月侵蚀的残垣断壁，以及符合自然规律生长的生命，都是力量现象的体现。历史上，人们对力的崇拜是深植于心的，具有力感的形态总能给人们带来强烈的吸引力和震撼。在立体形态设计中，力感的表现通常体现在形态的自身向外扩张和特定的势态上。例如，饱满的形态往往具有向外扩张的力感，前倾或垂直的形态则展现出向前或向上的动感，而弯曲的形态则给人以弹力感。在产品形态设计方面，力感的表现主要体现在线形的速度感、方向感，形体的体量感，以及材料的质量感等方面。当一个单纯的形态受到一定的力而变形时，此形态便被赋予了生命力，从而使人们感受到力的动感。形态变化的简洁性和恰当性决定了力的动感的鲜明程度。相反，如果形态受到多方向的力的作用，内外力的冲突可能使形态变得过于复杂，从而影响人们的感知和判断。因此，设计师在处理力感时需要控制好力的方向和强度，以确保形态既能传达力的动感，又不过于复杂，保持视觉和心理上的平衡。例如，观察一只没气的球，人们不仅会想象其饱满时的状态，还会自然地思考是什么外力导致了其现在的状态。在设计过程中，设计师需要巧妙地利用形态的变化来传达力的感觉，变化可以是形态的弯曲、拉伸、压缩或扭曲。此外，设计师在创造具有力感的形态时，还需要考虑其与产品的功能性和整体美感的协调。力感的表达不仅仅是视觉效果的呈现，更是对产品功能性和使用体验的增强。

（2）通感。通感是一种感官体验的相互作用与交融，它在形态设计中起着独特的作用。人们通过视觉、听觉、嗅觉和触觉来认识外部世界，而有关感觉在日常生活中往往是相互通融的。例如，听觉能够表现视觉，而视觉也能够表现听觉。感官体验的交错相通，即通感，能够使描述的场景或体验更加引人入胜，增加作品的吸引力和深度。在艺术领域，一幅画作或雕塑作品可以被视为凝固的音乐。它们通过线条、色彩或形体的变化展现出深浅、起伏、转折的效果，其变化符合层次丰富、律动变化优美的美学规律，与音乐创作中追求的律美是相通的。因此，艺术的各个领域是相互通融的，设计师在形态设计中不仅要关注单一领域的技能，更需广泛吸收其他艺术领域的养分。为了提升形态设计的文化和艺术内涵，设计师应不断提高自身的艺术修养，拓宽设计视野。

（3）形态充分展现个性。个性反映了个体在不同环境中相对稳定、独特的心理特征，这些特征影响人的行为模式。富有个性的设计能引起人们的注意，正如"鹤立鸡群"一般突出。个性心理特征包括人的能力、气质和性格等方面，影响着消费者的个性化选择。例如，在选择手表等商品时，消费者往往根据自身的身份和审美追求做出选择。年轻人在着装或选购物品时，通过特定的形状或色彩的选择来表达自己的文化水平、艺术气质和生活修养，形成个性特征。艺术家和设计师在创作时，也会赋予作品独特的个性特征，他们为了形成自己的艺术风格和个性而不懈努力。随着世界的发展，虽然生活、文化、习俗等方面的差异可能会缩小，但人们对艺术个性的追求不会改变。因此，在现代设计中仍然强调个性化，个性化的设计不是一朝一夕就能达成的，它需要在继承和发展传统文化的基础上，以创新求异的精神为先导，不断开拓思路，大胆实践。

4. 形态设计视觉美学的基本特征

（1）形态的整体感。当消费者观察产品时，他们首先对产品的整体进行快速扫描，以获得关于形状和样式的总体认识，然后才转向细部观察。整体意象的优先性意味着视觉感知的是整体形态而非细部；发生在视觉感知的最早阶段；此阶段比后续的注意力集中阶段更具优先性。注重整体的同时也不能忽略细节，细节是构成整体的基础，没有细节就无法形成整体。通常，最吸引人的产品是那些细节丰富而又能够形成整体感的设计。具有整体性的产品具有以下特点：整体产品形态特征明确、简洁、个性化强，能给人留下深刻的视觉印象，使产品在众多竞争品中脱颖而出；产品形态细节丰富，但各部分的形态变化都有一定的内在联系，使之能在视觉上形成统一感；产品给人的第一感觉是整体特征，而不是某个特定的细节，因为整体特征更能快速捕捉消费者的注意力，并在他们心中留下持久的印象。

（2）简洁的形态能引人注意。简洁的形态是指造型清晰明了、形态单纯真实，不追求过度装饰，其魅力在于能够给人带来强烈的现代感、视觉冲击感和舒适感。此种设计手法通过形态的视觉冲击来展现产品的造型，而非依赖于功能技术。人们在感知立体形态时，通常对简洁的形态表现出更高的关注度。简洁的形态易于记忆，就像卡通图形之所以受欢迎，是因为它们简化了原型，去除了多余的细节，从而更易被大众接受。同样，在产品设计中，简洁的造型更能吸引消费者的注意力。随着时代的演进，形态设计也趋向简洁化。简洁的形态和结构、清晰流畅的线条，既反映了现代设计的理性思维，又体现了当代社会人们的感性思维方式，且简洁的形态也折射出产品的现代化、高科技时代特征。

5.创新形态设计应注意的问题

（1）形态设计应注重创新意识的加强。创新意识不仅是对创新价值和重要性的认识，更是一种稳定的精神态势，它指导着设计师的思想和活动方向。创新意识象征着社会主体的明确奋斗目标和价值取向，是设计师不断追求新事物、不满足现状的动力源泉。设计师应具有强烈的创造欲望，永远对新事物保持好奇心和追求。人的创造力是无限的，思想的空间也是无边的，只要敢于打开思维，则能创造出惊人的效果。作为设计师，不应仅满足于将事情做好，更要追求创造出与众不同的作品，不能迷信过去的成就，要意识到事物总是处于不断发展之中，任何事物都有被改变或被超越的可能性。创新意识在设计中的体现是多方面的，从设计理念到材料选择，从工艺方法到产品功能，设计师都需要思考如何突破传统，创造出新颖独特的产品。

（2）突破思维定式。思维定式是一种根据已有经验和规律形成的稳定思维模式，此模式虽然带来了思考的便捷，但也容易导致思维僵化、缺乏创新。在设计过程中，固定的思维方式很可能限制了创新思维的发展，使设计作品缺乏新意和吸引力。因此，冲破思维束缚，摒弃照搬照抄的做法，对设计师来说是实现创新的首要任务。要打破思维定式，设计师需要在思想上树立突破习惯思维模式的勇气和决心，要求设计师具备强烈的创造意识，还需要借鉴和应用创新思维方法来开拓设计的新视角。例如，可以通过多元思维来探索不同的设计方向，逆向思维来反思常规做法的局限性，或者从其他行业和文化中汲取灵感，将其融入设计中。设计师应勇于尝试创新，从不同的角度思考问题，从而帮助他们跳出固有的思维模式，激发新的灵感和创意。

（3）提倡多元化的思维。多元化思维包括严密的逻辑推理和理性分析以及对艺术的直觉、想象和灵感，多元化思维方式允许设计师从不同的角度来探索和实验，从而创造出既科学又具有艺术美感的产品形态。要培养多元化思维，设计师首先需要打破固定的生活模式和思维习惯，让思维变得更加灵活和多样。观察是多元化思维的重要途径，设计师应时刻保持好奇心，从日常生活中寻找灵感，将这些观察转化为创造性的构思。此外，了解广泛的知识领域也是积累多元化思维素材的重要手段。在形态创新过程中，多元化思维包括以下四个方面：

①想象思维。想象思维是人类创造力的核心，使设计师能够在头脑中塑造出现实世界中不存在的形象。想象不仅是改造记忆中的表象，更是一种创新过程，它涉及将已有的经验和知识重新结合，创造出全新的形象和概念。无意想象是一种自发的、无目的的想象过程，常常在不经意间产生创新的想法。与无意想象不同，有意想象是有目的、有计划的想象活动。再造想象是根据语言或文字描述，在头脑中重塑事物形象的过程。创造想象是最具创新性的想象类型，设计师不依赖现成的描述，而是独立创造出全新的形象。

②联想思维。联想思维是通过过去的生活经验，找到现象之间的类似性或对比性，形成创新的设计思路。它可以基于接近、类似、对比或意义等不同的联系来进行。

③直觉思维。直觉是一种对事物本质和规律的无意识认识，它是基于深厚的知识和经验。直觉在形态设计中可以为设计方向提供指导，包括判断性和预见性直觉。

④灵感思维。灵感是长期思考的结果，是设计师在专注的思维活动中产生的。灵感思维总是活跃和兴奋的状态，是创造性活动中不可缺少的部分。

第二节　珠宝首饰设计形态构成的基本要素

一、形的塑造

在设计艺术中，形态和形象的塑造对于传达特定的风格和气质至关重要。设计师通过对形状和结构形式的巧妙运用，创造出具有独特视觉特征和心理效应的作品。直线形和直面形态代表了理性、中性化和硬朗的感觉，此种设计元素常用于强调结构的严谨和功能性，适用于现代建筑、工业产品等领域，反映出一种简约而明确的美学理念。相对地，曲线形和曲面形态则更多地体现感性、女性化和柔美。此种形态的运用常见于珠宝设计、家居装饰等，其流畅的线条和柔和的轮廓创造出优雅而温馨的氛围。点状形态则具有精致、凝聚和静谧的特质，在设计中，点状元素可以作为视觉焦点，吸引观者的注意，增加作品的细节感和深度。线状形态展现出流动、延伸和动态的感觉，在图形设计、绘画中运用广泛，创造出视觉上的动感和节奏，引导观者的视线流动。具象形态则提供细致、直观和亲切的视觉体验，通过模仿自然界的对象或现实生活中的元素，具象设计易于理解，能够快速与观众建立情感连接。抽象形态则展示简洁、神秘和理智的氛围，它通过减少细节，强调形式的纯粹性，创造出深邃而多层次的视觉效果，常用于现代艺术和品牌形象设计。了解并掌握不同形态的视觉特征以及心理影响，对于设计师而言至关重要。

（一）不同形态材料的选择、加工及运用

在珠宝设计中，对于不同形态的材料的选择、加工与运用是一门艺术。天然材料和人工材料各有其独特魅力，而如何巧妙地将它们融入设计，是考验设计师创意和技艺的关键。天然材料如珍珠、宝石、植物的果核和种子，自带天然纯朴的美感，天然材料的有机、不规则形态能够给设计增添一份自然的韵味。例如，未经过多加工的原石，可以展示其天然的色泽和纹理，让首饰作品展现出大自然的精致与原始。对于人工材料，则需要依

据设计的构思和意图进行加工改造。在此过程中，设计师可以将原本简单的材料转化为富有设计感的形态。此种转化不限于物理形态的改变，更包括对材料属性的重新定义。例如，通过现代加工技术，金属可以被制成细腻的丝状结构，模仿植物的纤细和优雅。现代设计师们越来越倾向于打破传统，通过原始和自然的元素表达设计理念。回归本质的设计思想，让人们感受到设计背后的生命力和情感。设计师在这一过程中要考虑材料的天然特性，还要考虑如何通过设计手法赋予其新的生命。此外，手工制作的形态与机器加工的形态、天然的形态与人为雕琢的形态的结合，可以进一步创造出强烈的视觉对比效果。

（二）点、线、面、块几种形态材料的运用及搭配

在现代首饰设计中，点、线、面、块等基本形态元素的运用和搭配，成为创造独特美感和表现设计理念的关键。设计师通过有关元素的巧妙组合，不仅创造出视觉上的节奏感和对比性，还能表达夸张、新颖和有趣的效果。点作为设计中的基本元素，可以是小巧精致的珍珠，或是夺目的宝石。它们在首饰中的分布，不论是均匀还是随机，都能营造出独特的视觉焦点和吸引力。线元素则提供了流动性和方向性，无论是柔和的曲线还是严谨的直线，都能在设计中引导视觉流动，带来动感或稳重的美学效果。线的运用，如链条、丝带或金属丝，增加了作品的延展性和层次感。面元素则是构成首饰平面或立体形态的基础，不同的面材质、颜色和纹理，可以创造丰富的视觉效果。面的应用，比如金属片、宝石的切面，或是光滑的镜面效果，都能增强首饰的艺术感。块元素在首饰设计中体现为立体的形态，如几何形状的金属块、雕刻的木块或其他材料的塑形。

（三）珠宝首饰设计象征意义的表达

首饰设计在中国历史上一直承载着深厚的象征意义，并随着时代的演变而不断发展和丰富。从古至今，首饰不仅是装饰身体的物品，更是文化、信仰和价值观的传递载体。在远古时期，首饰常常与神灵崇拜相关联，作为对自然力量的敬畏和图腾信仰的表现。进入历代王朝，首饰逐渐演变为象征富贵、吉祥、美好和幸福的重要媒介，动物、植物、人物等形象在首

饰中广泛应用，每一种形象都富有深刻的文化内涵和象征意义。在现代，首饰设计在保留和尊重传统文化精髓的基础上，融入了更多时代特色和个性化元素，反映了现代人的文化品位和精神追求。设计师们不仅注重首饰的美观和工艺，更注重其背后所承载的文化和情感价值，使得每件作品都成为一种文化的表达和情感的传达。首饰的设计和选择不再仅仅是外在的装饰，而是成为一种展示个人身份、文化素养和审美观念的方式。现代首饰设计通过各种创新的手法和材料的使用，把传统文化与现代审美完美结合，展示出独特的艺术魅力和文化内涵。

在首饰设计中，象征意义的表达主要通过符号象征和情节象征两种手法实现。符号象征作为设计艺术中的重要元素，强调了形式与内容的统一。此种象征手法中的符号包括两个核心要素：能指和所指。能指是指符号的物质形式，即它在视觉上的实际表现，如某种特定的图形、颜色或纹样。所指则是符号的心理概念，它代表了符号背后的象征意义和文化内涵。首饰设计师在创作时不仅关注于符号的视觉美感，更加注重符号所代表的深层意义。例如，莲花在首饰设计中不仅是一个美丽的图案（能指），同时也象征着纯洁和高雅（所指）。设计师通过巧妙的设计，使首饰的形态和神韵相得益彰，既展现了首饰的物质美感，也传达了深层的文化寓意。

二、色彩搭配

设计师通过精心的色彩配置，不仅创造出美观的视觉效果，更是在传达一种深刻的情感和文化内涵。色彩的选择和搭配遵循对比与调和的基本原则，涵盖色相对比、明度对比和纯度对比。不同的颜色组合，无论是明亮与暗淡，还是鲜艳与朴素，都能够营造出独特的视觉体验和情感氛围。在首饰设计中，每种材料都拥有其独特的色彩特性。无论是天然材料还是人工材料，它们各自展现出不同的色彩风格。设计师在多元化的色彩世界中，赋予了首饰设计无限的可能性。他们不仅仅追求色彩的视觉效果，更注重色彩所传递的性格、气质、风度和文化精神。人性化的象征性意义的表达，使得首饰设计不仅仅是一种外在的装饰，更是一种情感和文化的传达。通过大量的色彩实验和细腻的层次变化的探索，设计师能够更准确地把握消费者的内心世界，从而使得设计作品不仅具有强烈的人性化和亲和力，而且能够从心灵上触动消费者。深刻的色彩象征性表达，使得现代首饰设计不仅是一种美的享受，更是一种情感和文化的交流。

随着时间的推移，色彩的构成规律不断演变，反映出每个时代的精神风貌和审美倾向。在现代首饰设计中，色彩表现随着时代的变化而变化，展现出丰富多样的风格和特点。当今社会的时代精神推动了各种大胆、另类、个性化和反传统的色彩表达方式的兴起，新颖的色彩表现方式深刻影响了首饰的色彩设计，为现代首饰设计注入了新的活力和创造力。现代首饰设计中的色彩运用，不再局限于传统和常规的配色方案，而是更加注重个性化和创新。设计师们通过对色彩的独特处理和搭配，创造出充满活力和现代感的作品，以此来吸引不同审美偏好的消费者。色彩的运用不仅仅是为了美观，更是一种时代精神和个性表达的方式。如此，首饰不仅成为装饰品，还成为传达设计师创意和时代气息的媒介。

三、肌理表现

在设计艺术领域，肌理的呈现是一个至关重要且不可或缺的部分。肌理不限于表面的纹理和质感，它还涉及材料的触感和视觉效果。肌理在首饰设计中对视觉效果的影响尤为显著，因为它能大幅度提升首饰的艺术表现力和审美价值。不同的肌理，如光滑与粗糙、温润与艰涩，以及波点、条纹、网格等纹理，都能激发和丰富观众的视觉和触觉体验。诸多细节在首饰设计中影响到了作品的外观，还能体现出首饰的品质和气质。

（一）点、线、面的不同排列形式

在设计艺术中，点、线、面的运用构成了基本的形态元素，它们的排列和组合方式能创造出丰富多样的视觉效果。形态元素既可以是具象的，也可以是抽象的，既可以体现在平面上，也可以展现在立体空间中。通过对基本元素的创意运用，设计师可以构造出具有深度和层次感的作品。点可以通过不同形态的轨迹运动形成多样的线条，这些线条又可以围绕成各种形态的面，或者通过密集排列形成面或体。线条通过其运动和排列方式，也可以形成面或体结构。因此，通过对点、线、面的巧妙排列和组合，设计师能创造出独特的纹理和形态。例如，点状的纹理可以通过点的集中排列来形成，而线状的纹理则是通过线条的有序排列或编织来实现。结合运用不同的构成方式，如重复、渐变、近似、对比、特异、放射和空间等，设计师可以创造出具有秩序感、韵律美和动态感的肌理结构。

（二）不同材质的搭配形式

不同材质的搭配已成为一种流行的创作手法，它不仅丰富了作品的视觉效果，还提升了作品的艺术价值和表现力。不同材料，如贵金属、珍珠、宝石等与木材、陶瓷、铝、钛、镍、合金、玻璃等，都有各自独特的纹理和质地。通过加工处理，例如，抛光、喷砂、压膜、镂空、叠合等，材料可以展现出新的肌理和质感，进而产生丰富的视觉和触觉体验。现代首饰设计师善于利用这些材料的对比和搭配，创造出独特的设计作品。材料混搭方式不仅在视觉上产生夸张的对比效果，更在艺术表达上增添了深度。例如，将冷冽的金属与温暖的木材结合，或是将光滑的珍珠与粗糙的陶瓷配合，都能凸显出材料各自的特质，并在强烈的对比中更加凸显各自的质感。材质的搭配不仅仅是为了装饰效果，更是为了传达设计师的思想和理念。

第三节　珠宝首饰造型形态设计的审美与构成技巧

一、对比

对比作为艺术创作中的重要手段，存在于各种艺术领域，它通过强调事物间性质上的明显差异，如高与低、大与小、虚与实、曲与直、重与轻、表面肌理的光滑与粗糙等，来突出各自的特点。此种手法使作品充满张力和动感，成为艺术表达中的核心元素。对比的运用可以是色彩的对比，如冷暖色调的相互搭配；也可以是形态的对比，比如线条的流畅与棱角的分明；或者是质感的对比，例如光滑与粗糙材料的并置。但是，对比的运用需要恰到好处，过度的对比可能会破坏作品的整体和谐，导致视觉上的混乱和不协调。与对比不同的是"微差"，这是指物体或形态在尺寸、形式、色彩上的细微差别。微差并不是强烈的反差，而是更加细腻和连续的变化，类似于自然界中日出时分，光线由微弱渐至明亮的过程。微差的运用可以给作品带来一种平和、细腻的美感，使观者在细微之处发现设计的巧妙和艺术的深意。

在首饰设计中，对比和微差是创作的核心手法，它们通过增强首饰中本质差异的视觉表现，达到强烈的视觉冲击效果。此种设计手法在全球范围内的首饰制作中广泛应用，呈现出不同文化的独特魅力。例如，在亚洲中部的布哈拉汗国，居民用金、翡翠棍、电气石和异形珠子制作的耳坠，通过红色和绿色的色彩对比，展现出丰富的视觉层次和文化内涵。阿曼的金银手镯则利用暖色调的金与冷灰色的银形成对比，展示了材料之间的和谐与冲突。而印度卡纳塔卡地区的耳环，则通过金、玻璃和珍珠的组合，在疏密关系上形成对比，体现了细致的工艺和独特的审美。特别引人注目的是中国明代的头饰品，作品采用银、翠鸟羽毛、珊瑚、珍珠和翡翠等材料，展现了强烈的色彩对比，充分体现了材料的多样性，也映射出当时社会的审美趋势和文化价值观。

在首饰设计中，对比的运用旨在增强视觉上的冲击力，同时巧妙地平衡形体之间的冲突。对比设计方法在乌兹别克族的银质手镯中得到了典型的体现，它融合了银、银镀金、珊瑚和绿松石等多种材料。其中，珊瑚的红色和绿松石的绿色在灰色调的银质背景上显得特别活泼和清新，同时又不显得过于突兀。

二、均衡

在设计和艺术领域中，均衡的概念与物理学上的均衡存在明显差异。物理学上的均衡属于科学研究范畴，关注的是客观现象和规律；而美学上的均衡则更多关注于审美体验，它是观者通过视觉和感觉器官所获得的一种平衡感觉，是一种形象思维方式。审美上的均衡感觉源于人们对自然界长期的观察和理解，例如，在设计中常见的"上小下大"的形态稳定性，可能就是源自人们对山脉的稳重和树木根部的厚重观察。此种形态在视觉上给人一种平稳安定的感觉，反映了自然界的均衡规律。在绘画构图中，艺术家通过调整色彩、光影、线条等元素，创造出一种视觉上的均衡感觉，以达到作品的整体和谐。美学上的均衡是形式上的平衡，还涉及内容与形式、实与虚、动与静之间的相互关系和协调。它是一种综合的审美追求，反映了人类对和谐、稳定与秩序的心理需求。因此，无论是传统艺术还是现代设计，均衡都是一个重要的审美准则，它引导着创作者如何在作品中寻求平衡与和谐，以触动观者的审美情感。

在艺术和设计领域，对形态的呼应和平衡感的追求往往源自人类对自然规律的理解和对自身运动体验的深刻把握。审美上的均衡和稳定不仅是长期经验的积累结果，而且是人类对自然界和社会现象的深入洞察和理解。从实践活动中，人们逐渐领会到，符合自然规律的现象往往是安全且令人感到舒适的。例如，古埃及人建造的金字塔，利用上小下大的形态设计，以确保结构的稳固和持久；天平作为衡量物体重量的工具，也是基于均衡原理的应用。尽管美学上的均衡与物理学上的均衡在性质上有所不同，但它们在遵循的基本原则上有诸多相似之处。设计者可以通过逻辑思维方式，有效地解决形象思维中的均衡问题。均衡分为静态均衡和动态均衡两类，其中，静态均衡包括对称均衡和非对称均衡。对称均衡作为一种绝对的均衡形式，体现完整性和统一性，常见于具有重要政治意义的建筑，如北京故宫、古希腊雅典神庙等建筑，通过对称的设计传达出稳定和庄严的气氛。与之相对的是非对称均衡，非对称均衡在形式上更加生动和灵活，能够创造出与对称平衡截然不同的韵律和内涵。例如，在宋代画家马远的绘画中，画面上的树木和人物虽主要分布在一侧，但通过对画面其他部分的巧妙处理，如逐渐消失的山径和人物行进的方向，观者的视线和想象力被引导到画外，从而有效实现了画面的平衡和韵律。

三、对称

（一）对称的定义

在设计艺术中，对称是一种重要且常用的构图手法。它是自然界的普遍现象，如植物的叶子、蝴蝶的翅膀等生物体都展现出美丽的对称形态。对称不仅是达成视觉平衡的有效方法，而且从古至今一直是人类设计中的一种基本手段。对称的核心在于将几何形状相同或体积相似的物体按照一定的规律排列，从而创造出和谐统一的视觉效果。此种排列方式让设计作品具有一种秩序感和规律感，既满足了功能需求，而且在很大程度上满足了审美要求。自古以来，对称被视为造型设计的重要元素。人们依据对称规律建造房屋、制作工具和日用品，反映了对称在人类生活中的普遍应用。在中国古代，对称的设计方法广泛应用于建筑和纹饰设计中，如宫殿建筑、器物装饰等，都体现出对称美的独特魅力。对称的设计不仅在视觉上产生均衡和稳定的效果，而且在文化和审美上也具有深刻的意义，它反映了人类对和谐、秩序与美感的追求。

（二）对称的基本类型

1.轴对称

轴对称，亦称镜面对称，是一种基础且普遍的对称形式。在此种布局中，物体的两半部分沿一个中心轴线对称排列，就像物体与镜中映像的关系一样，此种设计在几何形态中表现得尤为明显。在建筑设计领域，轴对称常用于强调建筑的主轴线，这一轴线不仅是视觉的焦点，也往往成为空间运动和视线流动的主导方向。

2.中心对称

中心对称是一种独特的几何平衡方式，其中，图形围绕着一个中心点进行旋转。当图形旋转180°后，若能与原图形完美重合，则此图形被称为中心对称图形，此种对称类型在设计中常用来创造视觉的和谐与平衡。中心对称的图形不仅在视觉上具有一种优雅的均衡感，还能传达出一种秩序与稳定的美学效果。

3.旋转对称

旋转对称是一种特殊的对称形式，其中一个图形绕一个中心点旋转一定角度后能与另一个图形重合，被称为旋转对称图形。值得注意的是，所有中心对称的图形也属于旋转对称图形。

（三）对称的应用

对称构图不仅能够实现视觉上的均衡与和谐，而且能强化建筑的庄重感和正式感。在建筑设计中，对称主要表现为轴对称，即中心线两侧的图形在形状和方向上完全一致，仿佛通过一面镜子反射出来的形象。历史上许多著名建筑采用了对称的设计理念，例如中国的故宫，展示了严格的轴对称布局，反映了中国古代的宫廷建筑风格，而且象征着皇权的中心和至高无上。古希腊的神庙、埃及的金字塔和意大利的罗马凯旋门也都采用了镜面对称的形式，通过对称构图传达出建筑的庄严和永恒。在现代建筑设计中，对称的处理手法依然广泛存在。例如，中华世纪坛和人民大会堂等代表性建筑，都运用了对称设计，以此来强调建筑的正式性和权威性。

除了轴对称外，中心点对称和旋转对称也是常用的设计手法。中心点对称主要出现在一些园林建筑和宗教建筑中，此种设计方式能够创造出一种和谐而平衡的空间感。例如，北京的颐和园中的亭子、天坛的祈年殿，以及英国著名的巨石文化石圈，都是中心点对称设计的杰出代表。这些建筑通过对称的方式，传达出宁静、稳定和庄严的气氛。旋转对称在建筑的组成构件中也很常见，如旋转楼梯的设计和洛可可风格建筑中的柱身装饰，都采用了旋转对称的形式，有效增添了建筑的美感，还带来了动态和流动的视觉效果。在现实的建筑设计实践中，对称的运用通常是多种形式的混合。设计师们经常将镜面对称与轴对称相结合，以期能够达到更为复杂和丰富的视觉效果。

在自然界和设计中，绝对对称是难以实现的。例如，在建筑设计中，虽然立面可能呈现出对称的基本形态，但功能和审美需求往往导致一些局部的不对称元素出现，如不对称布置的窗户和门。此种设计手法在首饰设计中也常见，整体设计可能遵循对称的原则，但为了增加独特性和视觉趣味，设计师会在局部进行创新和变化。局部的不对称元素虽然与整体的对称格局形成对比，但其影响相对微弱，不足以破坏整体的对称感。相反，此种局部的不对称设计能够在一定程度上增添作品的层次感和动态感，使设计作品更加生动和吸引人。

四、韵律

韵律，源自音乐领域，指音调的起伏和节奏变化，但在广阔的艺术世界中，它的意义远不止此。从山川的蜿蜒到海浪的隆隆，从自然景观到人类创造，韵律无处不在，无时不在影响着我们的感知和体验。在首饰设计中，韵律的表现形式多样。首饰的形态变化本身就是一种韵律的体现，从线条的流畅弯曲到形态的律动起伏，每一种变化都在传递着一种动态的美感。比如，一串珠宝的递增或递减排列，不仅构成了视觉上的韵律，同时也赋予了首饰一种节奏感和动态美。色彩变化同样能展现韵律，在首饰设计中运用不同的色彩对比和过渡，可以创造出丰富的视觉效果。例如，渐变的宝石颜色不仅展示了材质的丰富性，也让整件作品呈现出流动般的色彩韵律。视觉联想在首饰设计中也是实现韵律的重要手段，设计师通过对形态和结构的巧妙安排，激发观赏者的想象力，引导他们在心理层面感受到韵律的存在。例如，一件设计灵感来自自然界的首饰，可能会使人联想到风的轻抚或水的流动，从而在心理上感受到一种动态的美。综合运用这些手法，首饰设计可以实现更为复杂和丰富的韵律表现。通过形态、色彩、光影的相互作用，设计师能够创造出既富有层次感又具有动态美的首饰作品。

第六章　珠宝首饰设计的构思及审美理念

第一节　对于珠宝首饰设计师的要求

一、具备一般性绘画能力与专业设计基础

首饰设计师的职业要求不局限于创意和想象力的发挥，更重要的是拥有扎实的绘画能力和专业设计基础，基础能力是设计师将创意转化为具体作品的关键。一般性绘画能力是首饰设计师必不可少的技能，包括素描、速写和色彩等方面。素描能力使设计师能够准确地捕捉并表达物象的形态和结构，设计师通过速写能够快速记录和表达设计想法，色彩能力则涉及对色彩的感知、应用和操控，包括对自然色彩的提炼、概括和归纳，以及对色彩结构规律的理解。专业设计基础是构成首饰设计的核心，平面构成关注的是元素在二维空间的有序排列和组合，直接关系到首饰设计的图形和图案的创作。立体构成则更关注物体的体积造型和结构规律，在设计三维首饰时尤为重要。色彩构成是理性化的色彩分析，涉及色彩如何影响人的心理和视觉感受。

二、深入了解与细微观察客观物象

首饰设计艺术的核心在于对自然界和客观物象的深刻洞察和细致观察，"参差多态乃是幸福的本源"这句话恰如其分地概括了大自然在首饰设计中的重要性。大自然不仅是形式美感的展现，也是设计思想和灵感的无尽源泉。对于首饰设计师而言，探索和解读这些自然界的奥秘是创造独特、富有情感的作品的关键。

（一）分析内部组织结构

首饰设计师在设计时，不应仅仅停留在客观物象的外表欣赏，更需要深入理解其内部结构的精髓。例如，在观察花朵时，设计师除了要欣赏其美丽的外观，更应深入洞察花蕊、花瓣、花蒂等元素的基本形态和结构特征。深入的分析和理解有助于首饰设计师在创作过程中能够重新组合和演绎这些元素，从而创造出既自然又富有创意的作品。通过对自然元素内部结构的深入研究，设计师能够捕捉到更多细微之处的灵感，将灵感融入设计之中，使作品不仅复现了自然物象的美，更加入了人的创造性思维和艺术表达。例如，一个以花朵为灵感的首饰作品，设计师可以通过对花朵内部结构的了解，精准地捕捉花瓣的曲线、花蕊的排列等特点，将有关元素以新的形式和材料进行创新性的重组，创作出既具有自然美感又展现现代审美的首饰作品，从而使得首饰作品不仅是装饰品，更是艺术品，能够展现设计师对自然美和艺术美的深刻理解与创新表达。

（二）获得形式结构和规律的启发

自然界充满了各种独特的形式和节奏，例如，瀑布的流动性、羽毛的轻盈性和斑马纹理的节奏性。此类元素不仅美丽，还蕴含着丰富的形式结构和规律。通过细致观察自然元素，设计师可以从中得到关于流动性、轻盈性和节奏性等方面的启发，进而将其特点融入设计中。瀑布的流动性可以启发设计师创造出具有动态美感的作品，比如设计可以模仿水流的流畅线条和不断变化的形态。羽毛的轻盈性可以启发轻盈而细腻的设计，使用轻柔的材质和细致的工艺来表现羽毛的轻盈和优雅。斑马纹理的节奏性则可以激发设计师创作出具有强烈视觉节奏感的作品，通过黑白相间的图案或者重复的线条来营造出节奏感。从自然界中获得的形式结构和规律的启发，为设计师提供了丰富的视觉语言和表现形式。它们不仅增强了作品的美感，还使作品具有更深层次的意义和更强的表现力。因此，自然界是设计师不竭的灵感源泉，通过对自然界的观察和学习，设计师可以不断地拓宽自己的设计视野，创造出既符合自然规律又充满创造力的作品。

（三）非常态的观察视角

改变常规的观察角度，如采用俯视或仰视，甚至通过解构和剖视的方法，可以揭示出隐藏在日常视角下不易察觉的美。非常规的观察方式，使设计师能够从不同的视角和层面发现物体的新奇和美丽，从而在设计中融入这些独特的视觉元素。例如，从仰视角度观察一朵花，可能会发现花瓣排列和色彩变化的独特图案；而俯视一片叶子，则可能揭示出叶脉交错的精妙结构。通过非常态的观察视角，设计师能够捕捉到常规视角下无法发现的美的细节和结构，从而创造出具有创新性和独特性的设计作品。非常态的观察方法，鼓励设计师打破固有的思维模式，从不同的角度审视和理解世界，将新颖的视角和感悟融入设计中，展现出物体的不同美感，同时体现出设计师的创造力和艺术表达的独特性。通过非常态的观察视角，设计师可以创作出既具有美学价值又充满创新精神的作品，为传统首饰设计带来新的生机和活力。

（四）观察物象的兴衰发展过程

在首饰设计中，观察物象的兴衰发展过程是一种富有创造力的灵感来源，物象的生长、变化和衰亡过程中蕴含着丰富的美学价值和深刻的情感。例如，一朵花从含苞待放到盛开再到凋零的过程，每一个瞬间都蕴含着独特的美感和情感。设计师可以捕捉这些瞬间，通过艺术的手法将其转化为具有故事性和情感深度的首饰作品。例如，设计师可以捕捉到花朵绽放的那一刻的美丽，通过首饰的设计来表现这种生机勃勃的感觉；或者捕捉到花朵凋零时的凄美，以首饰的形态来表达这种优雅而悲伤的情感。此种设计方法不仅使首饰作品具有独特的视觉美感，而且赋予了作品更深层次的意义和情感表达。它使首饰不仅仅是一个装饰物，更成为讲述故事、传达情感的媒介。通过此种方式，设计师能够将生活中普通的物象转化为充满情感和故事性的艺术作品，为佩戴者提供了更加丰富和个性化的选择。

三、应具备丰富的想象力

想象力在首饰设计中扮演着无可替代的角色，是设计师内心世界的无形桥梁，将现实世界的观察与内心深处的创造力连接在一起。想象力的丰富度直接决定了设计的深度和广度，首饰设计不仅仅是对形态和美感的再现，更是对情感和梦想的表达。没有想象力，首饰就失去了触动人心的灵魂，变成了冷冰冰的物体。丰富的想象力来源于对生活的细致感知和深刻理解，生活中，即便是最微小的细节也能激发出无限的创意。对于首饰设计师来说，常见事物不只是表面的形态，而是联想和创造的起点。每一件首饰作品，都是设计师对现实世界的感知与内心世界想象的融合。首饰设计中的想象力是幻想的飞跃，更是对实际观察的深化和扩展。设计师通过观察得到的灵感，通过想象力的加工，变成独一无二的艺术作品。

四、熟悉掌握珠宝首饰材料学及工艺学

首饰设计的艺术性和实用性是紧密相连的，其要求设计师具有高超的艺术创造力，还要求他们深入了解和掌握首饰材料学和工艺学，从而使首饰设计成为一种融合艺术感性和工艺理性的综合性设计活动。首饰材料的选择和工艺的运用，直接影响首饰的美观度、耐用性和佩戴的舒适性。设计师在设计过程中，不仅要考虑首饰的外观造型和美学表达，更要深入考虑材料的物理和化学特性，如金属的延展性、宝石的硬度和折射率，以及各种材料的相容性等。同时，还需熟知各种加工技术，如浇铸、熔焊、电铸、冲压、镶嵌等，以及抛光、电镀、喷砂、腐蚀等表面处理技术，此类技术的合理应用将直接影响首饰的整体效果和品质。在设计过程中，首饰设计师应充分考虑设计的可实现性。他们需要在创意的自由度和材料与工艺的限制之间找到平衡点。这要求设计师不断学习新的材料学和工艺学知识，保持对行业最新发展动态的敏感，不断探索和尝试新技术、新材料的可能性。

五、深入了解市场需求

首饰设计作为一种艺术形式，同时也深深植根于市场需求之中，了解市场是每个首饰设计师必须掌握的关键能力。设计师不仅需要展现个人的

审美观念，更要精准把握市场趋势，满足消费者的多样化需求。设计过程中，首饰的市场定位、目标消费群体、预算成本及市场竞争力成为决定设计方向的重要因素。首饰设计要与时俱进，适应不同的生活方式和审美偏好。例如，休闲风格的首饰适合日常佩戴，精致高雅的首饰则更适合正式场合。首饰设计师要深入了解目标消费者的生活习惯、文化背景、审美标准，以及他们对首饰的实用需求和情感寄托。首饰设计还需要考虑材料成本和制作工艺的可行性，确保设计的作品在市场上具有竞争力。价格合理且设计独特的首饰更容易受到市场的青睐。设计师应不断研究市场动态，洞察消费者整体的变化趋势，并且及时调整设计策略，创造出既符合市场需求又具有艺术价值的首饰。

第二节　珠宝首饰设计的构思过程及方式

一、珠宝首饰设计构思的过程

珠宝首饰设计思维的基本构成内容包括了设计主题、素材、材料、色彩等多种因素。如今，伴随着珠宝首饰设计构思进程的加快，设计思维从无序化到秩序化，意念从混乱到清晰，大致可以分成萌芽、酝酿以及成熟三个关键阶段。

（一）萌芽阶段

设计构思的萌芽阶段，仿佛是一片充满无限可能性的创意荒原。在此阶段，设计师的思维如同脱缰的野马，自由奔跑于各种想法和灵感之间。这一时期，思维没有明确的边界，创意的火花在混沌中闪烁，带来无数的可能性和方向。设计师的挑战在于如何在纷乱而丰富的思维中寻找到一个清晰的主线，需要设计师具备敏锐的洞察力，能够捕捉到最有潜力的想法，并从中筛选、整合，最终形成一个连贯而有力的设计方向。此过程往往需要大量的思考、实验和反思，以确保从初步的混乱中提炼出具有创造性和实用价值的设计概念。

（二）酝酿阶段

设计构思的酝酿阶段，像是一个深入挖掘和精炼创意的过程。在这个阶段，设计师的脑海中的思维火花逐渐具体化、成熟化，原始的灵感得到深化和完善。设计师会不断地对初步的想法进行推敲和调整，可能是对原有意念的深入，也可能是对早期方案的必要修正。此时，设计的各个要素，如材料选择、形态构思、色彩搭配等开始浮出水面，逐渐成为设计师关注的焦点。设计师在这一阶段的任务，就是在纷繁复杂的元素和想法中进行筛选和整合。他们需要在各种矛盾的想法中找到平衡，逐步让设计构思变得更加清晰和明确。这个阶段的成功关键在于能否有效地整合这些复杂的元素，形成一个既有创造性又实用的设计方案。

（三）成熟阶段

设计构思的成熟阶段是一个关键的转折点，设计师通过持续的思考和探索，渐渐将初步的构思转化为更明确、更完善的设计方案。在这个阶段，设计师不仅仅是在完善设计的表面形态，更是在深层次上对设计理念进行细致的打磨和深化。该阶段的工作重点在于如何将设计思想与实际的形式紧密结合，使之成为一个具体、可实施的设计计划。要求设计师不仅对设计的外观有深刻的理解，还需要对材料、工艺、功能和美学等多个方面进行全面的考虑。只有当有关元素被充分思考并巧妙融合时，设计构思才能真正成熟，变成一个可以实际应用的设计成果。

二、珠宝首饰设计构思的方式

珠宝首饰设计构思有着多种多样的设计资源、构思途径以及灵感引导，虽然设计构思的方式与设计目的、设计要素等多种因素息息相关，并不存在固定的模式或者规定的方式，但是创造性思维还是具有一定规律可循的。从整体角度上来看，珠宝首饰设计构思的方式与着眼点主要有下面三种。

（一）从确立主题着手的设计构思

在首饰设计的构思过程中，确立一个明确的主题对于整个设计的成功至关重要。主题作为设计的灵魂，为设计师提供了一个明确的方向，成为激发创意和思考的中心。一个精心挑选的主题能够给予设计以深度和寓意，使作品不仅在外观上吸引人，更在内涵上引人深思。选择主题时，设计师可以从多个角度进行思考，如自然界的美、文化元素、艺术流派、个人情感经历等。确定主题后，设计师可以围绕这个中心发散思维，探索各种可能的设计元素，如形式、材料、色彩和工艺技术。此过程中，设计师的创造力得到了充分的发挥，每一种尝试都可能成为作品独特之处。例如，若主题选定为"自然之美"，设计师可以从大自然中获取灵感，如树叶的纹理、花朵的形态或动物的图案，再将这些元素以首饰的形式呈现出来，运用不同的材料和色彩来表达自然的美感。同样，若主题是某种文化元素，设计师可以深入研究这种文化，提取其核心元素，并以现代的审美来重新解读和表达。一个好的主题能够有效激发设计师的创造力，还能引导整个设计过程朝着统一而富有创意的方向发展。通过主题的指引，设计师能够将创意和技术有机结合，创造出既符合审美趋势又富有个性和深度的首饰作品。因此，在首饰设计中，确立一个明确而富有吸引力的主题是构思和创作的关键步骤。

（二）从限定的材料与制作工艺着手的设计构思

在首饰设计领域，从限定的材料与制作工艺着手的设计构思是设计师与生俱来的反应。此方法关注于材料本身的特性，如质感、光泽或颜色，也深入探索在制作过程中可能产生的独特效果，比如意外的纹理或形状变化。这样的设计过程往往能够激发设计师的灵感，引领他们发现全新的设计方向和创作方法。材料和工艺在首饰设计中扮演着至关重要的角色。设计师通过对不同材料的深入了解和实验，能够更好地利用这些材料的特性来表达自己的设计理念。例如，使用柔软的布料或皮革可以创造出截然不同于传统金属首饰的风格；运用现代合成材料或者再生材料则可以实现环保与时尚的结合。制作工艺的选择和应用也是首饰设计中不可或缺的一环，通过探索和实验不同的工艺技术，设计师可以创造出无法预见的美丽效果。例如，利用焊接、锻造或铸造等技术可以创造出不同的质感和形状，而通过现代技术，则可以实现更加复杂和精细的设计。在当代首饰设计中，由于新型材料和先进工艺的不断涌现，设计师面临着更多的可能性和挑战。新型材料如轻质合金、有机玻璃、环保塑料等为设计师提供了更多的选择，而先进的制作工艺则使得设计的实现更加灵活和多样。

（三）有感而发的珠宝首饰设计构思

在首饰设计的领域中，有感而发的设计构思占据了至关重要的位置，设计师的直觉和想象力发挥着核心作用，它们带来的灵感往往是突如其来且充满生动性的。此种灵感的来源不局限于传统设计方法和技术，更多地源自设计师的个人经验、修养、情感以及那些随机而不可预知的创意线索。此类设计过程的特点在于，它强调设计师个性的表达和独特的艺术感觉。每一件作品都是设计师内心世界的反映，是其情感、思想和审美的综合体现。设计师的个人风格在这一过程中得到了突出，使得每件作品都具有独一无二的艺术价值和情感寓意。例如，设计师可能会从一次难忘的旅行中获得灵感，将所见所感融入首饰设计中；或者从一部电影、一本书、一段音乐中提取灵感，创造出与众不同的作品。这些作品往往不仅在技术上精湛，在情感和艺术表达上也展现出独特的魅力。在此过程中，设计师需要对自己的直觉和想象力给予充分的信任和自由。这意味着，设计师不应拘泥于传统的设计范式或过分理性的分析，而应让自己的直觉和创造性思维自由发挥。通过对偶然灵感的捕捉和发展，设计师可以将有感而发的灵感转化为富有创造力的设计理念，创造出具有深刻意义和美学价值的作品。

三、珠宝首饰设计意象与设计文化

中国古代的美学理念认为，意象超越了文字和形式的局限，通过象征和暗示来表达深刻的情感和思想。首饰设计中的意象，既可以是传统文化的延续，也可以是现代审美的体现，它们融入设计中，赋予作品独特的文化内涵和情感价值。在首饰设计过程中，设计师通过对色彩、材料、形态、空间和比例的精心选择和组合，创造出充满意义的作品。视觉元素本身虽无生命，但在设计师的巧妙运用下，它们能够触动人们的情感，唤起共鸣。例如，使用特定的颜色和材料可以引发人们对某一文化或历史时期的回忆和联想；形态和比例的巧妙搭配则可以传达出特定的风格和气质。首饰作品的意象性既体现了设计的文化精神，还能强化作品的认知度和艺术感染力。当首饰设计富含深刻的文化内涵和情感表达时，它就不再只是一个简单的装饰品，而是成为一种文化符号和情感载体。此种设计能够激发人们的情感共鸣，促进人们对作品的认同感和归属感，从而更有效地与观众建立情感上的沟通和交流。

第三节　珠宝首饰设计中的素材收集与提炼

一、珠宝首饰设计中的素材收集

在首饰设计的过程中，设计素材的收集与整理是一项不可忽视的工作。对于首饰设计师而言，应建立一套适合自己的视觉记录形式，虽然记录不会立即与设计理念产生直接联系，却能在日后的设计工作中成为无可替代的灵感来源。设计素材的收集，应遵循从具体到抽象、从细节到整体的原则。无论是通过影像设备、速写、剪贴，还是实物收藏，每一种方法都应确保信息的细致、完整、客观、真实和准确。这样，设计师在后期设计时便拥有了丰富而有价值的资料库。拍照是一种便捷的素材收集方式，它能够客观地记录客观物象，尤其对于动态物象的记录更为有效。然而，设计速写则更能反映设计者的主观情感和理解。设计速写不仅是对外界事物的视觉记录，更是设计师通过个人经验、情感和理解进行的创造性再现。它能够激发设计灵感，拓展思路，并为设计作品提供丰富的素材。速写的价值在于其即时性和独特性，能够记录瞬息即逝的创意火花。剪贴则是另一种有效的素材整理方法，设计师可以从报纸、杂志等媒体中剪下激发其感官的文章和图片，按逻辑或时间顺序进行整理。剪贴方式有助于设计者对信息进行再次思考和理解，从而在设计中得到更深入的应用。与此同时，实物收藏也是一种重要的素材积累方式。例如，保存一片美丽的叶子、一块精美的石头，或是一颗色彩斑斓的珠子，都能在设计中提供直观且具体的灵感来源。虽然实物收藏可能占用一定的空间，但其能够提供更加直接和生动的感观体验。在设计素材的收集和整理过程中，设计师需要保持开放的心态和敏锐的观察力。生活中的每一个细节，无论是自然界的奇观，还是人文环境中的琐碎之物，都可能激发出独特的设计灵感。设计师通过素材的积累，能够丰富自己的视觉库存，更能在设计过程中发掘出更多的可能性。

二、珠宝首饰设计中的素材提炼

（一）珠宝首饰设计素材的提炼方式

客观物象的描绘与记录，尤其在首饰设计中，往往转化为二维影像的抽象与概括。在这个过程中，生物形态的曲线、直线、明暗对比、虚实关系以及空间布局成为关键的视觉元素。例如，观察植物叶片时，其轮廓形状可以被抽象为几何图形，如曲线、直线、椭圆、三角形或平行四边形。转化是形态的简化，更是一种对自然界美学的重新诠释。对称作为一种普遍的自然现象，也被广泛应用于首饰设计中。许多物象呈现出明显的对称性，如对称轴或对称点，此类元素在设计中可以被用来创造视觉上的平衡和和谐。不仅如此，数学比例关系，如黄金分割和等差数列，也常常被引入设计中，它们不仅增加了作品的美感，还赋予作品深层次的文化与哲学意义。

通常通过借用、引用、移植或替代等方法，来实现对具象物象的模拟和再现。仿真模拟不是对物象外形的简单复制，而是通过对物象特征的深入概括和提炼，再利用抽象的几何形态和不同的构成要素，来直观地表达客观物象的独特性。这样的设计方法使得首饰作品展现出活泼可爱的风格，语意清晰而直白，同时具备突出的装饰感和艺术性。此种设计手法的优势在于，它能够将日常见到的自然物象或文化符号，转化为易于识别且富有情感表达的设计语言。（图6-1）

图6-1 提炼素材的考虑方向

1.具象形态

具象形态在首饰设计中是一种以自然界中的形态为直接灵感源泉的设计手法，此类设计通常与特定的地域文化、民族传统、宗教信仰和习俗紧密相关，反映了一种对自然美的深刻理解和尊重。典型的具象形态设计以动植物为主要造型元素，如孔雀、蝴蝶、蛇、豹等动物形象（图6-2），以及玫瑰、兰花、树叶等植物图案（图6-3、图6-4、图6-5）。

图6-2 蜻蜓胸针

图6-3 花朵耳坠

图6-4　树叶耳坠　　　　　　　　　　6-5　翡翠树叶吊坠

2.抽象形态

抽象形态在首饰设计中是一种富有创造性和表现力的手法，此种设计手法从自然形态出发，通过艺术手段如变形、夸张和联想，对自然形态进行再创造和解构，从而产生与众不同的新形态。与具象形态相比，抽象形态不仅保留了自然形态的基本特征，还融入了设计艺术的独特风格。此类设计具有结构简洁、形态明确、内容突出的特点，能够在视觉上产生深刻的印象。在设计的心理和逻辑层面，抽象形态能更有效地激发艺术想象和视觉愉悦，引起强烈的形式感和时代感。抽象形态的创造方式主要涉及整体抽象法与局部抽象法。

（1）整体抽象法。整体抽象法在首饰设计中的应用，尤其是以动物为主题的设计中，展现了一种独特的艺术魅力。设计师通过深入观察动物的各个细节，如体态、线条、肌理，甚至是动物的动态和精神特质，然后筛选出最具特点和表现力的元素，对它们进行艺术性的提炼和重组。以猎豹为例，设计师不仅关注其迅猛、优雅的身姿，也会留意到其独特的斑点、流畅的线条和强壮的肌肉。在设计过程中，可能会强调猎豹的流线型体态，简化猎豹的形象为几何线条或者是抽象的形状，既保留了猎豹动物本身的特性，又赋予了首饰以现代感和艺术性。设计师还可能将猎豹的优雅与女性魅力相结合，创造出既有动物特性，又有女性优雅的首饰。

（2）局部抽象法。局部抽象法在首饰设计中的应用集中于对物体特定部分的强调与放大，从而捕捉并展示其独特的美学特征。局部抽象法通过对形态的某个局部进行深入的观察和分析，提取出最具标志性和视觉冲击力的元素，作为设计的核心。

（二）珠宝首饰设计素材提炼应体现设计师个人风格

珠宝首饰设计素材的提炼与加工过程并非程式化的，或者一成不变的。不同设计师的审美情趣、文化背景等方面各有差异，同一个主题会被不同设计师处理成不同的艺术形式，从而呈现出设计师不同的个人风格。

第四节　珠宝首饰设计与审美理念

一、古典风格的珠宝首饰设计理念与审美

复古潮流在时尚界周期性地回归，带来一波又一波的古典风格复兴。在首饰设计领域，此种趋势表现为对古典元素的重新解读和创新应用。古典风格的首饰以其精湛的工艺和华丽的材料而闻名，金银珠宝的使用使得作品色彩丰富而华美，结构上则展示出复杂而精细的设计。此种风格的灵感来源广泛，包括中式旗袍的优雅线条、甲骨文的神秘符号，以及明清时期的雕梁画栋和古罗马装饰艺术的精美浮雕。此类古典元素不仅赋予首饰作品一种时代感，而且融合了现代化审美，创造出既具历史韵味又符合现代审美的独特饰品。

当古典风格重新回归现代设计领域时，它不再是单纯的照搬或复制。古典风格的重现必须考虑到它与原始时代的社会背景和人文气息的深刻联系，这些都是时代留给我们的宝贵遗产。今天的古典风格设计，不仅仅是对过去美学的一种致敬，更是一种创新和转化。设计师们从古埃及、古希腊等古老文明中汲取灵感，再结合近几十年的设计元素，经过巧妙的改造与现代技术、材料的结合，创造出既保持古典韵味又展现现代特征的作品。古典风格既是对历史的回顾，也是对现代文化的一种贡献，使其在新的时代背景下焕发出不同于过去的独特光彩。

二、自然风格的珠宝首饰设计理念及审美

自然风格的首饰设计顺应了现代人回归自然的渴望，它在设计中强调原始和自然的美感，旨在唤起人们对自然环境的珍视和对自然生活的向往。自然风格通常采用天然材料，如木材、石头、贝壳以及其他天然来源的元素，此类材料本身就承载着大自然的印记和能量。设计师们借助此类材料，创造出能够唤起人们内心对大自然纯朴美好的回忆和联想的作品。在现代社会，随着环境问题的日益突出，自然风格的首饰设计不仅仅是一种时尚趋势，更是一种对生态环境的关注和尊重的表现。它传递的不只是美学价值，还有一种生活态度——珍惜自然资源，追求与自然和谐共存的理念。这样的设计理念，在现代都市生活中，为人们提供了一种精神上的慰藉和身份的象征，使得佩戴者在繁忙的都市生活中，也能感受到自然的气息和平静。

自然风格的首饰设计，如同一幅生动的自然风景画，它把大自然的美丽和神奇巧妙地融入每一件作品之中。设计师们从娇嫩的花蕾、轻盈的羽毛、光滑的鹅卵石、斑斓的热带鱼等自然界的物象中汲取灵感，创造出独一无二的首饰作品，精确地再现了自然原物的特性，更以其独特的艺术手法，凝练出超越自然的美感。例如，花朵式的戒指以其细腻的线条和柔和的色彩，展现出花卉的娇美和生机；蝴蝶状的胸针在细节上巧妙捕捉到蝴蝶翅膀上的图案和色彩，呈现出蝴蝶飞舞的轻盈感；水滴形的耳环模拟了水滴的晶莹剔透和流畅的线条，传递出清新自然的韵味；藤蔓样的项链则利用连绵的线条展现出植物生长的灵动和生命力。自然风格的首饰并非只局限于直接模仿自然物象，它还包括线条简约、造型简洁、色彩单纯的设计。此类首饰通过柔和的曲线或规整的直线，以及温暖或清新的色彩搭配，营造出一种轻松、自然、纯净的氛围。此类首饰的设计理念和风格，不仅表达了对大自然的敬畏和热爱，也传递了一种求简从自然的生活态度，让人在佩戴的同时，感受到一种来自自然界的舒适与宁静。

三、现代风格的珠宝首饰设计理念及审美

现代风格首饰反映了当代设计的核心思想和审美取向，它脱离了传统首饰设计的框架，展现出了独特的现代感。现代风格的首饰以其独特的造型特征和设计理念吸引着现代人的目光，其设计的最大特点在于强调人为化、机械化和几何化的元素，将首饰设计提升到一种艺术造型的高度。在现代风格首饰的创作中，点、线、面、体成为设计的基本元素，此类元素的使用使得首饰的造型摆脱了自然形态的限制，转而向着规则化、简化的几何形态发展。例如，圆形、方形、三角形等基本几何形状被广泛应用，以及通过简单线条的组合构成更加复杂的几何图形，这些形态具有强烈的视觉冲击力，而且彰显了现代首饰设计的新潮与时尚。现代风格首饰的设计还充分考虑了现代机械化生产的特点，便于大批量的生产，更使得首饰设计能够更快速、更高效地响应市场的需求。同时，此种风格的首饰在满足现代人对简洁、精炼审美诉求的同时，也兼具实用性和装饰性，充分展现了现代风格的精神和特色。

四、前卫风格的珠宝首饰设计理念及审美

21 世纪的首饰设计艺术正体现了个性化和自我表达的重要性，在这个时代，首饰不仅仅是装饰品，更是表现个人精神和情感的媒介。前卫风格的首饰，又称艺术首饰或概念首饰，凸显了这一趋势，其设计不仅突出个性化元素，更强调了深层次的意义和象征。此种风格的首饰设计脱离了传统的审美框架，转而关注于设计者或佩戴者的内在世界，通过首饰来表达某种观念或意象。此种首饰常常具有强烈的非理性特质，它们不仅仅是物理形态的展现，更是一种精神和情感的宣泄。在这些作品中，隐喻、象征以及雕塑感成为设计的核心，展现了设计者的创造性和深层次的思考。前卫风格首饰的设计重点不再局限于形式的创新，而是更加注重于思维、形象和意蕴等精神层面的探索。此种设计理念的转变，使首饰成为一种艺术表达的方式，它能够传递设计者的思想，引发佩戴者和观赏者的情感共鸣。在这样的设计中，首饰不再仅仅是一件物品，而是成为一种文化和艺术的表达，体现了当代社会对于个性和自我表达的高度重视。

第七章 当代珠宝首饰设计表现的美学构成与创意设计

第一节 珠宝首饰设计的美学定位及美学构成

一、当代珠宝首饰设计的美学定位

首饰设计的美学在于对形象的精炼和高度的概括，其中形式美扮演了关键角色。首饰设计美学不仅仅涵盖了外观的形象，还包括了结构的精巧设计、色彩的和谐对比，以及精湛的工艺。一个出色的首饰设计，它的形象需要具有标志性，易于辨认；结构设计要巧妙合理，既展示美感又确保实用性；色彩搭配要既有冲击力又和谐统一，形成视觉上的吸引力。这些元素的完美融合，构成了首饰设计受到广泛喜爱的关键。

首饰设计是一种综合艺术，既关注形式要素，如设计的内容、目的，以及必需的形态和色彩元素，还特别强调了感觉要素的重要性。感觉要素从生理和心理学的角度出发，对各种元素进行细致的挑选和巧妙的组合。这意味着设计师不仅要考虑首饰的外观和风格，还要考虑到佩戴者的感受和情感反应。

首饰设计是一种艺术，它融合了内容和形式的完美统一。在首饰设计中，内容往往体现在其独特的功能上，如戒指的圆环形状，是为了适应人手指的形态。充分表明了，首饰的形式与其内容是相互转化、相互依存的。

艺术的形式美不是孤立存在的，而是由设计师创造出来，基于对首饰特性的深入理解。在首饰设计过程中，设计师通过对材料、结构和工艺的精心选择与巧妙运用，创造出既实用又美观的作品，使之成为既符合佩戴功能又能触动人心的艺术品。

珠宝首饰设计是一种独特的艺术形式，其美学定位位于设计美学的核心，特别强调形式美的表达。珠宝首饰美学不仅仅体现在外观的吸引力上，更深入地蕴含在每一件作品的设计细节中。珠宝首饰区别于普通时尚首饰，它展现出更具个性化和独特性，同时拥有更高的价值和奢华感。每件珠宝首饰的设计都是对奢华之美的追求和呈现，它们不仅是装饰品，更是艺术和时尚的结合体，展现出无与伦比的美学价值和文化内涵。

二、当代珠宝首饰设计的美学构成

随着社会经济的发展、生产力的提升及人们生活水平的不断提高，为设计师提供了灵感的源泉，也使设计成为现代生活变迁的一部分。随着社会的进步，设计不只是追随时代的脚步，更在某种程度上塑造和引领了新的生活观念和方式，显现出设计与社会发展相互作用、相互影响的深刻关系。

（一）现代感

现代首饰设计的一个核心特点是其强烈的现代感，体现了设计师对当代生活快节奏和时空迅速变化的捕捉与反映。在此种设计理念下，设计师不仅仅追求形式上的创新，更注重于思维和观念的更新。他们通过对现代生活的深刻感受和认识，将有关元素巧妙地融入首饰设计中，创造出既表现时代特征又符合当下审美趋势的作品。在现代首饰设计中，设计师可能会采用新型材料，如轻质合金、有机玻璃或再生材料，来体现现代科技的发展和环保意识的提升。同时，设计上可能会倾向于简洁而干练的线条，以及大胆而创新的造型，反映出现代都市生活的动态和节奏。此外，设计师还可能融入现代艺术的元素，如抽象主义、极简主义等，来表达现代生活的多元化和文化的丰富性。现代首饰设计的另一个重要特征是其与现代生活的互动和融合，设计作品不仅仅是单纯的装饰品，更是现代生活方式和文化气息的反映。设计师通过对当代社会的观察和理解，使得作品能够与现代人的生活习惯、审美标准和文化背景相呼应。

（二）动态及静态关系

在现代首饰设计中，动态与静态的辩证关系被巧妙地应用，成为设计的核心之一。设计师通过对动态和静态元素的深入理解和创新融合，创造出既有力度又有美感的作品。此种设计方法不仅仅是形式上的创新，更是对现代生活节奏和心理需求的深刻体现。动态在首饰设计中常常通过流线型和直线型的结合来体现，流线型的设计反映了运动的节奏和力度，给人以动感和活力的视觉效果；而直线型则在某种程度上代表了静止和稳定，传达出平衡和沉稳的感觉。当两种线条在设计中巧妙结合时，便产生了刚柔并济的美感，如同"飞鸟之羽未尝动"中的静中有动，展现了动静结合的深刻理解。此种曲线与直线的融合，不仅创造了独特的首饰设计图案，还加深了设计的层次和内涵。在快速变化的现代社会中，首饰设计不仅强调形态上的美感，更注重节奏感、规律性和运动的简化。此种设计方法反映了现代人追求心理平衡和简化生活的需求，通过简洁而有规律的设计语言，首饰不仅是装饰物，还成了表达现代生活理念的媒介。例如，一条简洁流畅的项链或一个几何形状的手镯，其设计可能看似简单，但背后蕴含着对现代生活速度和心理状态的深刻理解。从严谨的几何学到灵活的装饰艺术的转变，在首饰设计中表现得尤为明显。它不仅代表了现代设计风格的特征，也是对现代生活方式的回应和表达。设计师通过对动态和静态元素的探索和应用，不仅创造出视觉上引人入胜的作品，更是在向观者传达一种现代生活的哲学和审美观。

（三）空间

空间感在首饰设计中不局限于物理空间的实际利用，更关涉艺术上的心理空间感知。设计师通过巧妙地利用空间，可以创造出具有深邃内涵的设计作品。空间的应用不仅考虑到首饰的实用性，更重要的是在心理层面对空间的感受和认识。在有限的物理空间内，设计师展现出无限的创造力，将仅有的空间转化为充满意境的艺术作品。要求设计师在首饰的制作过程中，不仅注重空间的实际利用，更要考虑空间在视觉和心理上的影响。例如，通过精妙的设计，使首饰的空间布局既紧凑又不拥挤，既简洁又不失丰富，从而在视觉和感官上给人带来更加舒适和愉悦的体验。首饰设计中广泛应用的"疏能跑马，密不透风"的原则，正是空间感的体现。设计师通过疏密有致的布局或组合，在视觉和心理上扩大了空间感，增加了作品的层次感和深度。例如，设计中可能会巧妙地留白或采用透视的技巧，创造出视觉上的开阔感和层次感，同时在心理上也给人以宽敞和自由的感受。空间感的运用也体现在首饰的结构和形态上，通过对首饰形态的精心设计，如采用曲线、几何形状或抽象图案，设计师可以创造出既美观又具有独特空间感的作品。这些设计不仅使首饰在视觉上更加吸引人，更在情感上与佩戴者产生共鸣。

（四）线条

作为构成设计图案的基本元素，线条不仅在形式上构建了设计的框架，更是情感和文化的强有力表达方式。线条的多样性——粗细、曲直、倾斜、刚柔、起伏、波动等属性，每一种都能承载和传达不同的情感和意象。例如，柔和的曲线往往能传达出优雅和温柔的感觉，它们流畅、自然，能够激发观者的温馨和安逸之感。相反，直线则更可能体现出严谨和力量感，它们的直接和坚定，能够给人一种力量和决断的印象。线条的特性，使它们成为设计师手中非常重要的工具，它们能够将一件非艺术物体转化为具有审美价值和艺术感的作品。在文化层面，线条的运用也同样丰富和深邃。文字，作为一种特殊的线条形式，是文化内涵最为丰富的表现方式之一。在首饰设计中，设计师可以将文字或其他具有特定文化意义的符号巧妙地融入设计之中，使首饰作品不仅仅是一件装饰品，更是承载着深厚文化内涵的艺术品。例如，利用古代文字、宗教符号或民族图腾作为设计元素，赋予了首饰独特的美感，更让它们成为文化传承和个人表达的媒介。线条在首饰设计中还可以创造出特定的视觉效果和空间感，例如，交错的线条可以创造出视觉错觉，增加设计的层次和深度；而波浪形的线条则可以赋予设计一种动态的美感，使首饰作品更加生动和具有吸引力。

（五）分割

画面分割技巧是一种设计手段，更是一种艺术策略，用以在有限的空间内创造出美的视觉效果。通过有效的分割，设计师能够充分认识和运用空间，使得每一部分都能充分展现其美学价值，增强整体作品的视觉冲击力和艺术感。黄金分割，作为一种经典的分割手法，是根据视觉上最美的比例（1∶1.618）进行的。此比例在自然界和艺术作品中非常普遍，被认为是最具审美价值的分割方式。在首饰设计中应用黄金分割，设计师可以创造出和谐、平衡的作品，和谐和平衡不仅是视觉上的，更是情感上的。使用黄金分割的首饰往往给人以舒适和愉悦的感觉，因为它们符合人的视觉习惯和审美偏好。而自由分割更加注重创意和个性的展现，自由分割方式不拘泥于任何固定模式，设计师根据首饰的设计需求和目的，灵活运用直线或曲线进行空间的划分。自由分割方式更能体现设计师的创造性思维，使首饰作品具有更强的个性和独特性。自由分割允许设计师探索更多的可能性，打破传统的限制，创造出新颖而富有创意的作品。无论是黄金分割还是自由分割，都是首饰设计中不可或缺的构图技巧。

（六）量块

在首饰设计中，量块设计的运用极大地丰富了作品的视觉和心理效果。量块，作为一种具有强烈重量感的形象元素，通常基于几何形态，展现出一种立体感和结构感。量块设计手法不仅有利于工艺施工的处理，而且便于材料和结构的综合运用，使首饰作品更具有视觉冲击力和艺术价值。在心理层面上，量块给人带来的是稳定、结实和沉稳的感觉。在造型设计上，量块强调作品的整体感和气势，突出其重量和分量。与点和线相比，量块更具有重量感和实体感，给人以坚固和可靠的视觉印象。量块的此种特性使其成为设计中的重要元素，能够使首饰作品在视觉上更具吸引力，同时在心理上给人以安全和稳定的感受。量块的构成特性多种多样，它可以表现出均衡、静重、脆弱、柔软、挺拔、锐利或钝拙等不同的艺术效果。设计师可以根据作品的主题和风格，选择合适的量块特性来构造作品。通过对量块的巧妙处理，如加入线型的变化，可以使作品产生流畅和有韵律的曲面效果，增加作品的美感和动态感。量块设计在现代汽车车身设计中也十分常见，其流线型的造型不仅美观，而且实用。在首饰设计中，量块的应用也同样能够带来这种美观与实用的结合。

（七）组合

组合是一种极具艺术性的设计手法，将各种物理元素拼接在一起，更重要的是实现了情感和审美的融合。通过对称、重复、渐变、突变、对比、调和等多种组合形式的应用，首饰设计能够呈现出丰富的层次感和强烈的视觉冲击力，从而使每件作品都独具魅力。组合的核心在于实现从量变到质变的转化，设计师通过物理形态的巧妙组合不仅展现出外在的美，更能够表达内在的思想和情感。例如，将不同形状、大小、颜色的珠宝石拼接在一起，不仅创造了视觉上的美感，同时也表达了如多样性、和谐或动态等深层次的主题。设计师通过组合方式，使首饰作品不仅具有独特的生命力，更能够触动佩戴者和观赏者的心灵。组合方式的多样性还使得首饰设计能够更加条理化、系列化和配套化，设计师可以根据不同场合和佩戴需求，创造出一系列风格协调、互相呼应的首饰，满足消费者的多样化选择。组合方法不仅提高了首饰的实用性和适用性，同时也增加了作品的艺术价值和市场吸引力。设计的原则在于在变化中保持统一，确保整体作品的和谐与一致性。在组合的过程中，设计师需要平衡好各个元素之间的关系，使作品在变化中仍然保持整体的和谐感和美感。此种平衡是首饰设计中最为关键的环节之一，它要求设计师不仅要有精湛的技艺，更要有敏锐的审美观和深厚的文化底蕴。

（八）错视

错视现象在首饰设计中可以被巧妙地利用，成为创造形式美的一种手段。此种现象源于人们的视觉感知与实际物象之间的差异，它可能因生理、心理或环境因素产生。设计师通过理解和应用错视效果，可以在首饰设计中创造出独特的视觉冲击和美感。例如，设计师可能利用错视手法来创造一种动态感或深度感，使得静态的首饰在视觉上呈现出动态变化或多维空间效果。通过光影、线条、色彩和纹理的巧妙搭配，错视效果可以使首饰看起来比实际更具有层次感、深度或运动感。错视的运用不仅增添了首饰的艺术魅力，也增强了设计的互动性和趣味性，让佩戴者和观赏者在欣赏过程中体验到意想不到的视觉游戏和美学享受。通过错视效果，首饰不仅仅是装饰品，更成为一种艺术表达和创造性思考的载体。

在现代首饰设计领域，心理感应的应用显得尤为关键。通过精心安排的密集点或线条，并置而成，它们在视觉上营造出一种光波效果，创造出凸凹的对比感。此种设计技巧使得即便使用较为单一的金属材料，也能巧妙地展现出不同的软硬质感。这不仅是对材料物理属性的探索，更是对观赏者心理感知的深入理解，使得一件简单的首饰变身为充满艺术感和心理层次的作品。

在设计艺术中，错视变形的巧妙运用极大丰富了作品的浪漫色彩，为构思增添了新鲜感。错视变形技术有效强化了形态的动感，还带来了一种独特的刺激感，从而实现了艺术形象的美学夸张。原本不被习惯的错视效果，在错视变形的设计手法中转化为独特的艺术特色，展现了设计艺术的创新和多样性。

第二节　当代珠宝首饰创意设计的选题确定

一、市场趋势与目标消费群体

在当代珠宝首饰创意设计的选题确定过程中，深入了解市场趋势与目标消费群体影响着设计的方向和风格，而且直接关联到产品的市场接受度和商业成功。对于年轻一代的消费者，他们的消费行为和品位往往与追求时尚和个性表达紧密相关。该群体的特点是喜欢新奇独特、富有创意的设计，因此，设计师在为这一市场群体设计时，可以考虑将流行文化元素、抽象图案或大胆的色彩搭配融入设计中。例如，可以采用当下流行的流行文化符号或趋势元素，如流行音乐、电影、艺术、网络文化等，将有关元素巧妙地转化为珠宝设计的灵感。这样的设计不仅体现了年轻活力和时尚感，还能与年轻消费者的生活方式和审美观念产生共鸣。高端珠宝市场的消费者，注重珠宝的质地、稀有性和品质。这一市场群体倾向于优雅和经典的设计风格，对珠宝的制作工艺和使用材料有着较高的标准和期待。在该市场领域，设计师可以考虑运用稀有宝石，如钻石、红宝石、蓝宝石等，结合精湛的工艺来创造作品。同时，将传统与现代设计理念相结合，创造出既有历史底蕴又不失现代感的珠宝，能够满足此类市场对奢华和独特性的追求。

二、文化和艺术融合

将文化和艺术元素融合是珠宝首饰设计中一种创新而有效的设计方法，设计师可以深入挖掘和利用具有代表性的地域文化符号，如民族图腾、传统纹饰等元素，其富含深厚的文化底蕴和历史意义。将文化元素巧妙地融入珠宝设计中，不仅能展现出独特的文化深度，还能使作品具有更强的个性和识别度。同时，设计师还可以考虑将现代艺术流派的特点融入设计之中。例如，抽象主义的无规则形状和大胆色彩、极简主义的简洁线条和纯净色彩，都能为珠宝设计带来现代感和艺术美。现代艺术元素的融合赋予了珠宝独特的艺术风格，还能够与现代消费者的审美观念相契合。通过将传统文化元素和现代艺术风格结合，设计师能创造出既具有文化内涵又符合现代审美的珠宝作品。这样的设计能吸引对特定文化艺术感兴趣的消费者，还能提高作品的市场吸引力和品牌价值。文化和艺术的融合，使得珠宝首饰不仅仅是装饰品，更是文化以及艺术的载体，能够跨越时间和空间，讲述独特的故事和情感。

三、主题与故事

在珠宝首饰设计中，以具体的主题和故事作为核心是一种富有创意且有效的方法。主题和故事为设计提供了方向和灵感，而且为珠宝赋予了更深的情感和文化内涵。例如，探索"自然之美"这一主题，设计师可以从大自然的景象中汲取灵感，如山川的雄伟、植物的优雅、动物的灵动等。将自然元素巧妙地融入珠宝设计中，可以创造出既美观又富有生命力的作品。此种设计不仅展现了大自然的美，也使珠宝作品与自然界的和谐相呼应，给佩戴者带来自然之美的亲近感和舒适感。设计师也可以选择"古典与现代的结合"作为设计主题。这一主题下，结合古典艺术的元素与现代设计的简洁线条，可以创造出既具有历史韵味又符合现代审美的珠宝。例如，运用古典艺术时期的图案、符号或工艺，并结合现代设计的几何形状和简洁风格，可以使珠宝既显古典优雅又不失现代时尚。

第三节　当代珠宝首饰设计中的创意及风格

一、当代珠宝首饰设计中的创意类型

（一）自然变异型

模仿，作为设计领域中一种历史悠久且充满生命力的思想，被誉为创造之源。在首饰设计中，功能上的模仿起着至关重要的作用，通过观察和学习自然界中的物体，设计师能制作出既具实用性又具美观性的作品。例如，模仿自然界的形态，如植物、动物或地形，可以使人造物品在功能上更加贴近自然，同时增强这些功能的效果。伴随功能上的模仿，形式上的模仿也随之发展。尤其是以自然为灵感来源的装饰艺术，更是将模仿提升到了一个新的高度。然而，模仿并不限于单纯的自然主义复制，它蕴含了创新思维和"举一反三"的能力。模仿是创造性设计的起点，也是其基石。通过模仿，设计师不仅能够复制自然界的形态和功能，还能在此基础上进行创新，赋予作品独特的艺术价值和个性。

设计的本质在于从生活中汲取灵感，而装饰写生恰恰是这一过程的体现。它不仅是对生活中物象的深入观察和记录，更是将观察转化为简洁、装饰性强的设计原型的过程。装饰写生通过两个关键阶段来实现这一转换：实对和悟对。实对阶段主要关注于形态的直观捕捉，它是对物象外观特征的精确描绘，该阶段对于理解和掌握美的特征及其规律至关重要。在这个基础上，悟对阶段则是一种艺术性的提升，它超越了单纯的形态模仿，更多地关注于形态背后的规律性、典型性和个性化的理念，这是一种对实对阶段的深层次理解和创造性的转换。装饰写生与传统意义上的绘画式写生有所不同，它更强调物象的特征、结构和规律，而不是纯粹的质感、光彩或色彩。通过从多个角度选择、修改和构图，装饰写生能够培养设计者独特的"装饰性"审美能力。相较于一般写生的对形态变化的关注，装饰写生更重视对形象结构的分析，在进行形象变化和构成装饰图样时显得尤为重要，能够帮助设计者更好地理解和运用设计元素，从而创造出既美观又具有独特意义的作品。

在珠宝首饰设计中，对对象的结构观察涉及外形的精细观察，更包括对对象各部分如何衔接、它们各自的特点等方面的深入分析。以一枝花为例，从花心、花瓣、花萼、花柄到花枝，每一个环节都具有其独特的形态、变化、比例和特征。对细节进行细致的规律性分析，可以为设计提供丰富的灵感来源。除了外形的观察，对象的内部结构也非常重要。通过对某些对象进行解剖写生，人们能够发现隐藏在表象之下的美的造型元素，而此类元素往往能为珠宝设计提供独特的视角和创造性的思路。结构分析是从基本写生到变象和变异发展的关键步骤，它能帮助设计师更深刻地理解设计对象的本质。通过对形态（形）、理念（理）和变化（变）的关系的认识，设计师可以更加深入地探索和表达设计对象的本质，既是对美的基础认识，也是发展美、创造美的基础。

设计师从生活中吸取灵感时，应该着重挑选具有美感的元素，将其转化为设计的基础。此过程需要设计师的智慧和理性思考，同时结合装饰性的变化和创新，以此达到艺术和工艺上的装饰效果。在变化自然形象的过程中，设计师应遵循事物的本质和特征，利用增减等方法，将自然形态抽象化，创造出更适合工艺制作和更具美感的装饰形象。设计的变化原则是，变化后的形象应比原始的自然形态更加美观、典型，并更适合于工艺加工的需求。同时，装饰品的设计不仅仅是为了艺术欣赏，更重要的是要适应被装饰对象的条件和环境。首饰的设计尤其如此，它们不仅是装饰物品，更是一种强调和突出佩戴者气质、修养和美丽的方式。因此，首饰设计在强调美观的同时，绝不能忽视佩戴者的自然美和个性特征，应当和谐地融入佩戴者的整体形象中，以此来提升其整体魅力。

（二）继承传统型

继承传统型的设计思想着重于从历史和文化中汲取灵感，同时确保设计作品适应现代审美和功能需求。此种设计方法不是单纯的复古，而是一种有选择性的传承和创新。设计师在这一过程中，首先会深入研究和理解各个历史时期的装饰艺术、传统工艺品及其他对首饰设计有启发性的作品，而"传统人文作品"构成了继承传统型设计的基础。对于中国这样一个具有五千年悠久历史的文明古国，其丰富的古代文化蕴藏着无尽的设计灵感。设计师需要深入挖掘这些文化遗产的精髓，以此为基础，创造出符合当代审美和实用需求的新型设计作品。此过程中，设计师不仅仅是在继承传统，更重要的是在批判性地吸收传统元素，去除其中古板烦琐的部分，将其转化为适应现代风格和功能的首饰化造型。继承传统型的设计思想的核心在于它的普遍性以及持久性，承认历史文化中成熟、合理的元素，同时也意识到传统的保守性。因此，与纯粹的复古主义有所不同，继承传统型设计方法更加注重时代感和民族传统特色的结合，旨在创造出既有历史底蕴又符合现代审美的新型设计风格。

（三）反叛传统型

反叛传统型设计是现代珠宝首饰设计领域中的一种颇具冒险精神的流派，此种设计理念代表着一种认识论上的重大突破，往往出现在社会或文化背景发生重大变革的时期。它的核心特征在于具有明显的批判性和对传统的挑战，设计师们在这种思想的指导下，通常会选择走与传统截然相反的道路，勇敢地尝试新型的设计元素和手法，以此来表达对传统的反叛和对新时代精神的探索。反叛传统型设计中，设计师们会大胆地采用非传统的材料，如合成材料、再生材料等，以及非传统的结构设计，通过夸张的艺术化处理来体现自己对传统的反叛和创新精神。此种设计常常是对现有审美习惯的挑战，试图通过突破传统的束缚，探索新的艺术可能性。然而，反叛传统型的设计也存在其不稳定性，一方面来源于保守思想的压力，另一方面则源于此设计形式自身的不成熟。

（四）立体构成型

立体构成型设计是珠宝首饰设计领域中的一个重要分支，它代表了现代设计学在珠宝首饰设计上的应用和发展。立体构成型设计以其独特的构成原理和技术性操作而著称，其核心在于摆脱传统的自然形态模仿，转而注重于对自然形态的深层理解和规律探索，从而创造出新的形式美学。立体构成型设计的特点体现在其对设计元素的抽象处理和简洁造型上，它强调的不是具象再现，而是通过技术性操作将设计元素转化为更具现代感的抽象形态。立体构成型设计方法不仅仅是一个美学的选择，更是对现代设计学理论的实践应用，它反映了 20 世纪 20—30 年代构成主义艺术对工业和建筑设计的影响。在立体构成型设计中，设计师会利用现代工艺技术，通过对线条、形状和体积的创新性组合，创造出符合现代审美的首饰作品，往往具有强烈的空间感和动态感，展现出简洁而富有力度的设计风格。同时，立体构成型设计还需要考虑首饰的实用性和佩戴的舒适度，以确保设计作品不仅在视觉上吸引人，而且在实际使用中也能满足佩戴者的需求。

包豪斯学派是 20 世纪初艺术与设计教育的一个重要转折点，其在艺术教育和理论方面的贡献至今仍对现代设计产生深远影响。包豪斯学派由建筑学家华尔特·格罗佩斯在 1919 年创立于德国威玛，其核心理念是"艺术与技术的新统一"，强调艺术与工艺的结合，以及设计的实用性。在教学内容上，包豪斯学派建立了一套独特的抽象几何形体训练课程，涵盖"平面构成""立体构成"和"色彩构成"，被统称为"三构成"，旨在培养学生对形式和色彩的敏感度及其在设计中的应用能力，促进创新思维的发展。然而，包豪斯学派的设计原则和教学方法，作为 20 世纪初的产物，不可避免地受到了时代局限性的影响。尽管包豪斯提出了反传统的思想，但在实际设计中，该思想有时候忽视了有机型的造型规律，可能导致设计过于偏向形式主义，失去了富有生命力的传统基础。此外，包豪斯学派对机械文明的重视，往往使设计在某种程度上忽略了艺术的"有机生命"和"人性"，结果是形体单调、材料均一，产生了所谓的"国际风格"。包豪斯学派的设计理念和风格，虽然在当时具有革命性意义，但随着时间的推移，它的局限性也逐渐暴露出来。特别是在后现代主义的冲击下，人们开始重新审视包豪斯的设计原则，寻找更多元化、个性化的设计语言和方法。

构成学以其对抽象几何造型元素的强调，特别是对材质特性和功能性的关注，为珠宝设计提供了新的视角。在追求珠宝的美丽与高贵材质的同时，构成因素成为一种独特的优势，赋予设计以深度和丰富性。通过构成学的引导，设计师学会如何合理选取自然形态中的优美曲线，并对其进行简化和抽象处理，增强了设计的艺术表达力，还巧妙地结合了珠宝加工工艺的多样性。例如，通过多种镶嵌技术，设计师可以在首饰中创造出各种独特的组合元素，在设计师的巧手下，通过拼接、重叠、旋转、对称等多样化操作，最终呈现出精致的珠宝首饰作品。现代珠宝设计领域中，一些设计师已经开始尝试将构成学中的抽象形态与充满生命力的自然形态进行对比组合。此种创新手法不仅打破了常规的视觉束缚，而且创造出了超越传统思维的珠宝作品，为人们提供了震撼的视觉体验。

（五）反差对比型

反差对比型设计融合了稳定保守的元素和自然活跃的部分，通过首饰化的叠加，创造出一种独特的艺术风格。在反差对比型设计中，"巧"和"拙"这两种看似矛盾的元素被巧妙地结合，产生了一种和谐而富有深度的美感。"巧"代表灵巧和情趣，它强调对事物细微之处的观察和理解。设计者通过多视角的仔细观察，挖掘出未被普遍注意到的独特形态或色彩，并在设计中突出有关元素，使作品显得更有趣味性和美感。例如，对自然界中的一朵花或一片叶子的观察，可能会发现其独特的纹理或形状，此类细节被放大和强调后，可以成为首饰设计的亮点。与之相对的"拙"则代表平整和简单，此种元素并非单调无趣，而是具有一种纯朴、自然的美。在设计中，简单的几何形态与生动的自然形态相结合，可以形成一种"拙中生巧"的美感，既展现了设计的巧思，也保持了一种自然的纯净。反差对比型设计还强调对整体轮廓的使用和对细节的精心处理。使设计具有整体性和统一性。

（六）改款与变款型

改款与变款型设计方法在珠宝首饰领域中通过对现有款式的重新解构

和创新，为市场带来新鲜感，既能保留原有款式的特点，又能赋予其新的生命和表现形式。改款通常是在原有款式的基础上进行微调和调整，以达到更新的效果，改款方法可能包括改变宝石的数量、调整镶嵌方法或改变首饰的某些细节。改款方式的优点在于：它不需要增加新的设计元素，从而保持了原有款式的整体感，但同时也带来了新的视觉效果。变款则更加大胆，它通常会采用原有款式的主题，但在设计上做更多的创新和变化。例如，设计师可能会增加新的花纹或元素，或对原有元素进行对称、重叠、旋转、移位等操作。这样一来，既保持了原款式的核心主题，还赋予了它更多的创意和个性。通过改款和变款，设计师能够在保留原有设计精华的同时，为首饰注入新的活力和魅力，满足了市场对于多样化的需求，也展示了设计师的创新能力和灵活思维。同时，此种方法也是一种高效的设计策略，能在短时间内快速响应市场变化，创造出符合时代潮流的新款式。

（七）逻辑演绎型

逻辑演绎型设计是一种将感性概念与具体实体相结合的创意过程，特别适用于在珠宝首饰设计中表达深层次的情感和故事。在逻辑演绎型设计方法中，设计师不仅仅是在创造一个物质形态的首饰，而是在讲述一个故事，传达一种情感，或者表达一个更深的概念。逻辑演绎型设计过程通常开始于一个抽象的感性概念，如爱情、自由或力量等，然后设计师通过具体的象征物或元素，将感性概念具体化、形象化。例如，设计师可能会用一对飞翔的鸟来象征自由，或者用紧密相连的环来代表永恒的爱情。重要的是，设计师在进行逻辑演绎型设计时，必须保持感性和理性之间的平衡。设计不应该过于抽象或牵强，不能失去了首饰应有的装饰和美感。相反，设计应该既能传达出感性概念，又能保持首饰作为装饰物的优雅和美观。通过逻辑演绎型设计，珠宝首饰不再只是单纯的装饰品，而是成为讲述故事、表达情感的媒介，增强了与佩戴者之间的情感联系。

（八）结构创新型

结构创新型设计在珠宝首饰领域扮演着革命性的角色，该设计方法的核心是在保持首饰的传统结构基础上，加入创新性的结构改造，同时也考虑到加工的可行性和佩戴的舒适性。通过结构创新型设计方式，设计师能够将传统首饰转变为具有现代感和创新特色的作品。结构创新型设计的一大特点是多功能性和多样性，比如，一件首饰可能设计成可以变化多种佩戴方式的形态，或者是集首饰和实用工具（如钟表）于一身的设计，提升了首饰的美观和装饰价值，还增加了其实用性和互动性。结构创新型设计还可以从工业设计和日常生活用品中汲取灵感，将非传统首饰材料如玻璃、金属等与传统材质结合，或者利用现代工业技术来创造出独特的结构和形态。跨界合作的方式有效拓宽了首饰设计的边界，也使首饰设计成为一个充满无限可能和想象空间的领域。

（九）无意识状态型

无意识状态型设计模式在珠宝首饰设计中占有一席之地，该模式源于设计师深层次的思考和潜意识的流露。在无意识状态型设计中，灵感的闪现往往不是偶然的，而是设计师多年的专业沉浸和对某一主题长期思考的结果。无意识状态下的创作，如梦境、醉态、情感波动或某些极端心理状态，能激发出与众不同的创意。无意识状态型设计模式的特点在于其自由流畅的创作方式，设计师在无意识的状态下进行创作，随心所欲地表达自己的想法和情感。这样的设计往往具有独特的艺术价值和深刻的情感表达，能够触动人们的内心。然而，此类作品通常需要后期理性的加工和精细调整，以确保其既保持原始灵感的魅力，又能满足首饰化的实用性和美观性。无意识状态型设计虽然充满了创意和个性，但也需要设计师具备深厚的专业素养和丰富的经验。通过长时间的积累和实践，设计师能更好地掌握如何在无意识的创作中找到灵感，并将其转化为具有实际应用价值的首饰作品。

二、当代珠宝首饰设计中的风格

（一）设计风格及传统

珠宝首饰设计的风格和传统是密切相连的，它们共同构成了首饰的独特艺术特性。风格不仅是设计师对自然和社会生活认识的体现，更是一种时代、民族或流派特有的艺术表达。它通过首饰的构型和制造过程，展现出一个时代的科技水平、文化背景及其地域特征。从历史角度来看，传统对珠宝首饰风格的影响深远而显著。例如，中国的图腾崇拜和青铜饕餮纹的应用，明清时期铜质珐琅首饰的精致制作，以及古代印度和埃及首饰的多样性，都是传统文化在珠宝首饰设计中的具体体现。传统元素为珠宝设计提供了丰富的灵感来源，也成为连接过去与现在的文化桥梁。然而，传统文化在首饰设计中的运用也需要谨慎。正确的理解和应用可以赋予作品深厚的文化内涵和时代感，并且吸引消费者的关注。相反，若处理不当，则有可能陷入模仿和抄袭的风险。

（二）设计风格及时代

在不同的历史时期，珠宝首饰的设计风格和制作工艺都深受其时代背景和社会风俗的影响。各个时代的首饰不仅展现了当时的生活方式和审美喜好，还反映了社会物质文明和生产力的发展水平。历史上的珠宝首饰，如山顶洞人的兽牙项链、皇帝的王冠等，都见证了人类文明的发展和艺术审美的演变。在宝石的选择和使用上，不同的时代和国家有着各自的偏好。例如，翡翠在东方国家，尤其是中国、日本和东南亚地区备受推崇。它不仅因其稀有和珍贵而被重视，而且因其细腻圆润的质地及其富有深意的雕刻而受到喜爱。翡翠上常见的龙、凤、寿桃、梅、兰、竹、菊等图案，不仅体现了东方文化中的美学观念，还融入了儒家的道德观念，如仁、义、礼、智、信等。以福、禄、寿、喜、财为主题的吉祥图案也广受欢迎，它们不仅是美的象征，更寓意着吉祥和幸福。随着时间的推移，珠宝首饰的设计风格也在不断发展和变化，趋于多样化。现代的珠宝首饰在设计上更加注重个性化和创新，同时在工艺技术上也愈发精湛。现代设计师不仅在传统宝石和金属的基础上进行创新，还利用了新材料和技术来创造独特的珠宝作品。现代珠宝设计还倾向于结合各种文化元素和艺术风格，创造出跨文化的设计作品。此种融合不仅表现在使用传统宝石和金属材料上，还体现在设计风格和制作技术上。

（三）珠宝设计师的艺术修养

珠宝首饰设计的多样性和独特性在很大程度上取决于设计师个人的艺术修养和创造性，设计风格的形成是设计师个人经验、知识、实践和审美观念的综合体现。每位设计师都有其独特的视角和理解方式，个人特色在他们的作品中得以展现，从而塑造了各具特色的设计风格。在现代珠宝首饰设计中，设计师的个性和创新思维尤为重要。相比于传统珠宝设计的规范和约束，现代设计更加强调个性化和创新性。设计师不仅需要掌握珠宝制作的技术和工艺，还要有丰富的文化积淀和广阔的视野。他们的艺术修养体现在对材料和工艺的选择，以及对设计主题的深度理解和独特表达上。随着时代的发展，现代珠宝首饰设计越来越多地受到设计师个人情趣和审美观念的影响。设计师通过不断地学习和实践，将个人的艺术理念融入珠宝设计中，创造出具有个性和时代特征的作品。设计师自身的艺术修养的深度和广度，决定了珠宝首饰的风格走向。

第八章　美学理论背景下的珠宝首饰个性化设计技法

第一节　配饰部位的基本特征

一、脸型及耳饰特征

脸型和首饰选择之间的关系确实密切，恰当的首饰能够突出人们的面部特征，增强整体的美感。对于蛋形脸型来说，其自然和谐的轮廓使得多数有款式的首饰都适合。例如，椭圆形的耳饰能够衬托出脸部的柔和曲线，增添优雅和端庄的气质。而选择三角形或异形耳饰，则能够彰显出现代女性的活泼和开朗性格。

圆形脸型，俗称"娃娃脸"，通常给人一种天真、活泼的感觉，但有时可能缺乏成熟女性的气质。针对圆形脸型，首饰的选择应旨在平衡其特点，增添成熟感而不失原有的纯真特质。对于圆形脸型的女性来说，下垂的细长形吊坠是理想的选择，此种设计的耳饰或项链可以有效地延伸脸部轮廓，减少脸部的宽度感觉，从而在视觉上拉长脸型，有助于平衡圆形脸型的特点，还能增添一丝成熟与优雅，使整体形象更具层次和深度。此类首饰的选择也有助于增加下颚的角度和硬度感，有利于淡化脸部的圆润轮廓。通过这样的装饰手法，不仅能够保留天真纯洁的气质，同时也能体现出职业女性的坚韧与独立性格。

方形脸型，特别是长方形脸型，通常会给人一种较为刚硬和成熟的印象。为了软化此特点，适当的首饰选择非常关键。对于方形脸型的人来说，圆形或流线型的耳饰是理想的选择。此类耳饰的柔和线条可以有效地减弱脸部的棱角感，增加一种温柔的气质。与此相反，多边形或带有明显棱角的耳饰通常不适合方形脸型，因为这样的设计可能会增强脸部的硬朗特点，从而加剧刻板和严肃的印象。因此，在选择耳饰时，方形脸型的人应避免过于锋利或角度分明的设计，而选择更圆润、流畅的款式，以达到整体形象的平衡和柔化。

瓜子脸型，被视为东方传统审美中的理想脸型，具有广泛的首饰搭配空间。瓜子脸型的特征是较尖的下巴和较宽的颧骨，给人一种温柔而精致的感觉。为了平衡瓜子脸型的轮廓，可以选择圆形耳坠，有助于增加脸部的宽度，让整个脸型看起来更为丰满和均衡。圆形耳坠的柔和线条和宽度能够有效地减少瓜子脸的尖锐感，使整体形象更加柔和和谐。如果选择上小下大的多层耳坠，则能够在视觉上增大下颚部分，从而为瓜子脸型增添一种现代感和时尚气息。多层耳坠的设计不仅在视觉上增加了层次感，还有效平衡了瓜子脸型的纤长感，从而使整体形象显得更加时尚和现代。

菱形脸型的显著特征是较宽的颧骨和尖锐的下巴，此种脸型的轮廓通常带有明显的棱角感。为了软化此种脸型的硬朗特征，适合选择圆形或水滴形的耳饰。此类耳饰的流畅线条和圆润造型能够有效减少脸部的棱角感，为整体外观增添一种温柔与圆润的气质。避免选择棱角状或向下收缩的耳坠是明智的选择，因为这样的设计会增强下巴的尖锐感，从而使脸型显得更加尖削。相反，圆形或水滴形的耳饰能够在视觉上平衡菱形脸的特征，为脸部增添柔和的曲线，从而创造出更和谐、均衡的外观效果。

长条形脸型的特点是面部长度较长，为了在视觉上达到平衡，适合选择较大的圆形或多边形耳环和耳坠。此类耳饰可以有效地拓宽脸部的宽度，从而在视觉上缩短脸部的长度，创造出更为均衡、和谐的脸部比例。小耳钉或细长的耳坠对于长条形脸型并不理想，因为它们会进一步强调脸部的纵向延伸，而不是所需的横向拓宽。

二、颈部与项链特征

颈部和项链的搭配是女性装饰中的重要环节，不仅关乎美感，也体现了穿搭的智慧。对于颈部较长的女士，尤其是脸型较长者，适宜选择长度较短、宽度较大的浅色项链或项圈。"一"字形的佩戴效果，可以在视觉上缩短颈部长度，同时展现出成熟、稳重和华贵的气质。长短粗细适中的标准型脖颈适合佩戴中等长度的项链和项牌，此搭配在颈部与胸部间形成一个美丽的"U"字形弧线，特别适合椭圆形脸的女性，能够突出她们的秀美和文静特质。而对于颈部较短的女士，选择细长的戴坠项链则更为适宜。此类型项链在颈部和胸部间形成"V"字形，有效地延长颈部和脸部的视觉效果，实现向理想脸型的转变，从而起到美化作用，此种项链的选择对于提升整体形象和优化脸型比例非常有效。通过合理的项链选择和搭配，女性可以更好地展现自己的魅力和个性，实现装饰与自我风格的完美结合。

三、指形与戒指特征

戒指的佩戴不仅是一种装饰，也蕴含着丰富的文化意义。在欧洲传统中，戒指戴在不同的手指上有着特定的代表意义：小指象征着独身状态、无名指则代表已婚、中指则暗示着求偶等等，戒指的选择和佩戴方式也体现了佩戴者的个人风格与审美偏好。从装饰美学的角度来看，纤细均匀的手指是佩戴珠宝首饰的理想选择，因为它们能够更好地展示戒指的精美与优雅。对于骨节粗大的手指，选择活圈戒指会更为合适，它们可以根据手指的大小灵活调整，提供更好的佩戴体验。如果选择死圈戒指，可以在圈内衬上弹簧垫片，可以防止戒指在手指上转动，确保戒指的稳定性。对于上细下粗的"萝卜手"，戒指脱落是一个常见问题。为了解决此问题，可以在戒圈上缠绕少量棉线，以增加摩擦力，从而提高戒指的稳固性。

四、腕部与腕饰特征

手链和手镯是优雅的装饰品，在视觉上可以调整和平衡整体造型，使服装款式与身材更加和谐。在选择腕饰时，应充分考虑手臂和手腕的形态。对于胳膊瘦长的女性来说，宽大的手镯是极佳的选择，它们不仅能够衬托出纤细的手臂，还能增添一种时尚感。甚至可以考虑佩戴多个手链或手镯，以营造丰富的层次感和视觉焦点。同时，双手都佩戴饰品可以创造出对称的美感，增强整体造型的协调性。而对于胳膊较为丰满、手腕较粗的女性，选择较细的宝石手链则更为适合，不仅优雅精致，而且在视觉上减少了手臂的厚重感，使手腕显得更为纤细。在某些场合，也可以选择不佩戴任何腕饰，让装扮更加简约大方。

第二节　美学理论背景下的珠宝首饰与服装协调统一设计

一、珠宝首饰与服装的质感贴近

在时尚界中，服装材质的多样性与珠宝首饰的质地单调性形成了鲜明的对比。服装界的丰富多彩源于其使用的各种材料，如轻盈的涤纶缎、自由随性的钩针网眼布、轻薄透明的丝织物、纯朴的亚麻布、柔软的毛质面料、坚韧的牛仔布、朴素棉布、华丽的丝绸，以及奢华的皮草和金属材料。此类面料在视觉和触感上提供了无限的创作空间，使得服装设计能够呈现出丰富的层次和风格。相较之下，珠宝首饰通常局限于石质、玻璃、丝绢和金属等几种基本质感。然而，这并不意味着珠宝设计受到限制。事实上，金属的可塑性为珠宝设计提供了广阔的创造空间。设计师可以利用金属的多变性，结合宝石、珍珠等材料的独特特性，创造出各种风格和质感的首饰作品。例如，可以通过精细的金属打磨和抛光技术，使金属呈现出光滑如镜的质感，与光泽的丝绸或柔软的羊绒面料形成和谐的搭配。或者利用金属的锤打和雕刻技术，打造出具有质朴自然感的粗糙表面，与亚麻布或牛仔布的朴素风格相得益彰。另外，通过珍珠和玻璃的加工处理，可以实现类似于绸缎和丝绸的光滑和透明效果，与相应的服装材质形成视觉上的呼应。利用石材的多样性，如翡翠、水晶、石榴石等，可以展现从柔和到强烈的不同色彩和质感，与服装的色调和质地相协调。

二、珠宝首饰与服装的色彩协调

在色彩协调方面，首饰设计与服装搭配的艺术性体现在如何使人、衣、饰三者在色彩上达到和谐统一。首先，最重要的考量是个人的肤色。肤色的冷暖、深浅对于选择服装和首饰的色彩有着决定性的影响。例如，偏暖色调的肤色适合暖色系的服装和首饰，如金色、橙色、暖黄色等，而偏冷色调的肤色则更适合银色、蓝色、绿色等冷色系。眼睛和头发的颜色也是判断色彩搭配的重要因素，深色或浓密的头发和眼睛往往更适合鲜明或对比色的首饰，而淡色或细软的头发和眼睛则更适宜佩戴柔和或相近色的首饰。在实际选择服装和首饰时，可采用试穿和试戴的方式，将不同颜色的布料和首饰置于肤色、眼睛、头发附近，观察哪些色彩能够更好地衬托出个人特色，哪些色彩与肤色形成过于强烈的对比或使肤色显得暗沉。当选定服装后，再进行首饰的搭配。例如，如果服装是柔和的粉色或浅蓝色，可以选择银质或白金首饰，搭配珍珠或浅色宝石。如果服装是鲜艳的红色或橙色，则可选择黄金首饰，搭配红宝石、黄玉或琥珀等温暖色调的宝石。在选择首饰时，还应考虑场合和风格。日常休闲装束适合简约、自然的首饰，如简单的金属链条、小巧的吊坠；而在正式场合或晚宴中，则可以选择更为华丽和夺目的首饰，如镶有大宝石的项链、闪耀的钻石耳环。

三、珠宝首饰与服装的造型统一

珠宝首饰与服装设计在造型统一方面的融合，是一种艺术和技术的结合，首饰的设计造型大致分为生态型和几何型两大类。生态型造型汲取自然界中的灵感，如花鸟鱼虫等生命体的形象，展现出生命活动的美感；而几何型造型则更加注重形式的规则性与简洁性，体现现代设计的精准与简约。与此同时，服装设计虽然在造型设计上有更大的自由度，但其设计原型同样可归纳为生态型和几何型，从而为珠宝首饰与服装设计的造型统一提供了可能性。为实现这一目标，设计师不仅需要深刻理解服装的设计主题和风格，还需要掌握金属加工工艺的特点，以确保首饰的设计既能与服装风格相匹配，又能体现首饰自身的特色。例如，对于一件以自然风景为主题的服装，设计师可以选择生态型的首饰设计，如以树叶、花朵或动物形象为灵感的项链、耳环或手镯，使之与服装的主题相呼应的同时，还增添一份自然的韵味。对于现代简约风格的服装，设计师可以采用几何型的首饰设计，如方形、圆形、三角形等简洁明了的几何图形，以匹配服装的现代感。在设计过程中，应重视首饰的材料选择和加工工艺。例如，对于轻盈的丝绸或雪纺等材质的服装，设计师可以选择细腻的金属如银或铂，制作线条流畅、轮廓清晰的首饰，以增加整体的轻盈感。而对于较为厚重的面料如羊毛或牛仔布，则可以选择粗犷的金属如铜或不锈钢，设计带有质感的首饰，以形成质地上的对比。最终，通过首饰与服装在造型上的统一，设计师展现了首饰与服装的和谐搭配，并通过这种搭配展现穿戴者的个性和品位。造型统一的珠宝首饰与服装设计，是一种艺术性和实用性兼具的设计策略，能够为消费者带来独特而全面的审美体验。

第三节　美学理论背景下的珠宝配饰氛围设计技法

一、性格与珠宝配饰氛围设计

在珠宝首饰设计领域中，应巧妙理解和把握不同女性消费者的性格特征及其对应的佩饰风格。女性消费者大体上可以划分为先锋型、高雅型和自然型三大类，每种类型都有其独特的审美偏好和性格特点。先锋型女性通常富有个性和创造力，她们倾向于选择那些独特、大胆，甚至是前卫的首饰设计。此类型的首饰通常包含非传统的元素、非凡的造型和新颖的材料，如抽象的图案、大胆的颜色搭配和非常规的材料使用，以此来满足她们对新奇和独特的追求。然而，此类首饰设计也需注意不要过分夸张，以免显得过于狂野或缺乏精致感。高雅型女性则更加偏好那些经典、传统且精细的设计，她们欣赏的是细节的精湛工艺、优雅的线条和高贵的材料，如钻石、珍珠和黄金。此类首饰设计应注重细节处理和材质的选择，以突显其高雅和成熟。然而，设计时需避免过于保守，应适当融入一些现代元素，以保持其时尚感。自然型女性则更偏爱温柔、舒适且自然的首饰设计，她们倾向于选择那些简单、纯净且具有自然美的设计，如以自然元素为灵感的花卉、动物或波浪形态的首饰。此类首饰应该注重自然美的展现，同时也要考虑佩戴的舒适性。不过，设计时需要注意，避免过于简单或单调，可以适当地加入一些细致的装饰元素，以提升整体的美感。

二、季节与珠宝配饰氛围设计

季节的变化带来服装风格的转变，也对珠宝首饰的选择产生重大影响。设计师在创作珠宝首饰时，应充分考虑季节特点和佩戴场合，以确保首饰与佩戴者的整体造型和谐统一。春秋季节，气温适中，人们多选择色彩丰富、材质稍厚的服装。在这样的季节里，可以选择体积较大且颜色鲜明的首饰来搭配，如珍珠、珊瑚、象牙或黄金制作的项链，能够增添华丽感，并与春秋季节的丰富色彩相协调。然而，需避免过于冷色调的银饰，它们可能会给人带来凉意，不适合春秋温暖的氛围。夏季则是轻盈透明的流行季节，女性更倾向于选择轻薄、明亮的服装，如真丝衬衫等。在这个季节，以白金镶嵌的钻石、红宝石、蓝宝石等珠宝首饰非常适合，它们不仅能与夏季服装的轻盈相得益彰，还能增添一份清凉感。但是，需要注意的是，在夏季选择首饰时，过多过繁的装饰可能会显得沉重，影响清爽的夏日风格，因此，在选择夏季首饰时，应以简洁、清新为主。冬季则是一个更注重温暖与厚重感的季节，人们通常会选择色彩较暗、材质较厚的衣物，如羊毛衫、皮衣、羊绒大衣等，首饰选择应倾向于能够突破厚重感，带来一丝温暖和活力的设计。例如，白金钻戒、祖母绿、翡翠等具有较强色彩对比和质感的首饰，能够有效地打破冬季服装的沉闷感，带来一丝春天的气息。珍珠戒指、耳饰或胸针同样是冬季的好选择，它们不仅优雅，还能增添一抹温暖的光泽。

三、环境与珠宝配饰氛围设计

环境与场合对于首饰的选择和搭配有着决定性的影响，首饰不仅是个人魅力和品位的体现，也是适应不同环境、场合的重要工具。合理的首饰搭配能够增强个人形象，反映出对场合的尊重和对活动的理解。在日常生活中，特别是在休闲时刻，人们通常追求舒适和自在，这时选择的首饰应该是轻便、简洁、具有现代感的时尚款式。例如，可以选择颜色明亮、设计新颖的手链或耳饰增添活力，展现出轻松的生活态度。在此种场合中，过于复杂或者体积庞大的首饰可能会显得不便利，甚至影响日常活动。对于正式的社交场合，如宴会、舞会等，选择首饰则需要更加注重华丽和庄重，可以选择较为精致和昂贵的宝石首饰，如钻石项链、宝石戒指等首饰，从而衬托出穿着的优雅，还能显现出对活动的重视。然而，过于前卫或奇异的首饰设计可能会不适应这类场合的正式气氛。在职场中，首饰的选择也应该符合职业特性和工作环境。在办公环境中，适合佩戴的首饰应该是简约、优雅、不太显眼的款式，如小巧的耳钉或素净的金属手镯。过于夸张或幼稚的首饰可能会影响专业形象，给人留下不稳重的印象。特别是一些要求严格着装规范的职业，如律师、银行职员等，首饰的选择应谨慎。同时，还有一些特殊职业，由于工作性质的原因，不适宜佩戴首饰。例如，外科医生在手术过程中通常不会佩戴任何手部首饰，以确保手术的安全和卫生。纺织工人也应避免佩戴可能影响工作安全的首饰。

第九章　当代珠宝设计表现艺术的美育及实施方式

第一节　美育的概述

一、美育的由来

美育的起源追溯至古希腊时代，其概念在雅典教育系统中得到了充分的体现。古希腊文化强调智育、体育和艺术教育的综合发展，反映出对人的全面培养的重视。雅典教育的特色在于它不仅培养学生的知识和技能，更注重审美情感和艺术修养的培养。在雅典，儿童早期教育始于家庭，通过游戏和听神话故事的方式培养他们的想象力和创造力。随着年龄增长，儿童进入文法学校和琴弦学校，学习更为系统的知识和音乐技能。此种教育模式强调了知识和艺术的结合，展现了古希腊文化对美育的深刻理解。特别是在 13 ～ 14 岁时，雅典少年进入体操学校，这里不仅教授体育项目，还包括舞蹈和乐器演奏课程，旨在培养学生的身体协调性和艺术感。16 ～ 18 岁的青年在体育馆接受更高级别的教育，包括政治、哲学和文学教育，旨在培养学生全面的人文素养。在 18 ～ 20 岁时，青年们通过参加"埃弗比"的军事训练和社会活动，如纪念庆祝会和戏剧公演，进一步培养了他们的社会责任感和艺术修养。既关注学生的身体健康和智力发展，也着重于审美情感和艺术修养的培育。雅典的教育体系是美育概念的早期实践例子，它通过各种艺术形式促进学生的个性发展和综合素质提升。古希腊的哲人和思想家对于美育的思考，为后世的教育和美学提供了丰富的灵感和理论基础。整体上，古希腊的美育体现了对人的全面发展的重视，特别是对于人的艺术感和审美情感的培养，为现代美育理念的形成奠定了坚实的基础。

亚里士多德对美育的特殊贡献在于他深刻地认识到了艺术在教育中的重要作用，他强调艺术不仅仅是精神享受的来源，更具有教育和净化的功能。亚里士多德的美育观点特别强调伦理道德的重要性，认为艺术作品应当避免那些颓废、忧郁的内容，尤其在儿童教育中更应如此。在确定教育年龄分期方面，亚里士多德的见解也极具前瞻性。他将教育年龄分为三个阶段：出生到 7 岁，7 ~ 14 岁的青春发育期，以及 14 ~ 21 岁的青年期。这一分期在教育实践中具有重要意义，因为它要求美育的实施必须考虑到儿童和青少年在不同发展阶段的特殊需要和特点。在西方的美育思想史上，从古希腊时代起，许多教育家都将艺术教育视为德育和智育的重要工具。亚里士多德的美育理论为后来的教育家和艺术家提供了重要的思想资源。而古罗马诗人和文艺理论家贺拉斯提出的"寓教于乐"思想，也成为后世教育家和艺术家追求的目标。

东方美育的起源和发展，尤其在中国，拥有悠久而深刻的历史脉络。从先秦时代开始，美育已被纳入基本的教学内容之中。特别是在朝贵族教育中，所学的"六艺"（礼、乐、射、御、书、数）中，每一门都蕴含着深厚的人文修养和美育的元素。其中，"乐"在中国古代的含义非常广泛，它不仅仅是音乐，还包括舞蹈、诗歌、绘画等各种艺术形式。广泛的艺术教育，即"乐教"，旨在通过艺术的熏陶陶冶人的性情、提高道德水平，是美育的初步形态。孔子作为中国古代最伟大的教育家之一，他的教育理论和实践中都深深渗透着艺术教育的思想。孔子对诗歌、音乐的重视尤为突出，他提出的"诗教"主张通过三百篇诗歌来教化，这些诗歌不仅可以朗诵，还可以配以音乐演唱。"礼教"同样离不开音乐的辅助。孔子认为艺术不仅能给个体带来快乐和精神上的享受，更重要的是它能够使人从中学习知识，提高个人的道德修养。在孔子的教育体系中，虽然"礼教"是其主要的教育目标和基础，但他并不是通过枯燥乏味的说教或行为训练来实现这一目的，而是采用艺术的方式来熏陶和教化。

苏霍姆林斯基是苏联著名的美育理论家和实践家，他对美育的重要性有着深刻的认识和见解。在他看来，一个统一且完整的教育过程应当是智育、体育、德育、劳动教育和审美教育的相互渗透与交织。综合的教育模式强调了各个方面教育的平衡和整合，认为每个方面都是培养全面发展的人的必要组成部分。苏霍姆林斯基特别强调了审美教育在人的个性培养和精神世界形成中的重要作用，提倡通过接触和体验艺术，让孩子们学会欣赏美、感知美，并在此基础上发展自己的审美判断和创造力。苏霍姆林斯基的观点强调了没有美育就不可能有完整的教育，在他看来，一个人的全面和谐发展，不仅需要知识和技能的培养，也需要情感、审美和个性的培育。

王国维对美育在教育体系中的特殊地位进行了深入的探讨，提出了对于培养全面发展人才的独特见解。在他看来，教育的根本目的是培养具备全面能力的个体，他将这种理想人格称为"完全之人物"。为了实现这一目标，王国维提出了"完全之教育"的概念，认为教育应当包括体育、心育两个方面，而心育则由德育、智育和美育三部分组成。在王国维的教育体系中，智育负责培养个体的知识和智力，德育旨在培养良好的道德品质和意志力，而美育则着重于人的精神和情感的培养。美育是实现真、善、美境界的重要途径，是培育完全人物不可或缺的一环。与传统观念中美育常被视为次要的教育内容不同，王国维将美育提升到与德育、智育并列的重要位置。美育能够促进人的情感发展，引导个体超越自我利益，进入一个更高尚、纯洁的精神领域。通过美育，个体可以获得情感上的满足和提升，达到一种更加丰富和深刻的人生体验。

继王国维之后，蔡元培在美育领域做出了卓越贡献，他大力倡导美育，还亲身投入美育实践，为中国近代美育体系的建立奠定了坚实基础。蔡元培对美育的理念进行了系统的梳理与阐述，成为近代中国美育思想的重要集大成者。他强调了美育的重要性，明确地提出了美育的概念和目的。蔡元培的美育思想强调艺术的独立价值和在个人全面发展中的重要角色，提倡通过艺术教育培养个体的审美能力、创造力和情感表达能力。他的观点对中国美育的发展产生了深远影响，推动了中国美育的现代化进程。

美育在蔡元培的思想体系中占有极为重要的位置，他强调美育是艺术教育的同义词，是一种更为广泛和深远的教育方式。蔡元培认为，美育能够使人在欣赏美的过程中达到一种心灵的净化和升华，达到除美感之外无一杂念的境界。在这一过程中，人与自然、人与宇宙达到了和谐统一的状态，展现了美育的独特价值和深远意义。蔡元培反对将美育简单地视为德育的附庸，他认为美育同德育、智育、体育一样，具有独立的地位和作用。在他看来，美育不仅仅是一种艺术技能的培养，更是一种审美能力的培育，它渗透在德育、智育和体育的各个方面，并相互作用、相互促进。通过美育，可以使个体在道德、知识和身体各方面获得全面的发展。蔡元培的美育观念超越了传统的美术教育范畴，认为美育应该包括建筑、雕刻、绘画、音乐、文学等各种艺术形式，以及美术馆、剧院、公园、城市环境等各种审美对象。通过多样化的渠道和手段，美育能够更全面地影响和提升个体的审美品位和文化素养。

新文化运动至中华人民共和国成立前，美育在中国文化知识界中逐渐受到了广泛的关注和提倡。这一时期，众多学者和文化人士对美育的理念和实践进行了深入的研究和推广。例如，丰子恺积极参与成立了中华美育会，并通过发行《美育》会刊来推广美育理念，显示了美育在文化建设中逐渐增强的重要性和影响力。朱光潜对美育进行了深刻的理论阐释，他强调美感教育本质上是一种情感教育，其主要功用在于怡情养性。朱光潜的论点深化了对美育的认识，而且强调了美育在培养人的情感和性格方面的重要作用。在现代教育体系中，美育已经被正式纳入素质教育的体系，成为其重要组成部分。与此同时，人们对美育与德育、智育、体育之间的互补关系有了更深的理解，并进一步探索美育的特殊性质和使命。这表明，美育不局限于艺术活动，而是包含了更广泛的审美活动，它在人的全面发展中发挥着至关重要的作用。

美育的历史发展让人们深刻认识到它作为一种自由的审美教育的重要性，在此框架下，珠宝相融美学成为实现这种审美教育的一个独特途径。珠宝相融美学不仅是关于珠宝的物质美学，更是一种生活审美的实践，它引导人们将珠宝作为日常生活中的点缀和装饰。通过珠宝相融美学，人们能在日常的平凡场景中展现自己的审美品位和个人追求，不单单局限于珠宝本身的艺术和设计，更多的是如何将这些珠宝融入日常生活中，使之成为生活的一部分，增添生活的艺术气息。它在平凡中寻找不平凡，通过细微之处折射出生活的美感和艺术性。珠宝相融美学的核心在于创造一种生活的"意境"，通过珠宝这一审美媒介让人们在普通的日常生活中感受到一种超越日常的美学"境界"，丰富了人们的精神世界，也让日常生活变得更加丰富多彩，成为一种艺术化的审美生活体验。

二、美育的使命

美育作为一种以审美活动为核心的教育方式，对于人的感性发展起到了一定作用，促进了人的全面成长，而且成为人类精神世界的重要组成部分。人类的精神活动虽以理性为主导，但这并不意味着应忽视感性的重要性。实际上，感性是人类与生俱来的特质之一，对人的生活和成长至关重要。理性赋予了人类以逻辑思考、分析判断的能力，推动了社会和科技的进步，使人类从自然界中脱颖而出。然而，正是感性的存在，使得人类的生活更加丰富多彩，更具人性化。感性体现在人类对美的追求、对艺术的欣赏以及情感的流露，是构成人类特有生命体验的重要部分。美育的实践，通过艺术和审美活动既满足了人的感性需求，还提升了个体的精神境界。它使得人们在日常生活中能够体验和欣赏美的事物，从而丰富了内心世界，培养了对生活的热爱和对自然的敬畏。

珠宝相融美学在探索艺术与生活融合的道路上，提出了一种独特的视角。其核心价值在于，通过珠宝艺术的形式，将日常生活中因工作或利害关系而疏远的人们重新聚集起来，创造出一种共鸣和连接。珠宝相融美学是对珠宝的审美欣赏，更是一种生活态度和文化理念的体现。珠宝相融美学的实践，意味着人们在日常生活中超越了单纯的物质需求，开始追求精神和情感上的共鸣。人们能够通过珠宝艺术，感受到彼此存在的优美与高贵，提升了人与人之间的关系质量，赋予了日常生活新的意义和价值。珠宝相融美学还旨在从庸常生活的厌倦情感中解放人们，激发积极向上、充满活力的生命激情。在珠宝的光芒中，人们的生活被赋予了新的活力和动力，从而跳脱了日常的枯燥和单调。珠宝相融美学观念有效改变了人们对珠宝的看法，也在一定程度上改变了人们对生活的态度和方式。珠宝艺术与生活的相融，使人们的生活从一个凡俗、受束缚、颓废、粗俗的世界，进入了一个新奇、自由、振奋、美丽的世界。珠宝不再仅仅是物质的象征，而成为一种连接人心、激发灵感、提升生活质量的媒介。

三、美育的基本特性

珠宝美育，一种以审美活动为核心的美育形式，展现了其独特性，深受珠宝审美活动特性的影响。在珠宝美育中，珠宝是审美对象以及传递美的教育和体验的媒介。其独特性体现在对珠宝的深入理解、欣赏方法和审美情感的培养上，使珠宝美育成为一种特殊且富有教育意义的审美实践。珠宝美育能使参与者更深入地体验和理解珠宝的美学价值，丰富自己的审美视野和感受。珠宝美育作为一种形象教育，其核心在于通过具体的审美对象来实施教育。珠宝的存在以其可感的形式呈现，通过感性的形象吸引人们的注意，引导他们进入审美的世界。在珠宝美育的过程中，人们逐渐通过对珠宝的观察和欣赏，激活了自己的情感，使之活跃起来，帮助人们暂时抛开日常生活的繁杂和喧嚣，使他们能够沉浸于珠宝的意蕴世界。此过程中，珠宝成为一种情感和思想交流的桥梁。珠宝美育的实践使参与者能够更加深入地理解珠宝的艺术价值和文化内涵，同时也富化了他们的情感体验和审美感受。

珠宝审美活动的过程，是一种超越了世俗功利欲望的心灵自由活动，人的感官和心灵都在审美的世界里得到了抚慰和滋养，经历了一次精神上的洗礼。当人们在珠宝美育的指引下重返日常生活时，他们就像变成了一个新人，因为他们的灵魂在美的王国中得到了净化，并从中受益。珠宝作为审美对象，是一种引路者的存在。人们通过对珠宝形象的直觉性感知，获得审美感受，并逐步进入更高的审美境界。随着与审美对象的交流越来越深入，人们获得的启迪也会越来越多。珠宝美育的核心在于通过对珠宝形象的教育和体验，引导人们进入一个更加丰富和深邃的审美世界。在这个世界中，人们不仅学会了欣赏珠宝的外在之美，更重要的是学会了感受和理解珠宝所代表的文化、历史和艺术价值。珠宝美育的实践，使得人们的心灵得到了净化和提升，从而在日常生活中以更加丰富和深邃的视角看待世界。

智育，作为教育的重要组成部分，主要依赖于概念、判断和推理的逻辑形式来施行，其目标在于追求概念的明晰性、判断的准确性以及推理的严密性。智育直接作用于人的理性能力，培养受教育者的逻辑思维和分析能力。然而，智育中也融入了形象教育的元素，尤其是在美育领域，主要是因为美育中的审美对象，包括艺术作品本身，也是知识获取的重要来源。人的思维能力的发展，无论是在群体还是个体层面，都经历了从具体到抽象、从感性到理性的过程。在人类发展的早期阶段，祖先们主要通过感性直观来获取知识，他们还未能形成对事物的抽象概念或进行判断，知识获取方式在很大程度上基于直接的感官体验和直观感受。随着人类实践和认识的不断进步，抽象概念的形成和思维能力的发展逐渐成为可能。人类开始使用更加复杂的认知过程，如概念化、逻辑推理等，来理解和解释世界，标志着从纯粹的感性知识向更加抽象的理性知识的转变。

德育，作为教育的重要组成部分，其核心方式在于说理，即通过理性教育引导人们接受并遵守社会共同体内的行为规范。在德育过程中，行为规范不仅被外在接受，更被逐渐内化为个人的道德意识。然而，德育过程中同样可以融合形象教育，尤其是通过艺术形象来实施。艺术形象在德育中的作用不容忽视，它对人的情感有着深刻的陶冶作用，情感的影响往往能在道德层面起到净化的作用，帮助人们达到更高尚的人格境界。因此，美育和德育之间存在某种等同性，即美育在德育中扮演着重要角色。尽管如此，德育的最终目的在于求善，它要求从形象教育过渡到抽象教育，以服务于说理的目标。与智育类似，虽然形象教育是德育中的一部分，但它并不是德育的主要手段。因此，德育和美育在目的和手段上仍然有所区别。德育强调的是道德规范的理解、接受和内化，而美育则着重于通过审美体验培养情感和人格。虽然两者在实施过程中可以相互渗透和补充，但它们各自依然保持着独特的教育目标和方法，确保了教育过程中既能够培养个体的理性认知，也能够丰富个体的情感体验，从而形成一个全面发展的人格。德育和美育的结合，使得教育更加全面和深刻，能够更好地促进个人的道德和情感发展。

珠宝美育作为一种情感教育，旨在激发受教育者的感情并通过情感体验影响他们的心灵，重视情感的活跃与表达，结合珠宝美育的感知，引导受教育者深入体验和理解情感的复杂性与美丽。珠宝美育可以提高审美能力，在情感层面丰富了受教育者的内心世界，促进其情感和精神的成长。珠宝艺术的审美活动，作为一种体验式情感活动，强调通过体验作为沟通主客体的中介，实现对对象深层意蕴的直觉性领悟，从而使生活的底蕴向人们展现，使他们在体验过程中获得深刻的教益。审美活动在珠宝美育中的作用，不在于传授知识或技艺，也不在于提供行为规范，而在于引导受教育者的情感方向。珠宝美育的特点在于通过情感而非纯理性来影响人们，通过通情达意而非简单的逻辑说服。珠宝美育与传统的知识教育形成鲜明对比，强调的是情感的影响力和教育意义。在珠宝美育的体验中，受教育者能够感受到复杂的情感，还在情感的接受过程中逐渐理解和接纳理性的内容，更多地强调情感的力量和影响，认为情感体验是理解和学习的重要途径。

美育的情感体验性质使其与智育和德育存在显著的区别，智育主要与科学知识相关，科学的客观和理性品质决定了它在很大程度上不需要情感的参与。智育追求的是知识的客观有效性，展现的是理性的力量。在智育的领域中，一个公理的作用不依赖于人们的情感接受，它作为法则的地位是固定和不变的。表明在智育中，主体的选择性或情感体验不是必要元素。然而，在接受智力教育的过程中，人们可能会因攻克难题或有新的发现而产生快乐，这是对个人理性能力的肯定，是作为结果而出现的，并非过程中的必要组成部分。在很多情况下，此种快乐甚至是无法体验的，因为它依赖于具体的成就或发现。相比之下，美育的核心在于情感的体验和培养。美育通过情感的引导，促进个人的情感发展和表达，帮助人们理解和感受美的多样性，提升了个人的审美能力和情感智慧。

道德教育的核心目标是让人们接受特定的道德意识和观念，并通过有关的观念来规范行为。它着重于人们对善恶的认识和评价，此种认识虽然包含情感元素，但主要是一种偏重于理性的情感，与社会意识形态密切相关，道德评价的客观性和阶级性使其与美育中个体的独特情感体验不同。在道德教育中，善恶的认识和评价通常反映了社会共识和规范，目的是引导个人的行为符合社会的期望和标准。道德教育中的情感因素，虽然存在，但被理性和社会意识形态所塑造和制约，与个体情感的自由表达相比，具有更强的社会导向性。美育的核心在于情感体验的独特性，美育重视个体在审美过程中的情感体验，且是深刻的、个性化的，并且极具主观性。美育中的情感体验是对美的直觉反应，并包括对美的深层理解和个人化的感受。通过艺术作品和审美活动，美育激发个体的情感和想象，促进个人情感智慧的发展。美育教育方式重视个人情感的表达和发展，为个体提供了一个自由和个性化的学习空间。

珠宝美育作为一种快乐的教育方式，注重在愉悦的氛围中进行教学。它以令受教育者感到愉快为目标，将教育过程与乐趣相结合。在珠宝美育中，受教育者通过亲身体验和欣赏珠宝艺术的过程，深入学习相关知识和技能，而且在轻松愉快的环境中获得精神上的满足和快乐，实现了教育的寓教于乐。审美活动作为一种自由的精神活动，为人们提供了身心愉悦的机会。珠宝美育，将审美活动作为主要的教育方式和手段，使得接受美育的过程成为一种高级的精神消费和享受。

珠宝美育的特点在于：它从不采取强制性的教育方式，反而是以一种轻松愉快的方式吸引受教育者自觉自愿地参与其中，充分考虑到个体的情感和兴趣，使其学习过程并非单纯的知识和技能的获取，更是一种精神上的享受和成长。在珠宝美育中，受教育者通过欣赏珠宝艺术的美丽和感知其深刻意义，体验到审美的快乐，超越了物质层面，触及心灵的深处，使得珠宝美育成为一种寓教于乐的教育形式，提升了受教育者的审美能力和艺术鉴赏力，还丰富了他们的精神世界和情感生活。因此，珠宝美育作为一种快乐的教育，强调在精神享受的愉悦中进行学习。它通过激发受教育者的兴趣和情感，使他们在愉快的环境中自然而然地学习和成长，使珠宝美育成为一种有效的教育手段，也使其成为一种提升个人精神和情感生活的重要途径。

第二节　当代珠宝设计表现艺术中美育的主攻目标

一、审美能力的培养

培养审美能力是美育中的一个特定目标，审美能力主要体现在审美感知力上，这是一种与审美需求相应的感官能力。具备审美能力的人能够感受到物体拥有的对人有用或令人愉快的属性，这些属性主要是指事物的形式属性。审美能力涉及对外在事物美的感知，以及丰富的想象力和深刻的理解力。审美感知力使人能够识别和欣赏事物的美学特质，如色彩、形状、纹理等，均为构成物体美感的基础元素。人们通过审美感知力，能够感知周围世界的美，体验到审美活动中的愉悦和满足。除了感知美的形式属性，审美能力还涵盖了丰富的想象力和深刻的理解力。想象力使人能够在心灵中构建和拓展审美体验，创造出超越现实的美的形式和意境。而深刻的理解力则使人能够洞察事物背后的深层含义和文化背景，理解艺术作品的内涵和艺术家的创作意图。美育通过各种教育方式和活动，如艺术欣赏、艺术创作、文化学习等，培养和提升个体的审美能力。

人的审美能力并非先天具备，而是通过后天教育，尤其是美育，逐渐发展而成。美育，作为一种注重形象和情感的教育，对于锻炼个体的感官和感知能力扮演着关键角色，能够有效加强对美的直观感知，而且在此基础上提升想象力和理解力。美育中的形象教育，通过视觉艺术、音乐、表演等多种方式，直接针对个体的感官进行训练，让人们更加敏感地感受到色彩、线条、音调等美的元素，增强了对艺术作品美感的直观理解。美育还重点培养个体的想象力，在感官体验的基础上，想象力让个体能够将实际体验转化为更加丰富的审美体验，拓展了对美的认知和创造。理解力的提升则帮助个体深入洞察艺术作品的内涵，理解其背后的文化和情感寓意。美育还旨在健全个体的审美心理结构，不仅涵盖了对美的感知和理解，还包括情感的体验和审美判断的能力。个体通过对艺术的欣赏和创作学会了如何感知美、欣赏美，培养了如何评价和感受美的深层次影响。

展示艺术作品能够显著提升感官对形式的感知能力，使反应力更加敏锐，进而促进高度的审美感知和鉴赏能力的形成。过去，审美能力的培养往往是在实践中不自觉地完成的，在一定程度上导致了审美感知能力的不平衡。例如，一般家庭的孩子在音乐能力上可能不如音乐家的孩子，而画家的孩子在对形状、色彩、比例等方面的感知能力上则表现出色。其差异主要是家庭环境的影响，孩子们在特定的审美环境中耳濡目染，发展了特定方面的感官能力，从而超越了常人。美育的目的就是要自觉地运用审美对象，尤其是艺术作品的形象来完成这一教育任务。美育活动的实施可以有意识地培养和提升个体在各个方面的审美能力，而不局限于特定领域或由家庭环境所决定。美育通过多样化的艺术形象和体验，使所有学习者都有机会发展和强化他们的审美感知和鉴赏能力。在美育的过程中，学习者被鼓励去观察、理解和感受不同的艺术作品，从而锻炼他们的视觉和听觉感知，提升对艺术的敏感度和理解力。美育的多元性确保了审美教育的全面性，使每个个体都能在不同的艺术领域中找到自己的兴趣点和发展空间。美育的重要性在于，它能够填补传统教育在审美教育方面的空缺，为所有人提供平等的审美发展机会。

　　在珠宝设计领域中，审美活动展示的感性形象既是单纯且孤立的，同时又是丰富多彩的，主要依赖于设计师的想象力来展现和发掘。因此，对于珠宝设计师来说，想象力是不可或缺的，且在设计的过程中不断得到发展和提升。在珠宝设计中，想象力的运用不局限于对宝石和金属的创新组合，更包括对设计形式、风格和文化元素的深度探索。设计师通过想象力，能够创造出独特的设计理念，将传统元素与现代审美相结合，创造出既符合时代潮流又具有个性特色的珠宝作品。设计师需要透过珠宝的外在形象，把握更深层的内涵，比如理解宝石的象征意义、文化背景以及佩戴者的个性需求，使珠宝设计成为一种情感和故事的表达。审美技巧的训练对于珠宝设计师来说也是必不可少的，设计师应训练对材料性质的理解、制作工艺的掌握以及设计理念的实现能力。这样一来，珠宝设计师能够更加精准地将自己的想象转化为实际的作品，实现审美理念的具体化。

　　美的规律，本质上是形式的规律，关涉到如何使形式显得赏心悦目。在物质生产活动中按照美的规律进行生产，意味着给实用物品赋予赏心悦目的形式，提高了产品的审美价值，增加了其吸引力和市场竞争力。审美感知力在这个过程中发挥着关键作用，它使设计师和生产者能够理解和运用美的形式原则，创造出既实用又美观的产品。缺乏审美感知力，就难以在生产实践中遵循美的规律，可能导致产品缺乏吸引力，无法满足消费者对美的需求，进而影响产品的市场表现。在当今强调个性化和美学价值的时代，审美能力成为各行各业不可或缺的重要资质。因此，提升个体的审美能力是艺术教育的目标，也是现代教育体系和社会发展的重要任务。通过培养审美感知力、理解力和创造力，可以使人们在各种领域中都能运用美的规律，创造出既符合实用性又具有审美价值的产品和服务，从而推动社会文化和经济的全面发展。

随着社会的发展和人们物质及精神生活水平的提升，对美的追求和要求也在不断增长。技术美学的兴起、艺术设计的重视以及珠宝饰品的普及，都显示了人类审美能力和审美需求的快速增长。基于此背景下，发展个人的感知力和想象力变得尤为重要，为艺术的发展创造了条件，为物质生产带来了新的可能性。艺术设计的重视体现在传统艺术领域，并渗透到日常生活的各个方面，如珠宝饰品、家居设计、时尚产业等。此趋势要求人们不仅要有良好的审美感知力，还需要有创新的想象力，以满足日益增长的审美需求。随着审美能力的普遍提高，整个社会的审美水平也在不断提升。一个拥有高审美水平的社会，能够更好地反映人们的生活品质，促进文化和经济的全面发展。因此，提升人们的审美能力，特别是感知力和想象力，已成为现代社会发展的重要任务，能够丰富人们的精神世界，促进社会在艺术和物质生产上创新和发展，使整个社会在审美层面得到持续提升。

二、陶冶性情

人的性情，包括个性和情欲，与个体的欲念和功利心紧密相关，往往体现出一种狭隘的功利主义和利己主义性质。性情中的特质反映了人在面对选择和行动时的个人倾向和动机，其中包括追求个人利益和满足自身欲望的倾向。在人的行为和决策中扮演着关键角色，影响着个体如何与周围环境互动以及如何对待他人。人的性情，尽管与个体的感性生命紧密相连并带有功利主义和利己主义的性质，但通过教育是可以得到改变的，主要以两种教育方式实现：理性教育和情感教育。理性教育，如伦理道德的讲授，虽然能够为个体提供外在的规范和限制，但往往难以深入人心，影响内在的性情。相较之下，情感教育，即美育，通过让人自由地投入审美活动，对审美对象所蕴含的意义进行感受、体验和领悟，达到心灵的震荡、洗涤与超越。美育是关于美的知识和技能的学习，更重要的是，它通过艺术体验影响和塑造个体的情感世界，使个体的性情得到陶冶和升华。美育能够使个体超越狭隘的功利主义和利己主义，开启更为广阔的情感视野和深层的心灵体验。审美活动的参与和艺术的体验让个体能够更深入地理解人性和世界，从而在性情上实现更为丰富和平衡的发展。

陶冶是一种潜移默化地影响人心的过程，其作用通常在不知不觉中发生。此过程恰如诗句所描述："随风潜入夜，润物细无声。"这比喻意味着陶冶的影响是渐进且微妙的，就像夜风悄无声息地滋润着万物一样。在此过程中，人的心灵和性情被慢慢地、不显眼地塑造和改变，从而实现内在的成长和提升。情感在人的实践活动中有巨大影响，历史上无数伟大的人物，无论是革命家、科学家还是艺术家，他们对自己事业的热爱都是深沉而热烈的。相反，情感浅薄的人往往对自己的事业缺乏激情，更难以谈及献身精神。珠宝美育的目的是使人的情感更加丰富和纯洁，激发人们对事业的巨大热情和动力，学习欣赏珠宝的美丽，感受艺术的魅力，深深触动人的情感，从而激发对生活和工作的热情。珠宝美育通过培养对美的深刻理解和感受，帮助人们在情感上得到成长，进而在事业上展现出更多的热忱和动力。

三、完善人格

性情的陶冶直接关联到人格的完善，而人格是一个人性格、气质、能力以及道德品质的综合体现。在珠宝审美活动中，审美对象所蕴含的意义能够潜移默化地触及人心，引导人进入高尚的审美境界，使人在感动中摒弃自私小利，唤起体现真正人的价值的性质和属性。珠宝审美的追求不是有限的功利目的，也不是达成这种功利目的的工具。相反，它帮助人们超越有限的、自私的占有欲，上升到自由、无限的精神境界，从而构建起高尚和美好的人格。珠宝审美活动中的这种特性，使它成为人类实现人格建构的重要途径。历代美学家和教育家都将美育视为人格修养的必要手段，珠宝美育通过其独特的审美体验，提供了对美的深层理解，而且促进了个人情感和精神的成长。在审美过程中，个体学会欣赏美、理解美，并在此过程中提升自己的道德品质和人格特质。珠宝美育的实践证明了美育在人格完善和提升个人综合素质中的作用，它不仅是一种审美教育，更是一种涵盖情感、精神和道德层面的全人教育。

人格的建构根本上依赖于个体心理结构的塑造，审美教育较为利于塑造个体审美心理结构。在参与审美活动时，个体的各项心理功能达到一种自由和谐的状态，为人格的建构提供了坚实基础。在自由和谐的审美体验中，个体能够提升审美能力，也在情感、认知等心理层面得到丰富和平衡。此种心理状态的形成和维持，使个体在感知美、理解美、创造美的过程中，逐渐构建起健全和高尚的人格。因此，审美教育不仅是一种艺术教育，更是一种全面的人格塑造过程。

审美活动能够使人类与周围的世界和人们建立起一种美好且和谐的关系，不局限于个人层面，而是深入渗透到社会的伦理、道德、政治和经济等各个方面，从而改变和提升社会的精神和文化生活。这正是古人所说的"移风易俗"，即通过审美活动对社会风气和习俗产生深远的影响。反过来，美好和谐的社会关系和精神文化生活，也在潜移默化中影响和塑造着人类个体的精神、情操和个性。在互动过程中，个体的人格得到了建构和发展，即一个从个体到社会，再回到个体的审美化过程，其中美育扮演着至关重要的中介角色。美育通过培养个体的审美感知、理解和创造能力，使其能够更深刻地体验和理解美，从而在个人层面实现精神和情感的成长。同时，随着个体的审美能力提升，他们能够更好地参与和贡献于社会的精神和文化生活，从而推动社会风气的改善和文化生活的提升，又反过来促进个体精神和人格的进一步发展。美育促进了社会整体的精神和文化提升，从而形成一种从个体到社会再到个体的积极循环。

四、形成正确的审美观念

人类的活动受到其世界观的支配，而审美观作为世界观的组成部分，对人的行为和思想有着深远的影响。人们需要区分真假、善恶，同样也需要具备分辨美丑的能力。正确的审美观涉及对美与丑的辨识，理解美的本质，并掌握审美的标准。审美活动的引导和教育帮助人们树立正确且健康的审美观，促使他们建立科学和客观的审美标准，是关于美的知识传授，更是关于如何欣赏和理解美的深层次教育。正确的审美观对个人的全面发展极为重要，既影响个人的审美选择和生活方式，还影响着其价值观和行为准则。一个健康的审美观能促进个体在情感和精神层面的成长，提升其生活质量和文化水平。因此，美育通过多种形式的审美活动，使人们在欣赏和体验美的过程中，逐步建立起对美的科学理解和客观评价，从而在个人和社会层面产生积极的影响。

在现实生活中，仅仅通过讲授大道理来解决人们在审美观上的问题通常是无效的，甚至可能引起反感。相反，美育通过其独特的方式，能够让人们自然而然地理解美与丑的界限，并在此基础上帮助他们树立正确的世界观和审美观。美育的实质不在于直接告诉人们什么是正确的审美观，而是通过艺术体验和审美实践，让人们在感受美的过程中自我领悟和反思。通过欣赏艺术作品、参与艺术创作和体验艺术活动，人们能够更加深刻地理解美的本质，逐渐建立起健康和科学的审美标准。美育的此种方法有效地避免了直接说教带来的抵触情绪，转而通过潜移默化的影响，使人们在不知不觉中排除低俗和卑劣的审美倾向，更加符合人的心理特点，能够更有效地引导人们建立正确的审美观念，提升其整体的审美素养。美育通过艺术的力量影响人们的心灵，使他们在欣赏和体验美的过程中自然而然地形成健康和积极的审美态度，进而在精神和情感层面实现成长和提升。

激情激发了人们对自己事业的执着投入，驱动他们面对挑战时不懈追求，积极探索，而正确的审美观则确保了其追求和探索不会偏离正确的方向。当人们在美育中培养出对美的准确理解和深刻感知时，他们的生活和工作方式也会相应地受到积极的影响。正确的审美观不限于艺术领域，它还渗透到日常生活的方方面面，如工作环境、社交互动甚至是决策过程。拥有正确审美观的人能够更好地认识和欣赏周围环境中的美好事物，反过来又能够激发他们在个人和职业生活中追求卓越和创新。正确的审美观和激情的结合促使人们在追求个人和职业成功的同时，也关注和贡献于社会的美好和和谐，积极的态度和行为对于推动社会的整体进步和发展具有不可小觑的作用。因此，美育中获得的激情和正确的审美观是个体发展的宝贵财富。它们不仅能够激发个人的潜能，还能够引导个人在社会实践中发挥积极的作用，推动社会的健康和谐发展。

从广阔的视角来看，美育不应被视为仅仅属于少数教育家和美学家的事业，而是全社会、全人类共同关注的重要领域。美育不只是社会中的某一具体教育方式，而是人类自我生成、自我发展和自我完善的一项系统工程。在该工程中，每个个体的成长和进步都是构成整体社会进步的重要部分。提出珠宝美学和珠宝相融美学，主要目的在于完善这一系统工程。通过将珠宝这一具有审美价值的物质媒介与美育相结合，可以更加深入地影响和提升个体的审美能力和审美观。珠宝美学关注珠宝本身的美学价值，更关注通过珠宝所能传递的文化、情感和价值观念，从而在美育中发挥独特且深远的作用。因此，珠宝美学和相融美学的提出和实践，是对美育系统工程的重要补充和完善，丰富了美育的内容和形式，还扩展了美育的影响范围，使之成为推动个人和社会全面发展的重要力量。通过珠宝美学的学习和实践，个体不仅能够提升自身的审美能力，还能在更广阔的层面上理解和体验美，从而在自我生成、自我发展和自我完善的过程中实现更全面的成长。

第三节　当代珠宝设计表现艺术中美育的具体实施途径

一、学习审美理论

掌握审美理论知识利于发展审美能力，审美理论主要涵盖美学基础理论、艺术理论与艺术史以及其他审美常识。美学基础理论为审美活动提供了理论框架，艺术理论与艺术史帮助人们深入理解艺术的发展脉络和各种艺术风格，而其他审美常识则丰富了人们对审美世界的基本认识，而基本知识的掌握，是构建健全审美视野的基础。

（一）美学基础理论

美学基础理论作为对人类审美现象的整体分析，展示了美的世界的全貌，帮助人们理解美的原则、审美范畴，以及美的存在形态，同时阐明了人类审美活动的过程和审美活动的必要性。学习美学基础理论能够使人们深刻地认识到为什么人类需要审美活动以及美在人类生活中的作用。掌握美学基础知识对于自觉接受美育非常关键，是美育的理论基础，而且能从理论层面提升人们对美学的重视。了解美的多样性和复杂性，以及审美活动如何影响个人和社会，使人们更加明确美育的价值和意义。美学基础理论还为个人审美能力的提升和审美视野的拓展提供了理论支持，通过学习和理解美学基础理论，个体能够更加深入地参与审美活动，更加全面地欣赏和理解美的各种形式和表达。

（二）艺术理论与艺术史

艺术理论与艺术史为人们提供了对艺术的全面介绍和深入分析，艺术欣赏并非单纯依赖于感官感受，而是需要一定的知识积累，例如对各类艺术的特征、作者、作品、时代、风格及其象征意义的理解。有关知识在艺术欣赏过程中起着"向导"的作用，帮助人们更深入地理解和欣赏艺术作品。缺乏艺术理论和历史知识的情况下，人们可能难以完全"欣赏"到艺术品的深层价值。尽管某些艺术作品能够给人们的感官和心灵带来强烈的震撼，但往往仅限于表面层次。当人们对艺术品的象征手法和深层含义有所了解时，对作品的内涵的理解也会相应加深。因此，学习艺术理论和艺术史是提升个人文化素养的重要途径，也是深入进行艺术欣赏和理解的必备基础，能够增强人们对艺术作品背后故事和文化背景的理解，丰富了人们的审美体验和感受，使人们能够更全面、更深刻地欣赏艺术之美。

（三）其他审美常识

其他审美常识涉及人们日常生活中的衣食住行等方面，通常是文化史的记录内容。人类文化，不论是物质文化还是精神文化，均蕴含着审美的元素。在漫长的实践过程中，人们对美的理解形成了一种虽模糊却普遍认同的审美标准。生活中的审美标准体现在服饰的变化、色彩的流行、饮食的讲究、室内装饰的格调等各个方面，看似日常的选择和偏好实际上遵循着一种隐形的流行趋势，本质上是对审美标准的体现。例如，服饰的演变反映了时尚的变迁，以及人们审美取向的变化；室内装饰的格调则展现了人们对居住环境的美感的追求。生活中的审美常识虽然在日常生活中可能被忽视，却是构成个体和社会审美观的重要部分。了解和掌握有关常识，个体能够更好地适应社会审美趋势，还能在日常生活的各个方面展现出自己的审美品位。

审美标准主要由两个方面构成。首先是相对稳定的形式美法则，这一法则不直接与内容相关，拥有其相对的独立性，如比例、和谐、平衡等，是审美评价的基本标准，适用于各种艺术和设计领域，指导着人们在创作和欣赏艺术时对作品形式的理解和评价。其次是具有地域性、时效性和阶层性的审美理想，反映了特定社会群体的审美标准，是随时间、地域和社会阶层而变化的。在特定的地域、时代和阶层中，审美理想表现出一致性，成为特定社会群体共同认可和追求的美学标准。例如，不同文化背景下的审美偏好，不同时代流行的艺术风格，以及不同社会阶层中流行的审美趋势，都是审美理想的体现。审美标准的形成是一个复杂的过程，它既包括普遍适用的形式美法则，也包括特定环境下形成的审美理想，两个方面共同影响着个体和社会群体的审美判断和选择，是理解和参与审美活动的重要依据。了解审美标准有助于人们更好地进行艺术创作和欣赏，同时也有助于提升个人的审美素养和文化认知。

二、赏析艺术之美

美育的核心在于实践性，除了掌握必要的理论知识外，更为关键的是参与审美活动。其中，艺术赏析是美育实践活动中最为重要的一种方式，也是美育长期以来被视为艺术教育的原因。艺术赏析使人们接触到艺术作品的外在形式和技巧，使他们深入了解和体验艺术家的独特审美经验和精神内涵。艺术作品作为艺术家创造性劳动的产物，是一种特殊的精神产品，超越了单纯技巧的层面，不仅是满足人们感官审美要求的美的形式，更是一种包含了艺术家个人审美经验、情感表达和思想寓意的作品。在艺术赏析过程中，观众不仅欣赏到作品的美学特征，也能够感受到艺术家的情感世界和思想深度。美育的实践除了表面的艺术欣赏，是一种深入的、全面的艺术体验。人们能够通过艺术赏析，培养和提升自己的审美能力、感受力和理解力，从而在精神和情感层面得到丰富和提升。艺术作品成为连接艺术家和观众、传递审美体验的桥梁，使美育成为一种既感性又理性的教育过程。

　　艺术家的审美经验是其精神活动和心灵活动的成果，代表了人的精神性存在的集中体现。艺术活动中，艺术家通过艺术的传达方式，将自己的精神和心灵转化为直观且具体的艺术形象。此过程是艺术家个人情感和思想的外化，也是他们与外界沟通和表达的桥梁。艺术作品作为沟通和表达的结果，是人的思想、精神和心灵最集中、最全面、最典型的反映，不单单是视觉或听觉的享受，更是深层次的精神和情感的交流。艺术作品中的每一个元素，无论是色彩、线条、形状还是音符、节奏，都承载着艺术家的情感和思想，与观众进行着无言的对话。艺术作品的价值在于其审美价值，它被视为最重要的审美客体。每件艺术作品都是内容与形式的完整统一体，其中的内容不仅指故事或主题，更包括艺术家想要传达的深层精神和情感内涵；而形式则是这些内涵在物质层面上的表达方式。因此，艺术家的审美经验和艺术作品的创作是一个将个人内心世界与外界实际世界相连接的过程，此过程充分反映了艺术家的个性和情感，为观众提供了一种深入理解和感受艺术家精神世界的途径。艺术作品能够直接令观众感受到艺术家的心灵活动，体验到艺术的深刻意义和魅力。

　　对艺术作品的欣赏可以使人们接受全方位的美育，艺术作品的形式本身就对人的审美观和审美能力有陶冶作用。艺术作品作为审美客体，是艺术家表达精神性内容的载体，而且以其"美的"形式对观众产生审美上的影响。艺术家在创作过程中要表达自己的感受，并且应考虑作品如何满足观众的审美需要。普列汉诺夫的观点："很美地画了一个老人"与"画了一个很美的老人"是截然不同的，准确地捕捉了这一点。前者强调的是艺术作品的表现手法和艺术家的表达能力，能够传达出艺术家自己的某种感受，同时也满足人的审美需要。而后者虽然描述了一个美丽的对象，但并不一定意味着作品本身在艺术上表现得美。艺术作品的欣赏是对其内容的理解，更是对艺术形式的感受和领悟。艺术作品通过其独特的形式美，如构图、色彩、线条、节奏等，向观众传递了艺术家的精神世界和审美情感。

　　艺术作品首先具有外在形式的美，这是其吸引人们审美关注的基础，此种外在形式的美，正如"很美地画了一个老人"所蕴含的第一种含义，凸显了艺术作品在形式上的美感。艺术家在创作过程中，总是会深入考虑作品的感性形式，力求通过美的表现手法来传达自己的艺术理念和情感。在构图、造型、作曲、配器等创作过程中，艺术家灵活运用各种形式美法则，如对称、均衡、对比、调和、节奏、比例等，以及多样性与统一性的原则，其运用使得线条和色彩、造型和质地在艺术作品中高度和谐且完美结合，构成了艺术作品的外在美，并非单纯的视觉上的享受，更是一种感性的体验，它能够强烈吸引人们的审美注意力，激发人们对作品深层次意义的探索和理解。艺术作品的外在形式美是艺术家创造性劳动的直接体现，是他们通过艺术语言向观众传达情感和思想的方式。外在形式的美是艺术作品能够吸引观众、引发情感共鸣和思想启发的重要原因，展示了艺术家的技巧和创造力，是其向观众展示内心世界的桥梁，使艺术作品成为传递美的重要媒介。

艺术作品的审美价值与其内在形式，尤其是结构，有着密切的关系。结构作为艺术作品的骨架，影响了内容的表达方式，而且在很大程度上决定了作品的魅力和审美价值。因此，结构在艺术创作中被视为一种审美规律。在不同的艺术领域中，结构的重要性均被广泛认可和重视。例如，在绘画中，艺术家通过精心的构图来安排画面的元素和比例，创造视觉的平衡和节奏；在音乐中，作曲家通过声音的组织和排列，创造出和谐与对比；在建筑中，建筑师通过架构的设计，实现空间的美学和功能的结合；在珠宝设计中，设计师注重构图和佩戴体验，以创造既美观又实用的珠宝作品。一个作品如果具有独特而巧妙的结构，不仅能有效地传达艺术家想要表达的内容和情感，还能以其结构本身的美学特征吸引观众。结构上的创新和精巧使得艺术作品具有独特的审美价值，能够在视觉和情感上给予观众深刻的印象。因此，无论是在绘画、音乐、建筑还是珠宝设计中，结构都是构成艺术作品审美价值的关键因素。对结构的重视和创新是艺术家实现作品审美目标的重要途径，也是他们表达个人风格和创造性思维的体现。

艺术作品的本质在于其美的外在形式，更为重要的是其通过美的形式所表现的深邃内容和对生活真假善恶的评判。这正是"很美地画了一个老人"的第二个含义，也是其本质性的含义。艺术作品不仅仅是采用美的外在形式，更是通过艺术的方式来深刻地表现艺术家所想要传达的内容，塑造独特的艺术形象。在艺术作品中，内容与形式是密不可分的。内容通过艺术形象的呈现而显现，而艺术形象的生成则是内容赋予形式的过程。当艺术形象不仅表现了内容，而且赋予了深刻的意义时，作品便具备了审美价值，主要源自艺术形象对内容的深刻理解和典型化表现。艺术作品的形式，若能充分而恰当地表现其内容，并能塑造出典型的艺术形象，那么此种形式就能使作品产生深邃的意义。艺术作品的审美价值不仅在于其形式的美，更在于其内容的深度和艺术形象的力量。艺术作品因此成为人类文化和精神生活的重要组成部分，它们通过艺术家的创造性劳动，美化了人们的生活环境，丰富了人们的精神世界，提升了人们的审美能力和文化素养。审美价值的追求，使艺术作品超越了单纯的视觉享受，成为人类共同的精神财富和文化遗产。

三、赏析自然之美

自然美赏析，即对自然界中千差万别的景象和风光的深入理解和欣赏，是美育中不可或缺的一环。自然美指壮丽的山川、宁静的湖泊、繁花似锦的园林，以及日常生活中常被忽略的自然细节，如细雨绵绵的春日、金色的秋叶、寒冬的一缕暖阳。自然美的价值在于其对人的审美影响，为人们提供了审美的对象，使人们在自然中寻找和体验美的存在。在自然美赏析中，人们不仅是在欣赏自然界的美，更是通过自然美去理解和体验生活的美。自然界的每一处风景都蕴含着深厚的文化和历史意义，每一次自然体验都可能成为人们精神世界的一部分。自然美的审美价值还体现在其对人心灵的熏陶上，自然的美可以激发人们的情感，唤起人们对生活的热爱和对美的追求。它能够帮助人们在繁忙的现代生活中找到心灵的慰藉，提升人们的精神境界。自然美的体验是一种无声的教育，它通过潜移默化的影响，培养人们的审美情感，提升人们的审美能力。因此，自然美赏析在美育中具有重要的地位，在对自然美进行欣赏的基础之上，结合美的体验来完善人的精神世界的过程。

四、赏析社会之美

社会美，作为社会生活中的美学现象，是由人自身、人的活动及其活动所产生的成果构成的。在社会生活的各个方面，都存在着可以被审美体验和赏析的对象，它们共同构成了社会美的范畴。审美对象包括人的形象、人类活动的场景以及人类活动的成果，它们在日常生活中无处不在，为人们的生活增添了丰富的色彩和深刻的意义。社会美的主要类型包括人的形象，如个人的风貌、风格、举止都反映了个人的品格和文化素养；人类活动的场景，如社会仪式、文化活动、日常生活等展现了社会的风貌和文化特色；以及人类活动的成果，如建筑物、艺术作品、科技创新等是人类智慧和劳动的结晶，体现了人类社会的发展和进步。对社会美的赏析是美育的重要途径之一，社会美的赏析使人们能够从日常生活中发现美、感受美，并在其中获得精神上的满足和启迪。

人类对自身的审美欣赏源远流长，历史上无数被誉为"美人"的形象，就是人类自身作为审美对象的一个表现。人的形象在审美中的地位，除了外在的体貌，更包括人的整体信息和内在品质。人的形象并非仅仅是外表的美，而是一个综合体，包含了一个人的所有属性，其中有外在的形体容貌、表情姿态，更重要的是包括由内在发出的气质风度、人格精神。人的形象是外在与内在的综合，是个体特质的全面展现。例如，一个人的外表可能吸引人的注意，但真正使其成为审美对象的，往往是其气质、风度、人格精神等内在品质。在审美过程中，人们除了欣赏外在的美，更在寻找和感受一个人的内在美，促使人们认识到，真正的美不仅仅是外在的，更是内在品质的体现。一个人的内在品质，如智慧、勇气、善良、坚韧等，往往是其吸引力的根本所在。因此，对人的形象的审美，是一种对整体人格和精神的欣赏，欣赏和理解人的形象，人们能够更深刻地认识到每个人独特的美，以及美的多元性和深度。

人的体貌虽然是先天赋予且无法选择的部分，但人们通过装扮和化妆可以在一定程度上改变甚至美化自己的外表，这是人的力量和创造力的一种推移。自古以来，"涂脂抹粉"便是人类装扮自己的方式之一，随着时间的发展，化妆和美容已成为人们美化自身的重要手段，日益受到重视和广泛应用。化妆和美容是改变外表的简单行为，它已经发展成为一种深受社会文化影响的艺术形式。此种艺术形式不仅需要一定的科学知识支撑，如了解皮肤类型、选择适合的化妆品成分等，还需要特定的技巧和创造力，如化妆技法、色彩搭配等。在现代社会，化妆已经不再是简单的"涂脂抹粉"，而是成为一种个性表达和自我风格塑造的方式。通过化妆和美容，人们可以提升自己的外在美，并通过外在的变化来表达内在的个性和态度，使得化妆和美容成为一种文化现象，反映了社会风尚、个人审美和时代特征。化妆与美容是改变容貌的常用方式，而珠宝设计则是另一种体现个人风格和社会文化的方式。珠宝作为装饰品起到了点缀作用，更能彰显一个人的品位、身份和审美。从简约的设计到奢华的款式，珠宝在不同场合和不同穿搭中，能够起到完美的衬托和提升作用。珠宝设计的艺术性在于其能够与人的外在美和内在气质相融合，设计师通过对材质、颜色、形状和风格的精心选择和搭配，创造出既符合个人特色又和谐统一的珠宝作品。珠宝作品是装饰，更是一种个性的展现和文化的传递。在现代社会，珠宝设计与化妆和美容一样，已经成为个性表达和自我风格塑造的重要方式。人们选择合适的珠宝能够提升自己的外在美，并表达自己独特的审美观念和生活态度。珠宝设计的艺术性和文化内涵使其成为一种重要的社会文化象征，反映了当代社会的审美风尚和文化特征。

人的形体特征，如高矮、胖瘦、比例等，基本上是由先天遗传所决定的，但通过服装搭配和现代美容技术，人们可以在一定程度上调整甚至改变自己的形体。自古以来，人类便致力于使自己的形体更加理想化。塑造美丽形体的基本条件之一是注意饮食营养和养成良好的生活习惯，合理的饮食可以帮助人们维持健康的体重和良好的身体状态，而良好的生活习惯如适量运动、充足睡眠等则有助于保持身体的活力和健康。在此基础上，人们可以通过服装的巧妙搭配来强调或弱化某些形体特征，以达到视觉上的美化效果。因此，现代社会为人们提供了多种方式来塑造和美化自己的形体，从日常的饮食营养和生活习惯到服装搭配，再到现代美容术的应用，都反映了人们对于美的形体的追求和对美的不断探索。在追求形体美的过程中，人们在外观上进行改变，更是在提升自身健康和生活质量。

人的生命、生机与活力是人容貌美的体现。容貌的美在于外表的静态美，更重要的是能够表现出人的生命力和活力。容貌上的生命力和活力主要通过表情来体现，一个充满活力和生机的表情能够使容貌变得生动而有魅力，表情的美超越了外表的美，是一种生命美的体现。例如，《诗经》中对庄姜之美的描写，在描述了她的静态外貌之后，通过"巧笑倩兮，美目盼兮"这样生动的表情描写，让这位美人的形象变得活灵活现，展示了她的外貌美，更重要的是展示了她的生命魅力和内在美。生动的表情使容貌不再是单一的静态画面，而是成为充满生机和活力的艺术作品。因此，人的生命、生机与活力是构成容貌美的重要因素，生命美不仅是外表的美，更是内在精神和情感的外化，以表情、举止、眼神等方式表达出来，使人的容貌美得以完整地展现。生动的表情和有活力的举止，使人的容貌变得更加吸引人，更加具有感染力。在欣赏人的容貌美时要注意其外表的美，并关注其所表现出的生命力和活力，从而使人们能够更加全面和深入地理解和欣赏人的美。

人的表情，作为个体情感和心态的外在体现，与珠宝设计的结合，可以创造出更加个性化和表达丰富情感的形象。珠宝作为一种重要的装饰元素，不仅能够美化外表，更能够在一定程度上反映或强调佩戴者的表情和情感状态。封闭式表情，通常传达的是内向、沉思或保守的情绪，简约而低调的珠宝设计，如小巧的吊坠或经典的珍珠耳环，可以更好地与此种情绪相契合。此类珠宝不会过于抢眼，却能恰到好处地衬托出佩戴者的内敛和深沉。相比之下，开放式表情则是活泼、开朗、愿意与人交往的外在展现，大胆而充满创意的珠宝设计，如鲜艳的色彩、独特的造型或富有艺术感的手工制作品，能更好地展示佩戴者的活泼和自信。这样的珠宝设计能吸引眼球，更能强化和延伸佩戴者的情感表达，使其在人际交流中更具魅力和感染力。珠宝设计的选择和佩戴，是一种个性化的艺术表达方式。它能够根据佩戴者的情感状态和表情，来进行恰当的搭配，进而加强佩戴者的个人风格和情感表达。在日常生活和社交活动中，适当的珠宝搭配能提升个人形象，并有效帮助传达和强化个人的情感和心态。因此，珠宝设计较为利于个人形象塑造，人们理解和运用不同类型的珠宝，可以更好地展现自己的情感和个性，同时也能更好地理解他人的情感和心态。珠宝，作为一种视觉和情感的交流媒介，能够在提升个人魅力的同时，增进人与人之间的理解和沟通。

　　人的生命、生机与活力在形体上的反映是姿态和动作，姿态和动作是身体语言的一部分，更是美的体现。在中国传统文化中，古人非常讲究"站有站相，坐有坐相，吃有吃相"，这是礼仪的要求，更是审美的表现。美的姿态和动作给人以视觉上的愉悦，并且在无形中传达出一个人的精神状态和内在素养。美的姿态和动作是一种综合的艺术形式，包括了体态的优美、动作的协调与节奏感，以及动作所表达的内在气质。人们常说"站如松，坐如钟，卧如弓，行如风"，体现了美的姿态和动作的理想境界。例如，站如松，意味着站立时要如松树般挺拔有力；坐如钟，强调坐姿要端正稳重；卧如弓，指的是卧姿要自然放松；行如风，则是走路要轻盈而有风度。美的姿态和动作是可以通过训练和习惯的养成而达到的，结合日常的体态训练、形体课程、瑜伽或舞蹈等，人们可以逐渐培养和改善自己的姿态和动作提升个人形象，是一种对身体和心灵的锻炼，使人在日常生活中展现出更多的生机与活力。美的姿态和动作还与人的精神状态密切相关，一个人的姿态和动作可以反映其内心的平静、自信、开朗等特质。美的姿态和动作往往能给人一种积极向上、充满活力的感觉，对周围的人也有积极的影响。因此，美的姿态和动作是身体语言的艺术，更是一种生活态度的体现，能够增强个人魅力，提升社交能力，还能促进身心健康，提高生活质量。人们对美的姿态和动作的追求和实践，可以更好地展现自己的个性和魅力，享受更加丰富多彩的生活。

　　人的体貌美与服饰密切相关，而珠宝设计的融入则为个人形象增添了更多的细节与个性。珠宝作为服饰的重要组成部分，不仅能够突出服饰的风格，更能够强化个人的气质与魅力。珠宝与服饰的搭配是一门艺术，它反映了穿着者的审美品位和个性表达。在珠宝设计中，考虑人的体型、肤色、服装风格等因素至关重要。例如，对于高挑的人，长款的项链或大型吊坠可以平衡身形，而对于娇小的人来说，精致的珠宝可以突出其细腻。珠宝的颜色和质地也应与服装的材质和色彩相协调，如轻盈的丝质服装配上精致的金属珠宝，可以营造出优雅的氛围。珠宝设计有项链、耳环、手链、戒指、胸针等多种形式，珠宝的选择和搭配都能体现穿着者的个性和风格。珠宝的设计应与服装的风格相呼应，如简约风格的服装配上极简主义的珠宝，可以体现出现代感；而华丽的晚礼服则适合搭配更为精致和繁复的珠宝，以增添奢华感。珠宝的选择还应考虑场合的不同，在正式场合，优雅而不张扬的珠宝可以增添个人魅力；在日常场合，低调而有设计感的珠宝则更能体现个人品位。珠宝的选择和搭配，能够在无声之中传递出个人的风格和态度。

服饰是物质文明的展现以及精神文明发展的重要标志，选择服饰要考虑其美观时尚，以及是否适合个人的身体条件、身份和环境。合适的服饰能够增强个人的体貌美，既可以锦上添花地突出人的形体自然美，又能遮掩与调整形体的不足，从而使个体的形象更加美好。在选择服饰时，不应只追求外在的漂亮和时髦，而应更多地考虑服饰与个人特点的和谐统一。适合自己的服饰，应符合个人的年龄、环境、职业、性别等特点，正如古人所言，"宁穿破，不穿错"，选择合适的服饰比单纯追求时尚更为重要。此种选择可以避免造成穿着的尴尬，反而能够使服饰与个人的个性特点和谐一致，创造出美的形象。服饰的选择还应体现出个人的文化修养、审美趣味、志向情感，展示个人的内心世界，一个人的服饰选择反映出其生活态度、价值观念和个性特征。因此，个人在选择服饰时，不仅是在进行物理上的装扮，更是在进行一种艺术设计，如同艺术品展示作者的心灵一样，服饰展示着个人的精神面貌。服饰与珠宝设计的结合是塑造个人形象的另一个重要方面，珠宝的选择和搭配可以强化服饰的效果，同时更能展示个人的独特品位和风格。珠宝设计应与服饰风格相匹配，更应与佩戴者的气质和特点相符。精心选择的珠宝能够为个人形象增色，使其更加完整和出众。

珠宝相融美学的应用，在于通过精心设计的珠宝塑造人的外在美，并展现其内在美。珠宝设计是对材质、形状和色彩的艺术创作，更是对佩戴者个性和气质的深度理解与呈现。适当的珠宝搭配可以优化人的外观形态，同时反映出个人的风格和品位。例如，垂坠灵动的耳饰能够让圆形脸型显得更为修长，而柔美的花形或圆形耳饰则可以平衡棱角分明的脸型，使其看起来更为饱满圆润。长形的吊坠从视觉上拉长了颈部比例，使颈部看起来更为修长。同时，项链的选择也可以让脖颈显得更为挺拔，增添一份优雅气质。珠宝设计的重要性在于它能够强调或改善人的形体特点，同时反

映出佩戴者的个性和内在魅力。当珠宝的寓意、形象设计与人的个性特征
达到和谐统一时，便实现了外在美与内在美的完美结合。例如，简约而优
雅的珠宝设计可以体现佩戴者的内敛与高雅，而大胆创新的设计则可以展
示其独特的创意和个性。珠宝的选择和搭配应根据个人的体貌特征、肤色、
服饰风格以及场合需求进行，恰当的珠宝搭配能够美化外观，并表达个人
的审美观念和生活态度。珠宝相融美学的应用，体现在珠宝本身的美感，
以及与佩戴者之间的和谐关系。

当一个人的服饰与内心完美统一时，便构成了独特的风度。人的风度
并非单纯的外在的体貌美，而是一个人在长期生活实践中形成的内在精神
状态、个性气质、品性情趣、文化修养和生活习俗的综合体现。它通过人
的神态表情、举止行为、语言服饰等多种方式表现出来，比人的体貌美更
加含蓄、深刻，更与人的内在精神世界紧密相连。风度是人的内在品质和
外在表现的和谐统一，是个性和文化的自然流露。一个有风度的人，其服
饰选择往往能够恰如其分地表达其个性和生活态度，既符合自身的身份和
环境，又体现出个人的审美趣味和文化素养。例如，简约而不失优雅的服
饰搭配，可以体现出佩戴者的内敛和高雅；大胆创新的服饰则可以展现其
独特的创意和个性。服饰的选择还应与个人的体貌特点和气质相协调，适
当的服饰可以强调个人的优点，弱化不足之处，从而使个人形象更加完美。
在此过程中，珠宝的搭配也起着至关重要的作用。恰当的珠宝能够增添服
饰的美感，更能彰显佩戴者的个性和品位，使其整体形象更加出众。风度
是一个人长期积累和内化的结果，它是个人魅力的核心所在。服饰和珠宝
的巧妙搭配可以使人们更好地展示自己的风度，使形象光彩照人，成为别
人眼中无法复制的独特存在。风度的展现在很大程度上是一种意会而非言
传的风采，是个人内在美和外在美的完美结合。

风度的美，是一种综合性的美感，它源于良好的精神状态、高雅的谈
吐以及得体的仪表举止。良好的精神状态为风度的形成提供了基础，神采
奕奕、精力充沛和感情丰富的人，往往具有一种无形的光彩，是自信、自
尊以及对世界和他人热爱与关注的外在表现。当一个人拥有健康、积极的
心态时，其个人魅力自然而然地展现出来，吸引着周围人的目光。高雅的
谈吐也是风度美的重要组成部分，谈吐不仅仅是语言的表达，更是智慧和

学识的体现。用词优美、内容丰富且深入浅出的谈吐，能够深深吸引听者，使人沉浸在其言语之中，产生深深的赞美之情。如古人所言，"听君一席话，胜读十年书"，体现了高雅谈吐背后的博学多识和智慧，不是简单的言语技巧，而是深厚文化素养和生活经验的自然流露。风度还表现在个人的仪表、举止和礼仪上，礼仪作为文化的一部分，是社会文明的重要标志。一个人的举止言谈是否符合礼仪，能够显露其内在文化修养的水平。得体的礼仪让人显得有教养，更能在无形中增添个人魅力。适当的礼仪使用，如恰到好处的微笑、适时的鞠躬、得体的握手，都能展现个人的修养，从而形成独特的风度。值得一提的是，风度的展现还与个人的服饰和珠宝搭配密切相关。合适的服饰能够展现个人的身份和品味，而恰当的珠宝则能强调和衬托个人的气质。例如，简洁优雅的珠宝可以增添个人的高雅气质，而独特个性的珠宝设计则能突显个人的独特风格。服饰和珠宝的搭配，需要考虑到个人的体貌、肤色、身份以及所处的场合，以达到外在形象与内在气质的和谐统一。

人的风度，是个性、气质、修养、知识和经验长期积累的自然流露，而非仅仅依靠改变外在形象所能获得的。不同职业和生活背景的人，因其独特的生活经历和性格特质，塑造出各种独特的风度。风度的形成是一个长期而自然的过程，不可能通过短时间内的努力或表面上的装饰即刻获得。"学者风度"来源于长期的读书学习，它体现了深厚的知识底蕴和思考的深度。"领袖风度"则是在长期的领导实践中锤炼出的，展示了决策的智慧和领导的魄力。"艺术家风度"源于长期的艺术创作，它体现了艺术家的创造力和审美情感。"军人风度"则是在戎马生涯中培养出的，展现了军人的坚毅和勇敢。个性是风度形成的基础，无论是活泼纯真、淡雅婉约、清丽自然、高贵典雅，还是豪放粗犷、率直明朗、洒脱自由、威武果敢，个性的自然流露都构成了人的独特风度。每个人的风度是其个性、生活经历和精神追求的综合体现，它超越了外在形象的表层，触及了个人内在世界的深层。在风度的塑造过程中，服饰和珠宝可以起到辅助作用。适合个人特点的服饰和珠宝搭配能够突出个人的气质，展现个人的内在美。然而，服饰和珠宝的选择应该与个人的风度相协调，才能真正达到和谐的效果。服饰和珠宝不应该成为掩盖个性的工具，而应该是表达和强调个性的方式。

　　人的形象与内在精神世界息息相关，内在精神在外在形象上的体现就是人的精神风貌。所谓"人的美"，不仅仅是外表的美丽和优雅，更多地与个人的精神风貌紧密联系。精神风貌是个人经历、知识、情感和品性的综合反映，它超越了物质层面，触及了个人内心深处的品质。一个人的精神风貌，如自信、智慧、慈悲和坚韧，通常是其最吸引人的部分，能够给人留下深刻的印象。因此，在塑造个人形象时，追求内在精神的丰富和深刻，比简单追求外在形象的美更显重要。

　　人的美，在某种程度上可以视为人生的美。每个人的外在体貌各有不同，有的天生丽质，有的则不尽如人意，但人生的美在于每个人都有机会通过自己的行为和思想去创造和展现。所谓"化丑为美"，是指人通过内在的善良和智慧，使别人超越对其外表的评价，愿意与之交往并感受到愉悦。体貌美的人可能自然而然地吸引他人，给人带来愉悦感。然而，当一个外表普通甚至不太美观的人，因其内在的善良、智慧、品格和才华，使人在与他们的交往中感到同样甚至更大的愉悦时，超越外表的美丽便是真正意义上的"化丑为美"，不是简单地靠外在形象塑造，而是通过个人的自觉努力、持续的品格修炼和智慧积累而形成的。人格的美，是人生追求的最高境界。一个具有高尚人格的人，不论外表如何，都能够散发出独特的魅力，赢得他人的尊敬和喜爱，是基于个人的道德品质、智慧水平、生活态度和对他人的关怀而形成的美，它更深刻、更持久，能够深深影响和感染周围的人。在此过程中，每个人都可以通过不断的学习和实践自我提升，去培养自己的人格魅力，包括但不限于学习新知识、培养良好的道德品质、练习优雅的交际技巧、发展自己的兴趣爱好等。每个人都可以通过不断努力，在自己的人生道路上创造出独特的美，无论外表如何。

　　美育，作为一种全面提升个人审美和精神层面的教育，强调通过对人的形象之美的赏析来明确自己的奋斗目标，塑造自己美的形象。在人类的生活场景中，美无处不在，无论是自然界的景色，还是日常生活中的点滴，都可以成为审美的对象。艺术加工，作为一种手段，其目的是突出人类活动中的审美价值，使其更加引人入胜。日常生活中的美体现在外在的形象和环境中，还体现在精神性的人类活动中。比如，文学、音乐、绘画、雕塑等艺术形式，都是精神活动的具体体现，它们展现了人类深层次的情感和思想。人们通过欣赏和创造艺术作品，能够提升自己的审美能力，丰富自己的精神世界。美育的重要性在于，它不仅仅是对美的感知，更是一种生活方式的培养。一个有审美能力的人，会在生活中寻找美、创造美，并通过美的体验来提升自己的生活质量。比如，在日常生活中，一个对美有感知的人，可能会更加注重自己的穿着打扮，更加关注居住环境的布置，甚至在日常交往中，也会更加注重言谈举止的美感。进一步说，美育还涉及对个人精神世界的塑造。人们可以通过不断地进行审美实践，培养出更加丰富的情感和更加深刻的思考能力，从而帮助人们更好地理解世界，更有效地与他人交流，从而在社会中找到自己的位置。

美育，在本质上，是一种自我审美教育的过程。这意味着，尽管社会、环境、群体和家庭等可以提供各种美育的条件和机会，但真正对美的理解和感悟必须来自个人的自觉审美活动。美育的核心在于个人对美的主动探索和内心体验，而非仅仅依赖外部的教育和引导。每一次的审美实践都是个人审美经验的积累，无论是观赏一幅画作、聆听一段音乐、阅读一本书籍，还是欣赏大自然的美景，都是一次审美的实践。实践促使个人能够获得审美的愉悦，并逐渐深化自己的审美修养，加深对美的理解和感知，逐步形成个人独特的审美观念和品位。随着审美经验的不断积累和审美修养的深化，个人对于美的愿望和需要也会逐渐加强，推动个人去主动寻求和创造美，无论是在生活中的小细节，还是在工作和艺术创作中。渐渐地，个人会发展出一种爱美和能美的能力，不仅在外在形象上追求美，更在内在精神上追求美的升华。因此，要成为一个具有"审美的人"并非一蹴而就，而是一个长期、渐进的积累过程。此过程要求个人不断地进行自我审美的实践，不断地积累审美经验，深化审美修养。

参考文献

[1] 郑喆.时尚品牌解析 [M].杭州：浙江工商大学出版社，2020.

[2] 张月萍.珠宝美学 [M].杭州：浙江大学出版社，2020.

[3] 刘骁.首饰艺术设计与制作 [M].北京：中国轻工业出版社，2020.

[4] 诺斯.荷兰黄金时代的艺术与商业 [M].杭州：浙江大学出版社，2018.

[5] 邱敏.从自然生态到艺术生态 [M].上海：上海社会科学院出版社，2022.

[6] 王克震.中国金属艺术当代发展研究 [D].杭州：中国美术学院，2023.

[7] 段燕俪.金属珐琅底胎、釉料、烧制工艺研究 [D].杭州：中国美术学院，2023.

[8] 肖瑶.艺术首饰中"柔性"手法的应用研究 [D].南京：南京艺术学院，2023.

[9] 顾浩.力学原理在首饰设计中的应用研究 [D].南京：南京艺术学院，2023.

[10] 陆清鹆.现代首饰中的线性语言设计研究 [D].南京：南京艺术学院，2023.

[11] 王鼎晖.现代首饰设计中的抽象形态语言表现研究 [D].沈阳：鲁迅美术学院，2023.

[12] 夏天.当代首饰的解构形式特征研究 [D].南京：南京艺术学院，2023.

[13] 魏海春.花丝镶嵌工艺在现代首饰设计中的传承与创新发展研究 [J].化纤与纺织技术，2023，52（11）：177-179.

[14] 本刊编辑部.荣耀封顶，璀璨盛启！——国家级珠宝首饰产业创新研发中心封顶 [J].广东经济，2023（10）：84-85.

[15] 李妹.浅谈现代珠宝首饰设计中的传统艺术 [J].鞋类工艺与设计,2023,3(17):181-183.

[16] 胡唯一.当代珠宝首饰设计的创新驱动力 [J].上海工艺美术,2023(3):87-89.

[17] 黄颖如.现代珠宝设计与中国风元素的融合 [J].上海工艺美术,2023(3):67-69.

[18] 谢劼,蔡晓秋.珠宝首饰与现代服装的搭配设计探究 [J].纺织报告,2023,42(8):63-65.

[19] 沙美君.珠宝首饰设计与加工工艺相结合的必要性研究 [J].鞋类工艺与设计,2023,3(14):123-125.

[20] 邱明月.新时代珠宝首饰设计问题研究 [J].新美域,2023(5):83-85.

[21] 王学谦,刘溪倩.智能时代首饰设计的新方向 [J].鞋类工艺与设计,2023,3(8):158-160.

[22] 赵鹏飞,陈怡彤.首饰设计中的情感化探析与应用 [J].设计,2023,36(7):124-126.

[23] 楚红霞.珠宝首饰设计专业色彩基础课程教学的改革探究 [J].湖北开放职业学院学报,2023,36(1):160-161,164.

[24] 孙紫威.3D 打印技术在首饰设计与制作专业教学中的应用 [J].吕梁教育学院学报,2022,39(4):189-191.

[25] 冯中强.宝石设计中的美学风格研究 [J].人工晶体学报,2022,51(5):948-949.

[26] 姜倩.珠宝首饰设计人才的素质能力要求研究 [J].山东艺术,2022(2):46-51.

[27] 马佳.用珠宝传承文化与情感 [N].中国黄金报,2021-08-24(8).

[28] 马佳.新时期珠宝业更需大力弘扬工匠精神 [N].中国黄金报,2020-12-22(8).

[29] 赵腊平.珠宝首饰市场发展的新特点及新趋势 [N].中国矿业报,2015-11-26(6).

[30] 刘一博.定位模糊成高端珠宝会所致命伤 [N].北京商报,2014-08-07(B02).

[31] 顾筱倩．2023 年，这些新科技领跑黄金珠宝行业 [N]. 中国黄金报，2023-12-26（7）.

[32] 闫利，张钰格格．丰富设计灵感 联名款珠宝首饰频上新 [N]. 消费日报，2023-12-22（A02）.

[33] 王萧．"AI+珠宝"，"含新量"暴增 [N]. 中国黄金报，2023-12-15（1）.

[34] 赵昂．金银珠宝业需在工艺设计上持续发力 [N]. 工人日报，2023-12-05（7）.

[35] 郭士军．智造提升珠宝行业新质生产力 [N]. 中国黄金报，2023-11-21（5）.

[36] 王萧．从上市公司数据看珠宝行业趋势 [N]. 中国黄金报，2023-11-07（7）.

[37] 郭士军．中国珠宝：坚持品牌引领 点亮更多人的美好生活 [N]. 中国黄金报，2023-11-07（8）.

[38] 顾筱倩．谈市场、聊科技，独立珠宝设计师考虑的有点多 [N]. 中国黄金报，2023-11-07（8）.

[39] 王萧．珠宝行业科技创新硕果累累 [N]. 中国黄金报，2023-10-31（8）.

[40] 郭士军．优秀传统文化赋能黄金珠宝产业高质量发展 [N]. 中国黄金报，2023-10-17（7）.

[41] 于人．珠宝首饰设计与镶嵌工艺研究 [N]. 大河美术报，2023-06-30（7）.

[42] 郭士军．黄金珠宝绽放耀眼光芒 [N]. 中国黄金报，2022-09-16（1）.